LES JEUNES

NATURALISTES

OU

Entretiens familiers sur les Animaux, les Végétaux et les Minéraux

PAR

Mme ULLIAC-TRÉMADEURE

TOME I

PARIS

DIDIER, LIBRAIRE-ÉDITEUR,

35, quai des Augustins.

Bibliothèque d'Ouvrages choisis pour la Jeunesse

LES

JEUNES NATURALISTES

PARIS. — IMPRIMÉ CHEZ BONAVENTURE ET DUCESSOIS
QUAI DES AUGUSTINS, 55, PRÈS DU PONT-NEUF

Chien de Berger. — Louve. — Matin.

Bœufs et Vache domestiques.

LES JEUNES
NATURALISTES

OU ENTRETIENS

SUR

L'HISTOIRE NATURELLE DES ANIMAUX

DE Végétaux et les Minéraux

PAR

Mlle ULLIAC TRÉMADEURE

Sixième Édition.

I

PARIS

DIDIER, LIBRAIRE-ÉDITEUR,

35, QUAI DES AUGUSTINS.

Réservé de tous droits.

1856

LES
QUADRUPÈDES

CHAPITRE PREMIER.

Le chien du berger. — Le chien du Mexique et de la Virginie.
Le chien crabier. — Instinct du chien.

M. Derville revenait un soir d'une assez longue promenade avec ses deux enfants, Amédée et Cécile. On
avait pris la grande route afin de ne pas trop allonger
le chemin; mais il fallut céder le pas à un troupeau de
moutons qui s'avançait en soulevant des tourbillons de
poussière. En arrière marchait le berger; il s'occupait
de charger sa pipe, tandis que son chien, de haute
taille, ne cessait d'aller, de venir, en avant, sur les
côtés, pour maintenir l'ordre, et pour ramener ceux
des moutons qui prétendaient se rafraîchir en brou-
tant à la hâte quelques brins d'herbe dans les fossés.

« Que crains-tu? » demandait M. Derville à sa
fille; elle se serrait contre lui chaque fois que le
chien s'avançait vers le champ où les trois prome-
neurs s'étaient réfugiés.

« N'aie donc pas peur! ajoutait Amédée. Ce chien
est trop occupé de ces moutons pour songer à toi.

— « Il a un air si sombre et si sauvage! répondait Cécile toute émue.

— « Cela ne l'empêche pas d'être *bonne personne* au fond, comme tous les animaux de son espèce, répliquait Amédée. N'est-il pas vrai, mon père?

— « Oui, mon fils, et plein d'instinct, et d'un instinct qui a tous les caractères de l'intelligence. Le chien du berger a bientôt appris à reconnaître que le blé n'est point la pâture *permise* au troupeau; que son maître attache la plus haute importance à ce que les moissons soient respectées; et, avec la plus grande ponctualité, il oblige les moutons d'obéir à cette consigne. Vous voyez que le berger ne s'inquiète nullement de son troupeau. Il sait qu'il possède un serviteur intelligent, dévoué, zélé autant que fidèle, et qui sent l'importance de la mission dont on l'a chargé. Entendez-vous comme le chien aboie de temps en temps?

CÉCILE. — Il mord les pauvres moutons jusqu'au sang, j'en suis sûre!

M. DERVILLE. — D'abord, ma fille, l'épaisseur de leur toison les met à l'abri de ses dents, et ensuite je te dirai que l'habitude de mordre est une de celles dont on corrige avec soin les chiens de berger.

CÉCILE. — Je ne sais pas pourquoi les bergers n'ont jamais ni caniches ni chiens de chasse: ce seraient du moins de beaux chiens. Il ne leur en coûterait pas davantage, car personne ne refuserait de leur en donner.

M. DERVILLE. — Non, sans doute, mais ils auraient bien plus de peine à les dresser; au lieu que la race du chien de berger, vulgairement appelé *chien de Brie*, naît, pour ainsi dire, tout élevée. De lui-même, le chien de berger s'attache à la garde des **troupeaux**

avec une intelligence naturelle et tellement développée, qu'on a bien peu de chose à faire pour l'amener
au point de perfection en ce genre... Nous pouvons
maintenant continuer notre route, mes enfants.

— « Mon père, reprit Amédée en passant son bras
sous celui de M. Derville, je voudrais bien savoir de
quel pays les chiens sont originaires?

M. Derville. — Ceci est assez difficile, car on en
trouve dans tous les pays.

Amédée. — C'est-à-dire dans tous les pays où les
Européens en ont porté, n'est-ce pas?

M. Derville. — Non, mon fils. Lors de la découverte du Mexique par les Espagnols, ceux-ci trouvèrent dans le pays trois variétés ou espèces de chiens
domestiques. Elles étaient si nombreuses, qu'elles
fournirent des vivres abondants à la première époque
où la disette se fit sentir à ceux qui venaient porter la
dévastation et la mort aux paisibles Mexicains et leur
arracher leurs trésors.

Amédée. — Comment? les Espagnols eurent la barbarie de manger des chiens!

M. Derville. — Oui, mon fils. Ces chiens ne ressemblent pas aux nôtres; ceux que les dames péru-
viennes préfèrent, ont le cou si court, qu'on dirait
que la tête sort immédiatement du dos, très-voûté, et
même un peu bossu; ceux dont on se sert pour la
chasse offrent plus de rapport avec les chiens d'Europe de petite race; ils ont un air triste et sauvage;
ceux enfin de la troisième espèce sont de moyenne
taille, et présentent une singularité bien remarquable : c'est que, de même que le chien turc, fort mal
nommé, puisqu'il appartient à la Guinée et non pas à
la Turquie, ils sont tout-à-fait dépourvus de poils. Si

leur peau, unie et douce au toucher, se dessinent des taches jaunes et bleues.

CÉCILE. — Ah! que je voudrais avoir un chien jaune et bleu du Mexique!

M. DERVILLE. — Il périrait probablement en Eu-trope, ou bien son espèce s'altérerait, ainsi que s'al-tère celle des chiens turcs, qui grelottent, en France, de manière à faire pitié.

AMÉDÉE. — Mon père, est-il vrai que les chiens qu'on porte dans les Indes et en Amérique perdent la faculté d'aboyer?

M. DERVILLE. — Les voyageurs l'assurent. Ce qu'il y a de bien certain, c'est que le changement de cli-mat influe beaucoup sur les animaux, sur les plantes et sur l'homme lui-même. Dans le nord, tout semble se resserrer et s'amoindrir par l'effet du froid; dans le le sud tout se développe au contraire; mais si, chez les Lapons, le chien de berger, par exemple, s'enlaidit encore et se rapetisse, transporté sous la zône torride il perd son ardeur, son courage, son intelligence.

AMÉDÉE. — Les chiens du Mexique n'ont donc rien alors de tout cela?

M. DERVILLE. — Je parle des espèces *transplantées* dans différents climats; les espèces *indigènes* possè-dent, au Mexique comme ailleurs, ce qui surtout dis-tingue le meilleur ami de l'homme, des mœurs dou-ces, l'affection, la fidélité, le dévoûment sans bornes à leur maître, et la faculté de se perfectionner par l'é-ducation. Tel est, mon fils, le caractère particulier du chien, non-seulement chez les races réduites depuis bien des années à l'état de domesticité, mais encore chez les races sauvages; et cela est si vrai, qu'on par-vient facilement à apprivoiser celles-ci, tandis que le renard et le loup, qui offrent, à l'extérieur, assez de points de ressemblance avec le chien pour que les naturalistes en aient formé une seule et même famille, ne perdent jamais entièrement leur naturel sauvage et ne s'attachent point à l'homme. Les seules différences vraiment remarquables entre les chiens de toutes les contrées du globe consistent donc dans la forme extérieure. Cette forme varie avec les espèces ou variétés dont nous possédons, en Europe, plus de trente, et la diversité de formes amène toujours quelque diversité d'instinct, ce qui est fort remarquable. Ainsi, le basset ne fait pas *naturellement* ce que fait le lévrier ; le caniche a des mœurs et une allure communes qu'on ne trouve pas chez le chien danois ; le griffon et le chien de basse cour ont des goûts et des habitudes qui ne se ressemblent pas ; enfin, le chien courant et le chien couchant ne chassent pas de la même manière.

Cécile. — Il fallait que ces pauvres Espagnols fussent réduits à de bien grandes extrémités pour avoir pu se résigner à manger des chiens !

M. Derville. — A la Virginie, au Canada, la chair du chien est réputée aussi bonne que celle du porc frais, et l'on en fait une telle consommation, que les chiens sont conduits par troupeaux au marché, comme ici les moutons.

Amédée. — Quelle indignité aux hommes, de se nourrir de la chair de leur meilleur ami ! surtout quand ils n'y sont point forcés.

M. Derville. — Tu le pardonneras peut-être aux Canadiens et aux Virginiens, quand tu sauras que leurs chiens sont dépouillés de l'ornement qui te rend Médor si cher.....

AMÉDÉE. — Ils n'ont pas de queue?

M. DERVILLE. Pas même l'apparence d'une queue.

AMÉDÉE. — En ce cas...... Mais on la leur coupe peut-être?

M. DERVILLE. — Pas plus qu'on ne coupe le croupion aux coqs et aux poules de la Virginie.

CÉCILE. — Ainsi les coqs et les poules sont aussi sans queue? Le drôle de pays!

M. DERVILLE. — Il serait fort heureux pour les *chiens crabiers* d'être de la Virginie.

— « Pourquoi cela, mon père?

— « Qu'est-ce que c'est que les chiens crabiers? demandèrent à la fois le frère et la sœur.

M. DERVILLE. — On a ainsi nommé un quadrupède fort commun à la Guyane: mais qui tient plus du renard que du chien. Très-habile chasseur de crabes il est lui-même chassé par les naturels du pays pour sa chair et pour sa graisse. Il n'est pas facile à prendre, parce que rarement on le trouve à terre; sa retraite habituelle est dans les palétuviers, arbres qui croissent de préférence et en grand nombre à l'embouchure des rivières. Le jour, il s'y tient caché; le soir seulement le chien crabier se met en campagne et furète dans les rochers pour chercher sa proie; mais, comme je vous le disais, c'est un malheur pour lui d'avoir une queue, parce que, lorsque cette queue pénètre dans quelque fente de rocher où se trouve un crabe, les serres de celui-ci la saisissent si brutalement, que le chien crabier jette un cri de douleur; ce cri prolongé a beaucoup de rapport avec celui de l'homme; les chasseurs avertis de la présence du gibier, arrivent, fourgonnent dans les creux des rochers ou bien emploient le feu pour l'obliger de sortir de sa retraite, et ainsi le chasseur de crabes, chassé à son tour, devient la proie de ses ennemis, avec une queue plus ou moins mutilée et parfois tout-à-fait coupée.

CÉCILE. — Mon père, est-ce que le chien crabier mange les crabes tout entiers?

M. DERVILLE. — Comment, tout entiers?

CÉCILE. — Mais oui, sans les éplucher, coquilles et tout?

M. DERVILLE. — Sans aucun doute. Le chien a été doué de forces digestives si grandes, que, dans son estomac, les os même se ramollissent et les sucs nourriciers se séparent, au profit de l'animal, des parties calcaires; mais, en même temps, la nature lui a accordé, comme à tous les animaux destinés à vivre du produit de leur chasse, la faculté de se passer pendant longtemps de nourriture.

AMÉDÉE. — Voilà qui est bien singulier!

M. DERVILLE. — Il faut dire bien *admirable*, puisque, d'un côté, le chien trouve dans les os même de quoi satisfaire le besoin de nourriture, et que, de l'autre, il peut endurer, sans en mourir, un long jeûne. Si nous étudions quelque peu l'histoire naturelle, nous trouverons presqu'à chaque pas des preuves multipliées de cette prévoyance divine qui a donné à chaque animal tout ce qu'il faut pour la conservation ou la prolongation de son existence dans les circonstances même les plus contraires. Mais revenons au chien, et remarquons que les animaux domestiques en général, et le chien en particulier, peuvent acquérir, par l'éducation, des facultés très-développées. Il existe entre l'homme et le chien surtout, des rapports intellectuels fort remarquables, et rien n'est plus facile que de le dresser, non par de mauvais traitements.

mais en lui faisant bien comprendre ce qu'on exige de son adresse, ce qu'on attend de sa bonne volonté. J'ai entendu raconter à Paris, par plusieurs personnes, l'histoire d'un petit décrotteur et de son barbet noir...

Cécile. — Oh ! raconte-nous-la aussi, mon père, je t'en prie !

M. Derville. — Ce petit décrotteur était parvenu à faire comprendre à son chien qu'il fallait faire des *pratiques*, et à lui enseigner la manière de s'y prendre. Le barbet noir, plein de zèle, s'acquittait à merveille de sa charge ; quelque temps qu'il fît, que ce fût une belle gelée ou bien un beau mois d'août, quiconque passait devant le petit décrotteur était certain de voir sa chaussure salie par un gros vilain barbet tout crotté, et qui *semblait* prendre à tâche de tremper dans le ruisseau ses vilaines pattes velues pour venir les imprimer sur les souliers ou sur les bottes des passants.

Cécile. — Est-ce que vraiment il le faisait *exprès*, mon père ?

M. Derville. — La preuve qu'il le faisait *exprès* et qu'il s'acquittait d'*une mission*, c'est qu'aussi long-temps que son jeune maître était occupé, il se tenait paisiblement auprès de lui ; mais dès que la sellette était libre, il allait crotter un passant.

Amédée. — Cela prouve qu'il n'est rien qu'on ne puisse apprendre à faire à un chien.

Cécile. — Mon père, il ne lui est pas arrivé malheur, au barbet noir ?

M. Derville. — Bien au contraire ! un Anglais entendit parler de ce chien *extraordinaire* ; il voulut l'acheter ; mais le petit décrotteur ne voulait pas, lui, vendre son ami. Cependant, quinze louis qu'on offrait le tentèrent....

Amédée. — Rien au monde ne m'aurait tenté, moi !

Cécile. — Parce que tu ne manques de rien ; mais il avait peut-être des frères et des sœurs, ce petit décrotteur, ou bien sa mère ou son père était malade, qui sait !

M. Derville. — En pleurant, il vendit son chien ; le lendemain, les jours suivants, il ne cessa de pleurer ; mais le barbet noir était parti *en voiture* pour l'Angleterre...... Quinze jours après, il était de retour.

Amédée. — Je l'aurais parié !

Cécile. — De retour ! Mais comment donc, mon père, avait-il fait pour revenir, pour repasser la mer ?

M. Derville. — Il avait probablement suivi quelque voiture retournant à Douvres, et de Douvres à Calais, et probablement aussi on l'avait reçu à bord comme faisant partie de la suite des passagers, je ne peux te le dire bien au juste ; le fait est qu'il avait su trouver moyen de revenir ; ce qui, du reste, ne doit pas nous étonner d'après ce que nous savons de l'intelligence du chien en particulier, et de l'instinct dont les animaux sauvages, en général, sont doués. Ils doivent à cet instinct de pouvoir revenir aux lieux qu'ils ont quittés, et de suivre une direction choisie d'avance, même à travers les plaines de l'air, ainsi que le font les oiseaux voyageurs.

Cécile. — Le petit décrotteur fut alors obligé de rendre les quinze louis à l'Anglais ?

Amédée. — Où voulais-tu qu'il l'allât chercher ? Bien certainement l'Anglais ne lui avait pas laissé son adresse. Mon père, j'ai vu des chiens savants à l'une

1.

des foires dernières; il y avait là une foule de gens qui ne comprenaient pas comment on avait pu parvenir à faire faire aux chiens savants tout ce qu'on leur faisait faire; mais moi je vois bien par Médor que c'est facile de leur apprendre ce qu'on veut. Il sait l'heure, quoiqu'il n'ait pas de montre....

CÉCILE. — Et mon chat aussi.

AMÉDÉE. — Ah! bah! ton chat.....

M. DERVILLE. — Tous les animaux connaissent les différentes heures de la journée, non pas à notre manière sans doute, mais par des moyens à eux. Il est bien rare que, dans les races sauvages, quelques individus se trompent sur le moment précis où telle ou telle chose doit être exécutée; et si l'on prenait garde à ce qui se passe autour de soi, on verrait que les animaux domestiques sont presque toujours d'excellentes horloges.

AMÉDÉE. — Mon père, quels sont, je te prie, les animaux qui vivent en société?

M. DERVILLE. — Les herbivores pour la plupart; les carnassiers, au contraire, non-seulement vivent solitaires, mais se poursuivent mutuellement.

AMÉDÉE. — Les chiens sont-ils... Mais oui, ils sont carnassiers; alors ils ne vivent pas en bandes?

M. DERVILLE. — Ils sont carnivores et non pas carnassiers à la manière des lions, des tigres, des panthères, qui ne vivent absolument que de chair : aussi forment-ils, à l'état sauvage, des troupes nombreuses dans lesquelles se trouvent réunies jusqu'à quatre générations. Il n'en est pas de même des loups : ceux-ci ne se réunissent que pour chasser.

AMÉDÉE. — Une chose encore, mon père, qui est bien belle chez le chien, c'est qu'il reconnaît, c'est qu'il hait et poursuit à outrance l'ennemi ou le meurtrier de son maitre!

M. Derville. — Il reconnait, il hait et il poursuit de même à outrance l'ennemi ou le meurtrier de ses pareils.

Amédée. — Ah! oui, les chiffonniers! Les chiens ne peuvent pas les souffrir!... et pourtant les chiffonniers en ont à eux: c'est qu'apparemment ils accoutument ceux-là à courir sur les autres chiens; car, une autre chose encore, c'est que le méchant peut rendre son chien méchant comme lui.

M. Derville. — Je viens de te le dire en quelque sorte, mon fils. Il s'établit, entre les animaux et nous, une certaine relation d'habitudes et même de pensées, de sentiments à laquelle nous ne prenons pas assez garde. Nous influons sur eux, ils influent sur nous; le bouvier devient brute et stupide avec ses bœufs; le porcheron, rude et sale avec ses porcs; le berger, doux et simple avec ses moutons; le piqueur, hardi et tapageur avec sa meute. Mais ce n'est pas d'un *chiffonnier* que je voulais parler tout-à-l'heure, en te disant que le chien hait et poursuit le meurtrier de ses pareils; c'était d'un savant physiologiste, M. Champeau, de Lyon, médecin distingué. On raconte un fait bien extraordinaire au sujet d'un très-beau chien que possédait son beau-père; ce fait, je vais vous le raconter à mon tour, sans le certifier cependant. M. Champeau vivait en bonne amitié avec cet animal qu'il aimait même beaucoup, et qui l'accablait ordinairement de caresses. Un matin, le docteur après avoir passé plusieurs jours de suite à faire, sur de malheureux chiens, des expériences qu'on assure être fort importantes pour l'art de guérir, vient chez son beau-père. A peine il est entré dans l'appartement, que le chien, au lieu d'accourir à sa rencontre, commence à gronder sourdement; son œil s'anime, son poil se hérisse; et, tout-à-coup, furieux, il se jette sur M. Champeau avec une rage inexprimable. En vain son maître veut lui faire lâcher prise; il fallut le secours de trois ou quatre autres personnes pour arracher M. Champeau à sa furie, et ce dernier se vit même obligé de quitter la maison, le chien se montrant disposé à le poursuivre partout pour le devorer.

AMÉDÉE. — Noble animal!

CÉCILE. — C'était donc la première fois que M. Champeau avait martyrisé de pauvres chiens?

M. DERVILLE. — Non, très-probablement; mais peut-être ses vêtements avaient-ils, plus que de coutume, retenu les exhalaisons de ces malheureuses bêtes, mortes dans de longs tourments.

AMÉDÉE. — Ah! comment peut-on martyriser des chiens!

M. DERVILLE. — Il serait plus à propos, mon fils, de dire : comment peut-on martyriser les animaux! Les exigences de la science peuvent à peine justifier des expériences dont le résultat le plus certain est d'endurcir le cœur. Que penser donc de ceux qui se complaisent à les torturer pour *s'amuser?*

AMÉDÉE. — Ce n'est pas moi, toujours! Et ce brave chien fit-il ensuite sa paix avec M. Champeau?

M. DERVILLE. — *L'histoire* n'en dit rien; mais c'est présumable. Toi, mon enfant, qui admires par dessus tout l'instinct des chiens, tu ne doutes pas que celui-ci n'ait voulu venger ses frères; d'autres penseraient que peut-être il voulait prendre sa part de la *curée*, car l'odeur du sang doit suffire pour mettre hors d'elle-même une espèce éminemment carnivore.

AMÉDÉE. — Oh! ne me dis pas cela, mon père, je t'en prie!

CÉCILE. — Mais, si c'est vrai, pourtant!

M. DERVILLE. — Ce dont on doit le plus se garder, mes enfants, c'est d'une admiration folle, exagérée, pour des créatures inférieures à l'homme en plusieurs points. L'histoire *vraie des miracles* produits par leur instinct naturel, ou par l'expérience qu'ils acquièrent en avançant en âge, ou enfin par l'effet des soins que nous leur donnons, est bien assez merveilleuse pour que l'on apporte une sage réserve dans l'examen de certains faits, embellis trop souvent par l'imagination du conteur... Nous voici presque arrivés. Vous aurez, cette fois, bien des choses à raconter à votre mère!

CÉCILE. — Oh! oui sûrement! Il nous a menés loin le chien de ce berger que nous ne connaissons pas! Au Mexique, à la Guyane, en Laponie, au Canada...

M. DERVILLE. — Et il nous a fait faire de l'histoire naturelle, comme le bourgeois gentilhomme faisait de la prose, *sans le savoir.* »

CHAPITRE II.

Le chat domestique. — Le lynx. — Le tigre. — Le guépard. —
La louve de Buffon.

———

Après avoir raconté à sa mère la promenade de la soirée, la rencontre du troupeau de moutons et les *voyages* que le chien du berger lui avait fait faire ainsi qu'à son frère, Cécile apporta son chat sur les genoux de M. Derville, en disant : « Voici Bébé qui vient en suppliant, mon père, te demander de vouloir bien nous dire l'histoire de toute sa race, afin de prouver à Amédée qu'un chat peut bien valoir un chien...

— « Jamais ! s'écria Amédée. Le chat n'est qu'un hypocrite, qu'un faux ami, qu'un traître...

— « Allonge-lui un coup de griffe, Bébé ! reprit Cécile.

— « Joli moyen de conciliation ! dit madame Derville en riant.

AMÉDÉE. Oh ! les griffes sont toujours là, prêtes à sortir au premier mouvement d'humeur !

M. DERVILLE. — Bébé *n'y peut mais*. Les ongles *rétractiles* sont l'un des caractères principaux du genre *félis* ou chat, auquel appartiennent le lion, le tigre, la panthère, le léopard, le caracal et le lynx.

AMÉDÉE. — Entends-tu, Cécile, de quel *joli* genre d'animaux ton chat fait partie ?

CÉCILE. — Le chien fait bien partie, lui, du genre des loups et des renards !

MADAME DERVILLE. — Allez-vous-donc vous quereller, mes enfants ?

AMÉDÉE. — Non, maman ; mais je suis sûr qu'il est impossible de citer un seul trait de fidélité, d'attachement à son maître de la part d'un chat, tandis que l'histoire des chiens en fourmille.

M. DERVILLE. — Lorsque l'on est aussi ignorant que vous, mes enfants, en histoire naturelle de même qu'en une foule d'autres choses, on ne peut se dire *sûr* de quoi que ce soit au monde.

CÉCILE. — Là, vois-tu !

M. DERVILLE. — De tout temps, le chat s'est trouvé *victime* d'une foule de préventions et de préjugés. L'immortel Buffon lui-même n'a pu s'en défendre, et peut-être oserons-nous lui reprocher d'avoir été injuste envers le chat domestique surtout. La différence seule d'organisation suffit, ce me semble, pour expliquer comment le chat ne s'attache pas de la même manière que le chien ; il s'attache pourtant, moins fortement peut-être, peut-être aussi plus rarement : mais l'élevons-nous en général avec les mêmes soins que le chien ? Non, assurément. Dominés par nos préventions, nous nous tenons en garde contre lui, nous doutons de son affection, de la *droiture* de ses sentiments. Nous voyons une mauvaise intention, ou du moins une malice cachée sous sa gaieté, et sous ses caresses, le pur égoïsme. Ma mère aimait beaucoup les chats ; il y en avait toujours au moins trois ou quatre à la maison, et parmi eux un favori ; celui-là était élu dès l'enfance par l'effet de sa beauté, et surtout par suite d'une intelligence remarquable. Je vous en citerai un, mes enfants, entre tous ceux qui faisaient les délices de ma mère. Bisic avait été dressé à rapporter, et il s'en acquittait aussi bien qu'un chien ; de même que tous ceux de sa race, il n'aimait pas l'eau ; ma mère l'avait accoutumé à plonger sa patte dans un seau plein d'eau pour y pêcher une petite éponge avec laquelle il faisait ensuite des bonds et des cabrioles à nous faire pouffer de rire ; et l'habitude avait été si bien prise, qu'il ne buvait que dans un vase où il pouvait baigner sa patte pendant qu'il étanchait sa soif. Le soir, on le faisait rentrer en lui chantant une chanson composée pour lui sur l'air de *toto carabo* ; du plus loin qu'il entendait cet air, il accourait du fond du jardin en répondant à la voix de ma mère ; le *refrain* de la chanson était un morceau de foie cru. Tous les matins, Bisic venait demander sa crème, car, pour du lait, il n'en buvait jamais : mais il ne la demandait pas en *miaulant* ; il se couchait à terre, *faisait le malade*, et après avoir frappé trois fois le plancher de sa tête, il se relevait, s'asseyait fièrement, et attendait qu'on lui donnât ce qu'il savait avoir gagné. Paraissait-on l'avoir oublié, il recommençait son manége. Si l'on plaçait hors de sa portée le morceau de foie cru tant désiré, il essayait rarement de l'attraper en sautant ; il préférait *faire le malade*, parce qu'il avait bien remarqué qu'on ne savait rien refuser de ce qu'il demandait de cette manière. C'était à ma mère qu'il apportait, avec des cris de triomphe, la souris ou l'oiseau qu'il avait tués, et que jamais il ne mangeait ; c'était à ma mère qu'il apportait de même tous les soirs, à la même heure, la petite éponge avec laquelle il aimait à jouer, afin qu'on la lui jetât dans le jardin ou sur les toits ; quand il avait assez de cet exercice, il la cachait si bien qu'il était impossible de la découvrir: mais lui, il savait la retrouver le lendemain.

Cécile. — Il faut que j'apprenne à Bébé à faire tout cela.

Amédée. — Mon père, ce sont là des gentillesses dont je n'aurais pas cru qu'un chat pût être capable; mais, si tu me permets de te le dire, ce ne sont point des preuves d'attachement.

M. Derville. — Bisic ne connaissait que sa maîtresse, que son maître et moi. Il nous obéissait, mais il ne cédait jamais à la bonne, et, dans toutes les occasions, il trouvait moyen de lui montrer un parfait dédain. Si l'un de nous manquait à l'heure du repas, il parcourait toute la maison en miaulant, revenait à table, mais ne mangeait pas. Un voisin, qui poursuivait les chats à outrance, parvint à l'empoisonner.

Cécile. — Ah! le méchant!

M. Derville. — Comme tous les chats, lorsqu'ils se sentent malades, Bisic ne cherchait qu'à se cacher. Il semble que ces animaux veulent dérober aux yeux leur dépouille, tant ils sont empressés de se servir de leurs dernières forces pour gagner quelque coin obscur et y mourir, souvent dans de longues souffrances. Mais ma mère, qui aimait son chat de passion, alla le prendre dans le grenier où il s'était retiré, et le soigna jour et nuit comme si c'eût été un enfant. Pendant huit jours, le pauvre Bisic fut en proie à d'atroces douleurs; sentant sa fin approcher, il quitta le coussin sur lequel on l'avait établi à l'abri du jour, vint en chancelant jusqu'à ma mère, tomba à ses pieds, releva la tête comme pour demander une caresse qu'il obtint aussitôt, fit entendre le bruit singulier par lequel ces animaux témoignent leur contentement, et il expira.

CÉCILE. — Pauvre Bisie ! Ah ! que je l'aurais pleuré !

MADAME DERVILLE. — J'ai vu, moi, mes enfants, des chats mourir de regret de la perte de leur maitresse ; j'en ai eu qui m'ont donné des preuves d'un attachement réel, et je puis vous citer, entre autres, deux traits bien remarquables, quoique sous des rapports différents.

L'auteur dramatique Dumaniant était, pour ainsi dire, la *providence* des chats, et comme il avait beaucoup de bonté, il accordait la préférence aux chats estropiés ou malades. Il fit bien des ingrats ; on en trouve ailleurs que parmi les animaux ; mais, cependant, deux des *malades* qu'il avait soignés et guéris, s'attachèrent à lui et ne voulurent plus le quitter. Dumaniant habitait la petite ville de Clermont-sur-Oise, mais il allait passer la belle saison à quelques lieues de là. En peu de temps, les deux chats furent si bien au fait des habitudes de leur bienfaiteur, qu'on n'eut plus à s'occuper d'eux pour le voyage. Du moment que l'on commençait les préparatifs du départ, tous deux, prenant l'avance, se rendaient à la campagne où ils accueillaient leur maître avec toutes les démonstrations de la joie la plus vive ; à la fin de l'automne, ils revenaient l'attendre à la ville.

CÉCILE. — Ce n'est pas un chien qui ferait cela ! Il suit son maître et voilà tout.

AMÉDÉE. — Mais il sait le retrouver n'importe où...

MADAME DERVILLE. — Le second trait que j'aie à vous citer, mes enfants, est un trait de **courage** *digne* **d'un chien.**

AMÉDÉE. — Ah! voyons!

MADAME DERVILLE. — A Versailles, demeurait, il y a quelques années, un vieux garçon nommé Flamand. Sans être riche, il jouissait d'une certaine aisance. Tous les trois mois, il se rendait à Paris pour toucher ses rentes et revenait le soir. Flamand vivait seul et n'avait d'autre compagnie que son chat. Un soir, à son retour de Paris, il rentre chez lui comme de coutume à la nuit tombante. A peine a-t-il ouvert la porte de sa chambre, que son chat s'élance dans ses jambes en miaulant de la manière la plus lamentable. Flamand qui a manqué de trébucher, gronde Titi; celui-ci n'en tient compte et semble décidé à l'empêcher d'avancer; n'y pouvant réussir, le chat s'élance à la poitrine de son maître...

AMÉDÉE. — Pour l'étrangler, je l'aurais parié! Les chats n'en font jamais d'autres!

MADAME DERVILLE *en souriant.* A ce que disent les gens prévenus contre les chats; mais le maître de Titi, qui savait le sien incapable de mal faire, s'étonne, le caresse. Titi, insensible aux cajoleries, ainsi qu'il l'a été aux reproches, ne regarde pas son maître, à la poitrine duquel il s'est cramponné; il ne regarde que l'alcôve. Flamand s'avance de ce côté; aussitôt le chat saute à terre, fait le gros dos, abaisse les oreilles; ses poils se hérissent, il se bat les flancs de sa queue et il fait entendre des cris de rage. Son maître se penche vers lui pour tâcher de l'apaiser...... il aperçoit un pied d'homme sous le lit....

CÉCILE. — Ah! mon Dieu! un voleur!

MADAME DERVILLE.—Flamand conserve son sang-froid, prend son chat dans ses bras en lui disant : « Allons, Titi, allons, tu as faim, mais ce n'est pas

une raison pour se fâcher... Viens chercher ta pâtée. »
Il sort avec son fidèle gardien, ferme la porte à double tour... Un quart d'heure après, le voleur était pris.

Cécile. — Pauvre Titi! brave Titi!

M. Derville. — Ce trait est d'autant plus remarquable, qu'en général le chat n'est point courageux, c'est-à-dire qu'il évite autant qu'il peut le danger; mais, se voit-il forcé de se défendre, il se montre alors intrépide, et rien ne peut lui faire lâcher prise une fois qu'il a mis la patte sur son ennemi.

Amédée. — Je serais curieux de savoir si Titi aurait sauté sur le voleur pour défendre son maître, comme l'aurait certainement fait un chien?

M. Derville. — Ceci est douteux, cependant c'est possible; mais je te ferai observer, mon fils, que chaque espèce, dans les animaux, étant douée d'un instinct qui lui est propre, et chaque individu, dans l'espèce, ayant un naturel particulier plus ou moins heureux, plus ou moins développé par la nature ou par l'éducation, c'est folie que d'exiger de *tous* des actions absolument *semblables*. L'homme sait approprier à son usage les qualités et même les défauts de l'animal sauvage qu'il a réduit à l'état de domesticité; son *pouvoir* ne va point jusqu'à donner au chat l'instinct du chien, au loup l'instinct du renard, au lion l'instinct de l'éléphant. L'éducation, je te le répète, modifie ces instincts divers, mais *ne les change pas*, et chaque animal vaut autant, *dans son espèce*, aux yeux de quiconque juge sans prévention, que tel autre animal dans telle autre espèce. On peut avoir certainement des préférences fondées; seulement, il ne faut pas permettre à ces préférences de nous aveugler sur ce que la justice et la réflexion nous font reconnaître pour être réellement vrai.

CÉCILE.—Mon père, pourquoi l'œil du chat brille-t-il dans l'obscurité ?

M. DERVILLE.—Chez les animaux nocturnes, c'est-à-dire qui se meuvent et chassent la nuit, l'œil est plus grand que chez les animaux diurnes, et l'iris est douée de la propriété de se dilater pendant les ténèbres ; mais ce n'est pas tout : l'œil des nocturnes est, en outre, muni d'un miroir réflecteur auquel les moindres rayons de lumière ne peuvent échapper : ce miroir les recueille pour les renvoyer sur la rétine, dont le brillant velouté paraît, dans l'obscurité, tout imprégné de lumière, et l'est en effet, comme vous voyez. Si nous continuons à nous occuper d'histoire naturelle, je vous expliquerai plus en détail, mes enfants, l'organisation de l'œil, à laquelle nous ne nous arrêterons pas davantage aujourd'hui. Vous êtes encore si neufs en fait de science de toute espèce, que je dois vous ménager.

CÉCILE. — Une chose m'étonne encore beaucoup, mon père, c'est que les chats se trouvent sur leurs pattes, n'importe de quelle hauteur ils tombent.

AMÉDÉE. — Si cela était vrai, ils ne se casseraient jamais les reins, ce qui leur arrive quelquefois pourtant.

M. DERVILLE. — Rien de plus souple, rien de plus agile qu'un chat, vous le savez, mes enfants. Cette souplesse vient en partie de la flexibilité de l'épine du dos, fort remarquable chez lui.

AMÉDÉE. — Oui, comme tous les flatteurs, il a l'épine dorsale très-flexible.

M. DERVILLE. — C'est un avantage dont les animaux de sa race jouissent tous. Au moment où il tombe, il se courbe et avance vivement les quatre pattes pour s'accrocher : ces deux mouvements, exécutés avec la rapidité de l'éclair, lui font faire sur lui-même un tour en l'air, dont le résultat est pour lui de se trouver sur ses pattes en touchant la terre. Mais, si l'espace à parcourir dans sa chute est considérable, le chat fait plus d'un tour de cette façon sur lui-même, et il arrive parfois que le dernier tour n'étant pas accompli au moment où le chat tombe à terre, ses pattes ne se présentent pas les premières, et il se casse les reins, comme Amédée l'a remarqué.

Amédée. — Mon père, tu nous as parlé du lynx comme appartenant au genre des chats : ce n'est donc pas un animal fabuleux ?

M. Derville. — Le lynx, qu'on appelle aussi *loup cervier*, ne voit pas à travers les murailles, ainsi que le prétendaient les anciens ; son urine n'a point la propriété merveilleuse de devenir un corps solide, une pierre précieuse désignée sous le nom de *lapis lyncurius*, il se contente d'avoir la vue excellente, l'œil brillant et doux : il marche et saute comme le chat, il hurle comme le loup : de là le surnom qu'on lui a donné, en y ajoutant l'épithète de *cervier*, parce qu'il attaque les cerfs, et aussi parce que son pelage est varié de taches comme celui des jeunes cerfs, lorsque ceux-ci ont ce qu'on appelle *la livrée*. Aussi agile que le chat, il poursuit les écureuils, les martres, les hermines jusqu'à la cime des arbres, et même les oiseaux : il guette au passage les cerfs, les chevreuils ; aussi propre que le chat, il couvre de terre ce que le chat non plus n'aime pas à laisser voir. Voilà ce que c'est que le lynx ou loup cervier à peau tachetée, fort rare dans nos contrées, mais plus commun en Moscovie, en Sibérie, au Canada. Il fait un grand dégât dans les bergeries, où il se glisse en creusant la terre au-dessous de la porte ; non qu'il mange des brebis tout entières, mais parce qu'il n'en veut, au contraire, qu'à la cervelle, au foie et aux intestins.

AMÉDÉE. — Alors il lui en faut par douzaines, surtout s'il a bon appétit. Je suis fâché d'une chose, mon père, c'est que le lion, un si bel animal, si noble, si généreux, soit placé par les naturalistes dans le même genre que le lynx, le chat, le tigre....

M. DERVILLE. — Tu dois alors être très-fâché qu'au genre chien, ton *idole*, les naturalistes aient rattaché le renard si rusé, le loup si féroce, si indomptable, si sanguinaire, le chacal ou loup doré de l'Asie et de l'Afrique. Je te dirai cependant que ces classifications ne *compromettent* en aucune manière *la majesté* du lion et *la dignité* du chien : elles reposent uniquement sur la conformation des dents et des ongles des uns et des autres ; mais tu es trop jeune encore pour en comprendre l'importance ; elles ont assuré, cependant, l'immortalité à Cuvier. De nos jours, grâce à lui, il n'est peut-être pas un seul vrai naturaliste qui ne puisse dire : *Montrez-moi une dent d'animal, et je vous apprendrai toute l'histoire de cet être que je n'aurai vu de ma vie.*

MADAME DERVILLE. — Je ne comprends pas, je l'avoue, comment cela se peut faire.

M. DERVILLE. — Tu vas le comprendre à l'instant, ma chère amie. La grosseur d'une dent suffit pour faire deviner au naturaliste la taille que devait avoir l'anima qui la possédait ; la forme lui apprend si c'était un carnivore ou un herbivore, c'est-à-dire si cet animal se nourrissait de chair ou d'herbages. N'en voilà-t-il pas assez pour que, aidé de ses connaissances anatomiques, il se trouve aidé à *reconstruire*, en quelque sorte, l'animal, à lui rendre l'estomac, les viscères, les pattes, les ongles et les griffes, ou les sabots, les goûts, les habitudes, les mœurs qui appartiennent à tel ou tel carnivore ou herbivore?

AMÉDÉE. — Que je voudrais être un savant naturaliste!

CÉCILE. Pour *reconstruire* des animaux, n'est-ce pas? Moi, j'aime mieux les avoir tout faits, et m'instruire de leurs mœurs, surtout quand c'est mon père qui raconte. Mon bon petit père, où trouve-t-on le plus de lions, de tigres et de panthères?

M. DERVILLE. — Les combats de l'arène, auxquels on les condamnait du temps de la république romaine, ont fait disparaître de notre continent la race du lion; puis, les proconsuls en ont peu à peu dépeuplé l'Asie; ils envoyaient en grand nombre ces animaux à Rome, où le peuple se bornait à demander *panem et circenses*, du pain et des spectacles. Aujourd'hui, quelques contrées sauvages de l'Asie et les déserts sablonneux de l'Afrique sont encore habités par le lion. Comme le chat sauvage, le lion vit seul; comme lui, il est sans pitié quand il a faim, et s'il épargne les animaux dont il fait ordinairement sa proie lorsqu'il les voit passer devant son repaire, c'est que sa faim est satisfaite.

CÉCILE *en riant*. — Eh bien! Amédée, trouves-tu encore que la *majesté* du lion soit compromise parce qu'on l'a classé dans le genre des chats?

— AMÉDÉE. L'histoire est là pour prouver la **générosité du roi des animaux**.

M. Derville. — L'histoire naturelle est là, mon fils, pour effacer tous *les romans de l'histoire*. La beauté du lion, sa démarche noble et grave, offrent le plus beau type de la force unie à la majesté ; quelques traits remarquables d'un instinct beaucoup trop exalté, ont suffi pour lui donner une réputation de grandeur et de générosité qu'il ne mérite pas plus que le tigre ne mérite celle qu'on lui a faite d'être *bassement féroce*. Le tigre ne le cède pas au lion en beauté ; sa riche fourrure est bien plus remarquable que celle du lion. Mieux proportionné, parce que sa tête est moins grosse, il est agile comme le chat ; comme lui il bondit ; comme lui il montre dans ses mouvements une grande souplesse, et, comme le lion, impitoyable quand il a faim, comme le lion aussi, il est indifférent et paisible, s'il a fait un bon repas, pour le gibier que le hasard lui amène. Le tigre est facile à apprivoiser ; il répond aux caresses à la manière du chat, en faisant e gros dos et ce que nous appelons *la roue*.

Amédée. — Oui, mais il revient bien vite à son naturel féroce !

M. Derville. — On en peut dire autant de tous les animaux enlevés fort jeunes à l'état sauvage. Probablement ce naturel s'adoucirait si de nouvelles générations succédaient, dans l'état de domesticité, à la première, car il est prouvé que certaines qualités acquises par les animaux en général dans l'état de domesticité, se transmettent aux générations suivantes. Le chat vous en offre l'exemple. A l'état sauvage, il est, en petit, aussi *féroce* que le lion et le tigre ; c'està-dire que, comme eux, il ne connait aucun frein dès qu'il s'agit d'assouvir sa faim ; à l'état de domesticité, il est caressant, flatteur même : seulement il conserve toujours quelque chose de sa première indépendance.

AMÉDÉE. — Mon père, on dit que le tigre reprend le goût du sang en léchant la main qui le nourrit?

M. DERVILLE. — La langue du chat, vous le savez, est rude; sa rudesse vient des papilles cornées et couchées en arrière qui la couvrent tout entière; lorsqu'il lèche, ces papilles se relèvent et produisent sur la main l'effet d'une râpe. La langue du tigre, celle du lion, offrent la même structure. En léchant avec une langue ainsi conformée, ces animaux attirent le sang à la peau, et l'odeur du sang doit les exciter, sans aucun doute, eux qui ne se repaissent que de chairs sanglantes.

MADAME DERVILLE. — D'où je conclus qu'il faut se dispenser de toute tentative pour amener le tigre à l'état de domesticité.

Chassez le naturel, il revient au galop.

M. DERVILLE. — Tout dépend, ma chère amie, du pays qu'on habite et des besoins que l'homme se crée. Parmi les tigres, est le guépard, ou tigre chasseur des Indiens. Ceux-ci le dressent comme nous dressons nos chiens; c'est une nécessité pour des chasseurs dans un pays où la race des chiens manque presque totalement, et où l'homme est obligé de défendre sa vie contre les farouches animaux du désert; mais si le guépard se laisse apprivoiser plus facilement que les autres espèces de tigres, il n'en restera pas moins tigre comme ses confrères, pendant bien des siècles; car il faut des siècles pour que l'éducation donnée aux animaux devenus domestiques, modifie l'organisation primitive et rende les dispositions nouvelles développées par elle, transmissibles aux générations suivantes. Quant à l'animal sur lequel les premiers essais sont tentés, il reste ou *redevient* tigre ou bien loup, quelque soin qu'on prenne pour adoucir son humeur sanguinaire et farouche. A ce propos je vous citerai une louve prise à l'âge de trois mois et enfermée avec un chien du même âge. Pendant la première année, ces animaux séquestrés de tous les autres et ne voyant jamais d'autre homme que leur gardien, jouèrent ensemble comme s'ils avaient été de la même espèce; tous deux paraissaient s'aimer beaucoup; ils se cherchaient sans cesse. La seconde année les disputes, pour la nourriture, commencèrent; on leur en donnait cependant au-delà de leurs besoins. C'était sur un grand plat de bois qu'on leur portait de la viande et des os. A peine ce plat avait-il été posé à terre, que la louve le saisissait adroitement par le bord, et elle l'emportait en fuyant. Ne pouvant sortir de l'enceinte de la cour, elle en faisait le tour cinq à six fois de suite. De temps en temps elle posait le plat à terre pour se jeter avidement sur son contenu; puis elle le reprenait et recommençait ses courses. Si le chien approchait, elle grondait avec fureur, quittait son fardeau pour attaquer *son ami,* et quoique le chien fût plus fort, il n'avait jamais l'avantage. A ces premières querelles, succédèrent des combats sanglants. La louve ne gagnait rien dans la compagnie du chien; le chien perdait de sa bonté, de sa docilité dans la compagnie de la louve. Bientôt tous les deux se montrèrent également méchants, également intraitables et même féroces. C'étaient continuellement des hurlements mêlés de cris de rage; ils ne s'approchaient plus que pour s'entredéchirer; le chien l'emporta dans le dernier combat; il tua la louve.

Amédée. — Ah! le brave chien!

M. Derville. — Mais il fallut le tuer à son tour, tant il était devenu méchant.

Amédée. — Ce n'était pourtant pas sa faute. Pauvre animal! Qui donc avait pu imaginer de l'élever avec une louve?

M. Derville. — Buffon, qui a fait plus d'une expérience en ce genre; expériences qu'il faudra plus d'une fois répéter avant d'oser espérer que l'éducation parvienne à l'emporter sur l'instinct naturel a chaque espèce d'animal.

Madame Derville. — Il me semble que ce fait du moins, soutenu de mille et mille autres du même genre, nous offre une des cent millièmes preuves du danger qu'il y a, dans la jeunesse surtout, à fréquenter les méchants. Les mauvais exemples étant plus faciles a imiter que les bons, il est trop probable que le méchant ne deviendra pas bon, et que le bon deviendra méchant; n'oubliez pas ceci, mes enfants, car c'est d'une haute importance pour le bonheur ou pour le malheur de la vie entière! »

CHAPITRE III.

Le bœuf. — La vache. — Instinct d'une petite vache américaine
— La chèvre domestique. — La chèvre du Thibet. — La brebis.
— Le mouflon. — Le bouquetin. — Le chamois.

Amédée et sa sœur auraient volontiers causé ou
entendu causer d'histoire naturelle toute la journée ;
mais ils étaient à l'âge où l'on a tant de choses à apprendre, que ce plaisir ne devait pas l'emporter sur
des études nécessaires, et qui absorbaient presque tout
leur temps. M. Derville les trouvait d'ailleurs encore
trop jeunes pour être initiés aux travaux d'une des
sciences les plus curieuses et les plus intéressantes, et
il se bornait à leur offrir, comme récréations, le produit des recherches et des veilles de tant d'hommes de
génie qui nous ont donné les moyens de nous élever,
par la contemplation des œuvres de la création, au
sentiment de la grandeur et de la puissance sans bornes du Créateur. Ce fut ce qu'il leur dit, lorsque le lendemain, à l'heure du déjeûner, les deux enfants voulurent amener la conversation sur le sujet qui les avait
si vivement intéressés le jour précédent.

— « Nous parlerons d'histoire naturelle pendant
la promenade que nous faisons chaque soir, ajouta

M. Derville, et même au retour, pour peu que cela, fasse plaisir à votre mère. »

Il fallut se soumettre ; mais les devoirs se ressentirent un peu ce jour-là de la préoccupation où l'on était du plaisir promis pour le soir, et volontiers on se serait passé de dîner afin d'avancer l'heure de la promenade.

Jusqu'alors rien n'avait pu éveiller la curiosité dont Cécile et son frère se sentaient tout-à-coup si vivement pressés. Élevés tous les deux dans une grande ville, ils n'avaient eu encore aucune occasion de voir ce qui s'offre journellement aux habitants des champs, et depuis un mois qu'ils se trouvaient à la campagne, ils avaient dû porter leur attention sur tant d'objets divers, qu'aucun ne l'avait positivement attirée ; mais le *chien du berger* étant venu donner à leur père un *à propos* pour leur prouver que l'histoire naturelle est en effet aussi intéressante qu'il l'affirmait, tous les deux se sentaient également pressés du désir de faire une foule de questions ; cependant aucun d'eux ne se doutait de l'immensité du champ qui venait de s'ouvrir, et qu'une vie toute entière ne suffirait pas à reconnaître, même dans sa plus petite partie.

Le soir arriva, et les deux enfants partirent avec leur père, laissant au logis madame Derville que ses occupations et sa mauvaise santé y retenaient souvent.

A peine avait-on tourné le coin de la haie qui entourait le jardin, que Cécile dit à son père : « De quoi nous parleras-tu ce soir, mon bon petit père ?

— « Questionne, ainsi que ton frère ; et je répondrai, répliqua M. Derville. Mais si vous m'en croyez, mes enfants, nous nous intéresserons d'abord à ce que nous sommes à portée de voir tous les jours, en remontant aux espèces sauvages, ainsi que nous l'avons fait hier pour le chien du berger et pour le chat domestique.

CÉCILE. — Ah! oui, ce sera plus amusant, n'est-ce pas, Amédée?

AMÉDÉE. — Eh! bien, mon père, si tu veux nous raconter l'histoire du cerf...

CÉCILE. — Moi j'aimerais mieux celle de la chèvre et de la brebis; nous pouvons en voir tous les jours, au lieu que le cerf il faut l'aller chercher dans les forêts....

M. DERVILLE. — Il ne vous inspire donc aucun intérêt, cet utile animal qu'en ce moment nous voyons s'en retourner à l'étable après avoir passé la plus grande partie de la journée à tirer la charrue?

CÉCILE. — Oh! j'ai peur des bœufs!

M. DERVILLE. — Cependant un enfant, tu le vois, suffit pour conduire ces deux paires qui s'avancent vers nous. Arrêtons-nous un moment pour les regarder à notre aise.

CÉCILE. — Je n'avais jamais vu de bœufs d'aussi près.... Oh! quelles cornes menaçantes!

M. DERVILLE. — C'est une manière de parler. Les cornes du bœuf domestique n'ont rien de menaçant, et ses yeux placés à fleur de tête sont pleins de douceur.

CÉCILE. — C'est vrai. Mais quel gros animal! comme la peau qui lui pend tout le long du cou et de la poitrine lui donne un air grave!

AMÉDÉE. — Le bœuf domestique! Alors, mon père, il y a donc des bœufs sauvages?

CÉCILE. — La belle question! Puisqu'il y a des

chiens sauvages, il doit y avoir aussi des bœufs sauvages, n'est-ce pas, mon père?

M. Derville. — Tu pourrais, ma fille, adresser à ton frère tes observations sur un ton plus poli. Oui, sans doute, il y a des bœufs sauvages; et l'espèce la plus grande parmi toutes celles maintenant connues, c'est l'auroch, si rare aujourd'hui qu'on n'en trouve plus que des troupeaux peu nombreux dans les montagnes du Caucase. Il n'en est pas de même du buffle, habitant du cap de Bonne-Espérance et de la Guinée. Célèbre par sa férocité, le buffle vit en grandes troupes, fait retentir les bois et les montagnes de ses mugissements terribles, attaque tout ce qui se trouve sur son passage, l'homme lui-même, renverse et foule aux pieds tout ce qui fait obstacle à sa course rapide, et présente des cornes en effet *menaçantes*. Ces cornes énormes sont aplaties à leur base, et forment comme un casque sur le sommet de la tête. Le bison de l'Amérique septentrionale, moins redoutable que le buffle, est le plus singulier dans l'espèce des bœufs. Sa tête, son cou, sa poitrine, ses épaules sont couverts d'un poil crépu comme les cheveux du nègre, mais fort doux au toucher.

Amédée. — Je me souviens d'en avoir vu un au Jardin-des-Plantes, lorsque, l'année dernière, nous sommes allés faire une visite à mon oncle. Ce bison avait l'air d'être *bonne personne*.

M. Derville. — Quoique fort sauvage, le bison est facile à apprivoiser, tandis que le buffle se montre indomptable. Une autre variété remarquable, c'est le yak ou buffle à queue de cheval, ou vache grognante de Tartarie. Une touffe de poils crépus couvre le sommet de la tête, le cou présente une espèce de crinière, et le dessous du corps, de même que la naissance des jambes, est garni de crins touffus, très-longs et tombants. Les Tartares, les Chinois, les habitants des montagnes du Thibet sont parvenus à réduire le yak à l'état de domesticité. Les Chinois se montrent fort curieux de ses crins d'un beau noir, dont ils forment les houppes qui ornent leurs bonnets, tandis que les Turcs recherchent sa riche queue, bien plus belle que celle du cheval. Les pachas seuls ont le droit de faire porter devant eux, au nombre de deux ou trois, suivant la dignité dont ils sont revêtus, ces précieux *chasse-mouches* ; de là le titre de pachas à deux queues ou à trois queues.

CÉCILE. — Mon père, le bœuf me fait l'effet d'être une trop grosse bête, pour qu'il soit capable d'intelligence et d'affection ?

AMÉDÉE. — L'éléphant est encore bien plus gros, et pourtant chacun sait que ce n'est pas un imbécile. Je l'ai bien vu par celui du Jardin-des-Plantes.

M. DERVILLE. — Mes enfants, le bœuf, la vache n'ont certainement pas l'intelligence du cheval, de l'éléphant, ni leurs facultés aimantes; cependant, l'un et l'autre comprennent ce qu'on exige d'eux, et tous deux s'affectionnent aux personnes qui les traitent bien, comme à ceux de leurs pareils qu'on leur associe dans leurs travaux. Je vous donnerai l'*Histoire de Manette, ou la vache noire* (1), et vous y trouverez un trait d'attachement et de reconnaissance d'autant plus remarquable, que ce n'est point un conte fait à plaisir. Vous trouverez en outre dans ce livre une foule de détails curieux sur les *ruminants* en gé-

______

(1) *Histoire de Manette, ou la Vache noire*, 1 vol. in-18.

néral, c'est-à-dire sur les animaux qui sont **pourvus** de quatre estomacs. A ce genre, appartiennent les bœufs, les vaches, les moutons, les chèvres, les chameaux, les cerfs....

CÉCILE. — L'aurons-nous bientôt, mon père, l'Histoire de la vache noire?

M. DERVILLE. — Dans quelques jours. Mais je peux vous raconter, dès aujourd'hui, un trait bien étonnant d'une petite vache américaine; ce qui vous prouvera que l'intelligence et la réflexion qui naît de l'observation, n'ont pas été refusées à ce que vous appelez de *grosses bêtes*. Aux États-Unis on forme à volonté une clôture facile à déplacer et dont on entoure les terres momentanément destinées au pacage du gros bétail. Cette clôture consiste en poteaux grossièrement taillés et percés chacun de quatre trous; on les place à seize pieds l'un de l'autre; puis on les unit entre eux par le moyen de quatre perches longues d'un peu plus de seize pieds: chaque perche, amincie et pointue par un bout, est munie à l'autre extrémité d'une sorte de tête; la tête sert à la retenir dans l'un des trous de l'un des poteaux, et la pointe à l'appuyer dans l'un des trous du poteau suivant. Vous comprenez que quatre perches ainsi placées l'une au-dessus de l'autre et à la distance d'un pied, suffisent pour former une barrière qui empêche le gros bétail de passer dans le champ voisin?

AMÉDÉE. — Oui, sûrement, c'est facile à comprendre.

CÉCILE. — Moi, je ne comprends pas.

AMÉDÉE. — Mais si, ma sœur! Figure-toi qu'il y a des poteaux de plantés de distance en distance autour de cette pièce de terre que voici; il n'y a ensuite qu'à te figurer aussi qu'ils sont unis entre eux par de longues perches, tu auras une barrière tout autour.

CÉCILE. — Ah! c'est vrai.

M. DERVILLE. — Ce genre de clôture est appelé *fence*. Rien de plus facile à démonter quand vient la saison du labourage, mais l'on n'avait pas encore eu l'idée que les troupeaux renfermés dans l'enceinte de la *fence* en pussent juger ainsi, lorsqu'une petite vache, tentée par la belle verdure d'un champ de maïs voisin, se chargea de montrer qu'elle avait compris de quelle manière on pouvait enlever la *fence*. Passant sa tête entre deux de ces longues perches et la relevant aussitôt, elle faisait ployer la perche qu'elle soulevait par le milieu avec ses cornes; le bout aminci se dégageait aussitôt, la vache retirait la tête et la perche tombait par l'effet de son propre poids : quatre minutes suffisaient pour enlever les quatre perches, et aussitôt le troupeau entier se précipitait par cette large ouverture dans les champs de maïs.

AMÉDÉE. — Je n'aurais jamais cru qu'une vache pût être capable de faire une chose comme celle-là!

M. DERVILLE. — Et une chose qui annonce de l'observation, ou de la réflexion, ou de l'invention, ce que nous refusons volontiers aux animaux. Il fallait nécessairement que la petite vache eût *observé* le travail de l'homme enlevant les fences; qu'elle fût arrivée à comprendre, par la réflexion, que la perche soulevée au milieu de sa longueur, se raccourcissait naturellement, et, se trouvant raccourcie, sortait tout aussi naturellement par le bout aminci de l'un des trous du poteau; ou bien elle avait agi d'instinct, c'est-à-dire *inventé* ce moyen de recouvrer pour elle et ses compagnes une entière liberté.

CÉCILE. — Oui, sûrement, elle avait bien de l'esprit, cette petite vache!

M. DERVILLE. — Parmi les animaux comme parmi les hommes, il en est qui sont plus heureusement dotés les uns que les autres, et ceux-là excitent tout ensemble l'admiration et l'envie; mais l'envie se tait dès que le talent de celui qu'on est contraint d'admirer sert à la satisfaction de tous, et c'est ce qui arrivait pour la petite vache. Son manége ayant été découvert, le maître prit le parti de l'enfermer. Privé de son secours, le troupeau tout entier se pressait contre les fences, l'appelant par de longs mugissements et faisant de vains efforts pour renverser des obstacles dont elle seule avait deviné la nature et la faiblesse. Parvenait-elle à s'échapper, c'était au galop qu'elle arrivait au milieu de ses compagnes qui sautaient de joie, ouvraient leurs rangs pour la recevoir et lui donnaient tous les témoignages possibles d'estime et même d'affection; la petite vache, qui était la plus laide, la plus faible et la plus délicate de toutes, régnait, par l'effet *de son génie*, sur le troupeau entier, et le taureau lui-même paraissait rendre hommage à un talent si utile à la bande entière; et ceci, mes enfants, n'est point un conte; ceci a été observé par des personnes dignes de foi et d'autant plus disposées à voir et à bien voir, que le manége de la petite vache compromettait leur récolte, car une fois *le général* et ses *soldats* en *pays conquis*, il n'était pas facile de les mettre en déroute et de les emprisonner de nouveau dans la pièce de terre entourée de fences.

CÉCILE. — Que je voudrais avoir à moi une petite vache américaine!

AMÉDÉE. — Quand tu en aurais une, il ne serait

pas certain qu'elle fût douée d'autant d'esprit que celle dont parle mon père.

CÉCILE. — Alors, je voudrais avoir une chèvre; c'est si joli! Et puis les chèvres donnent de bon lait, et elles ont un air si éveillé, si spirituel! Dis, mon bon petit père, veux-tu que j'en aie une?

M. DERVILLE. — Je doute que ta mère y consente.

CÉCILE. — Oh! pourquoi donc pas?

M. DERVILLE. — Les chèvres sont très-friandes des jeunes pousses d'arbres, et ta mère est fort curieuse de son jardin.

CÉCILE. — On pourrait l'attacher.

M. DERVILLE. — Avoir un animal pour le rendre malheureux, ce n'est guère la peine. Ce que la chèvre aime par-dessus tout, c'est sa liberté. Il faut qu'elle puisse aller, venir, sauter, courir, tourner à gauche, à droite, monter, descendre, selon sa volonté ou son caprice. Nous autres habitants des plaines, nous ne nous figurons pas ce qu'est réellement la chèvre dans les montagnes; les rochers sont ses véritables domaines. Elle ne se laisse point étourdir, comme les brebis, par les rayons ardents du soleil; l'orage le plus violent ne lui fait point peur; la seule chose qui l'impatiente, c'est la pluie. Du reste, elle brave les vents, le tonnerre et bondit de rochers en rochers avec une légèreté que le chamois seul peut surpasser. J'en ai vu de nombreux troupeaux au Mont-d'Or; leur lait est une de richesses du pays; il fournit la matière première des fromages très-recherchés et dont la fabrication occupe une foule de bras. Là, c'est par milliers que les chèvres se montrent, et rien n'est joli comme de les voir s'élancer par-dessus de profonds ravins, se croiser sur la pointe des rochers, se disputer le passage sur des troncs d'arbres qui servent de pont, et tomber la tête la première quand l'une d'entre elles se trouve forcée de céder le pas à celle dont l'adresse ou la ténacité l'emporte.

Amédée. — Je ne conçois pas qu'un animal si adroit puisse tomber la tête la première.

M. Derville. — Ce n'est point par maladresse, c'est par l'effet d'une combinaison réfléchie que la chèvre s'élance ainsi dans les ravins, dans les précipices, plutôt encore qu'elle n'y tombe : ses cornes, touchant le fond les premières, amortissent la violence de la chute, et si elle en perd une dans cette occasion, la perte est moins grande que celle de la liberté ou de la vie.

Cécile. — J'aurais parié que les chèvres ont de l'esprit : rien qu'à les voir on le devine!

M. Derville. — Pline le naturaliste rapporte un trait fort curieux de cette intelligence, en effet remarquable, qui s'unit, chez la chèvre, à un bon fonds, car elle est capable d'attachement, et même de *charité* pour *le prochain*, comme vous allez voir. Deux chèvres se rencontrent un jour nez à nez sur une longue planche fort étroite, et où il était impossible de passer deux. Reculer, n'est pas dans la nature d'un animal que ne déconcerte aucun obstacle, et dont les jarrets nerveux et souples ne demandent qu'à s'exercer. Immobiles l'une devant l'autre, elles se regardent assez long-temps en silence. Au-dessous d'elles roulent les eaux écumeuses du torrent; le moindre mouvement suffirait pour les y précipiter, et d'autant plus sûrement que la planche, courbée sous leur poids, produirait l'effet d'un ressort rebondissant, et lancerait au loin les deux combattantes. Quoi qu'on en puisse dire, tout nous prouve que les animaux ont un langage, et, dans cette circonstance, nos deux chèvres le prouvèrent encore mieux, et sans réplique. Après être convenues, apparemment, de leurs faits, l'une des deux se coucha à plat ventre, et permit à l'autre de lui passer sur le corps.

AMÉDÉE. — Mon père, certainement Pline a écrit ce que tu viens de nous raconter, mais je l'ai entendu accuser de beaucoup d'erreurs en fait d'histoire naturelle.

M. DERVILLE. — Sous le rapport de la science, mon fils, Pline peut être aujourd'hui *accusé d'erreurs*, mais la vérité de la plupart des observations que, le premier, il a faites, est attestée de nos jours par des observations semblables : ainsi cette scène curieuse s'est renouvelée en Suisse, il y a une quarantaine d'années, sous les yeux de l'un de nos contemporains, et se renouvelle probablement très-souvent au Mont-d'Or comme en Suisse, et partout ou il y a des chèvres.

CÉCILE. — Mais, mon père, celles dont tu nous parlais tout-à-l'heure, et qui se battent sur les ponts d'arbres ?

M. DERVILLE. — N'y a-t-il pas des moments ou *l'animal* réputé *raisonnable*, et qu'on appelle *homme*, suit plutôt les conseils des passions qui l'aveuglent que ceux de la raison ? Il en est de même chez les animaux, plus excusables, assurément, que nous ne pouvons l'être, nous qui nous croyons, et qui sommes, en effet, si supérieurs à eux !

CÉCILE. — Une chose que je ne comprends pas, mon père, c'est qu'on puisse faire des tissus aussi doux que le cachemire avec du poil de chèvre : j'en ai caressé quelques-unes lorsque j'en rencontrais par la ville, et leur poil est rude.

M. Derville. — Ce n'est pas le poil des chèvres du petit Thibet ou de celles du Mascate, dans l'Arabie Heureuse, quoiqu'il soit plus long et plus soyeux que le poil de nos chèvres, qui fournit la matière nécessaire à la fabrication de ces magnifiques tissus : c'est le duvet fin et moelleux dont le cou et le ventre se garnissent à l'approche de l'hiver. La bonne et bienfaisante nature donne alors aux chèvres, comme à tous les animaux à poil long ou ras, une double fourrure, et les en débarrasse au printemps. On choisit cette dernière saison pour peigner les chèvres et pour recueillir avec soin un duvet précieux, qui se vend au poids de l'or.

Cécile. — Alors, mon père, nos chèvres doivent en avoir aussi ?

M. Derville. — Oui, sans doute, mais il est de qualité inférieure, moins fin, moins doux et plus court.

Cécile. — Moi, je croyais que l'on tondait les chèvres comme les moutons.

Amédée. — Ils sont si bêtes, les moutons, qu'ils se laissent faire ; mais je crois que tondre une chèvre ne serait pas chose facile.

M. Derville. — Les moutons, ou plutôt l'espèce appelée de son véritable nom, la brebis, n'est pas plus *bête* que tout autre animal ; mais l'état de domesticité auquel nous l'avons réduite a produit sur elle un effet plus marqué que sur la chèvre. La chèvre domestique peut redevenir sauvage et recouvrer celles des facultés que la *civilisation* avait effacées chez elle, tandis que la brebis est tellement dégénérée, qu'elle ne peut plus subsister sans le secours de l'homme, et redevenir ce qu'est encore de nos jours la race primitive, le mouflon ou mouton sauvage de la Sibérie méridionale. Cet animal, dont la plus grosse espèce est de la taille d'un daim, est armé de cornes qui ont, à leur origine, la grosseur du poignet, et les coups qu'il donne avec sa tête ont tant de force, que des barreaux de fer carrés de dix-huit lignes sur toutes les faces sont brisés net.

CÉCILE. — Mon père, il me semble pourtant avoir lu, dans les *Contes aux jeunes Agronomes* [1], que les moutons sauvages sont timides et... bêtes, il faut bien le dire, tout comme les moutons domestiques.

M. DERVILLE. — Il est maintenant peu de contrées, ma fille, où l'on trouve des moutons tout-à-fait sauvages. Suivant la civilisation des habitants, ils sont, il est vrai, plus ou moins *civilisés*; mais partout les effets de la civilisation ou de la domesticité, comme tu voudras, sont tels, qu'il faudrait peut-être bien des siècles pour leur rendre, je te le répète, les facultés distinctives propres à chaque espèce d'animal, de même qu'il a fallu des siècles pour les en dépouiller. Je crois, au reste, que les moutons sont les seuls à perdre complètement l'instinct natif et à tomber dans l'état de nullité auquel l'homme a su les réduire.

AMÉDÉE. — Mon père, nous avons eu quelque temps à la pension un petit Suisse qui nous a parlé d'un animal encore plus léger que la chèvre, et qui ne se trouve, à ce qu'il disait, que dans les Alpes : il l'appelait bouc-stein, ce qui signifie, disait-il, *bouc des rochers*.

______

[1] Adolphe ou le Petit Laboureur, 1 vol. in-18.

M. Derville. — De ces deux mots on a fait *bouquetin*. Le bouquetin vit, comme la chèvre, en troupeaux de douze à quinze : il est, en effet, sans cesse bondissant de rochers en rochers, avec une légèreté que le chamois seul peut égaler, et il fréquente surtout les glaciers, mais on le trouve ailleurs que dans les Alpes de la Suisse : il habite aussi les montagnes de la Savoie, les Pyrénées, les montagnes de la Grèce et celles des îles de l'Archipel. Sa tête est ornée de cornes qui ont quelquefois jusqu'à trois pieds de longueur ; beaucoup plus grand que notre bouc domestique, il a une foule de rapports, pour les mœurs, avec le chamois ; comme lui, il se fraie un chemin dans les neiges ; comme lui, il se retire en été au nord de ses montagnes ; comme lui enfin, il met en défaut les plus habiles chasseurs ; mais le chamois l'emporte en prudence sur le bouquetin. Les troupes nombreuses de chamois vont à la pâture ou au pâturage des herbes aromatiques, le matin et le soir. Pendant que ces animaux paissent, un d'entre eux est placé en sentinelle et fait bonne garde. Les chamois ont été doués par la nature d'un odorat, d'une vue, d'une ouïe excellents. Du plus loin que la vedette aperçoit quelque objet qui l'inquiète, ou dès que le vent lui apporte quelque odeur inconnue, ou lorsqu'enfin son oreille est frappée d'un son inattendu et souvent bien lointain, le chamois siffle avec force. Ce sifflement dure autant que l'haleine peut le soutenir. D'abord très-aigu, il fait retentir les forêts et les rochers ; il baisse et faiblit graduellement. Après un instant de repos le chamois recommence ; pendant ce temps il est dans une agitation extrême ; il frappe la terre de l'un des pieds de devant, ou de tous les deux à la fois ; il grimpe sur des éminences, et enfin tous prennent la fuite. Ce qu'il y a de particulier dans ce sifflement, c'est qu'il n'est point produit par les lèvres, mais par les narines.

CÉCILE. — Mon père, est-ce que ces animaux n'ont pas d'autre manière de *parler?*

M. DERVILLE. — Le chamois bêle, mais à la façon d'une chèvre *enrouée.*

AMÉDÉE. — Notre petit suisse nous a dit aussi que rien n'est plus difficile ni plus dangereux que la chasse aux chamois.

M. DERVILLE. — Tu dois le comprendre. Comment suivre, sur des rochers à pic, un animal auquel il ne faut, pour se tenir sur les quatre pieds, que juste la place à peine suffisante pour le pied de l'homme, et qui, s'élançant toujours en ligne oblique, saute de vingt ou trente pieds de hauteur? Les chasseurs de chamois tombent souvent dans les gouffres où l'animal qu'ils poursuivent n'a pas hésité à se jeter; quelquefois le chamois, quoique timide, s'élance sur l'ennemi qui lui dispute le passage et le renverse dans le précipice que celui-ci croyait éviter.

CÉCILE. — Mon père, puisque le chamois est si difficile à chasser, pourquoi le chasse-t-on?

M. DERVILLE. — Ce sont justement les dangers que présente cette chasse qui la rendent attrayante. Elle est l'objet, chez le paysan suisse qui s'y livre, d'une passion indomptable. Son père est mort en chassant le chamois, il le chasse avec la presque certitude d'y périr aussi, et, par prévoyance, il emporte toujours avec lui le sac de toile qui doit lui servir de cercueil, si, entraîné par l'ardeur de la chasse, il s'égare au milieu des glaciers et roule au fond de quelque crevasse. C'est donc au prix de la vie des hommes, que

les élégants et les élégantes peuvent porter des gants
de chamois.

Cécile. — Ah! c'est vrai! je n'avais pas pensé du
tout qu'on fait des gants de peau chamois.

M. Derville. — Ainsi nous jouissons, *sans y penser*, d'une foule d'aisances ou d'objets de luxe dont la
conquête ou la préparation a mis au moins en danger
des jours tout aussi précieux que les nôtres! »

Chèvres domestiques. — Cerf. — Biche.

Éléphant. — Cheval Arabe.

CHAPITRE IV.

Le cerf — le renne. — Instinct du renne. — Le chameau. — Le dromadaire.

— « Ma sœur, dit Amédée après quelques moments de silence, maintenant que tu as satisfait ta curiosité au sujet de la chèvre, tu me permettras bien de faire quelques questions à mon père sur le cerf et sur le renne. J'ai lu l'année dernière, dans un livre de voyages, que le renne remplace, pour les Lapons, l'âne, la vache, le cheval, et, dans un autre livre, quelque chose qui m'a bien étonné, c'est que le cerf étant le plus noble des animaux, ne peut être chassé que par le plus noble des hommes. Qu'est-ce que cela veut dire, mon père, je te prie?

M. Derville. — Cela veut dire tout simplement, mon fils, que courir le cerf est un plaisir tout-à-fait *royal*, parce que cette chasse exige des meutes nombreuses, bien dressées, des chevaux, toute une armée de veneurs, de piqueurs, un grand train, en un mot.

Cécile. — Mon père, le cerf est donc bien terrible et bien dangereux?

M. Derville. — Je te répondrai par ces paroles de Buffon : « Le cerf est un de ces animaux innocents, doux et tranquilles, qui ne semble faits que pour embellir, animer la solitude des forêts et occuper loin de nous les retraites paisibles des jardins de la nature. »

Cécile. — Alors pourquoi le chasse-t-on, puisqu'il ne fait de mal à personne?

AMÉDÉE. — Ceci, ma sœur, est une question de petite fille qui ne se doute pas des plaisirs de la chasse, et qui ne s'en doutera jamais.

M. DERVILLE. — Mon fils, je te dirai que ta réponse est celle d'un écolier peu poli et qui doit apprendre à l'être avec tout le monde, y compris sa sœur.

CÉCILE. — Ah! ah! Monsieur l'écolier!... Mon père, est-ce qu'il y a des cerfs ici aux environs?

M. DERVILLE. — C'est douteux. Les bois qui entourent cette contrée sont trop fréquentés pour qu'un animal qui aime la solitude puisse s'y plaire et y multiplier. Cependant, le cerf n'est pas d'un naturel sauvage comme vous pourriez vous l'imaginer d'après son amour pour la solitude; il est même curieux, et sa curiosité s'excite par la vue des voitures, du bétail, des hommes; il ne fuit ceux-ci que lorsqu'ils sont armés ou accompagnés de chiens. Mais si on le siffle, il s'arrête; si on l'appelle de loin, il demeure immobile et regarde fixement dans la direction d'où le son est venu, puis il continue à marcher avec assurance et passe fièrement son chemin. Les sons des chalumeaux des bergers sont doux à son oreille; les veneurs le savent si bien, qu'ils se servent parfois de ce moyen pour lui inspirer une fausse sécurité, car il n'a pas peur des bergers qui ne le troublent jamais dans sa vie innocente et paisible.

AMÉDÉE. — Mon père, puisqu'il aime la solitude, il ne vit donc pas en troupes comme les chiens, les chats sauvages, les buffles, les chèvres, les chamois?

M. DERVILLE. — A l'approche de la saison rigoureuse, dès le mois de décembre, les biches, les hères, les daguets et les jeunes cerfs se mettent en *hardes*, c'est-à-dire qu'ils se réunissent en troupes et marchent de compagnie. Alors on les voit chercher les fourrés, les versants des coteaux du midi, et s'y tenir serrés les uns contre les autres, sans autre moyen de s'échauffer que leur haleine.

CÉCILE. — Pauvres bêtes! Mon père, est-ce que c'est un bel animal que le cerf?

M. DERVILLE. — Buffon en a fait le portrait en peu de mots : « Sa forme élégante et légère, sa taille aussi svelte que bien prise, ses membres flexibles et nerveux, sa tête parée, plutôt qu'armée, d'un bois vivant, et qui, comme la cime des arbres, tous les ans se renouvelle; sa grandeur, sa légèreté, sa force le distinguent assez des autres habitants des bois, et comme il est le plus noble d'entre eux, il ne sert qu'aux plaisirs des plus nobles des hommes. »

AMÉDÉE. — Ah! c'est Buffon qui a dit cela!

CÉCILE. — Mon père, est-ce que les hères, les biches et les daguets sont des espèces différentes de cerfs?

AMÉDÉE. — La biche est la femelle du cerf, qui est-ce qui ne sait pas cela!

M. DERVILLE. — Ta sœur apparemment, puisqu'elle le demande; mais toi, tu sais sans doute ce que c'est que le *hère* et le *daguet?*

— Non, mon père, répondit Amédée en rougissant un peu.

M. DERVILLE. — Suivant son âge, le cerf change de nom. Jusqu'à sept mois il porte celui de *faon;* dès que le *bois* commence à paraître, c'est un *hère;* bientôt ce bois, qui n'est encore qu'une *bosse* placée de chaque côté de la tête et recouverte de cuir velu comme tout le corps, s'allonge en forme de dague et se dé-

pouille de son enveloppe ; le cerf est alors un *daguet*.
A la deuxième année, deux petites perches, ou mer-
rains, poussent à la place des daguets ; l'année d'ensuite
ces perches, partant du tronc principal, se sèment de
petits *andouillers*, ou sortes de menues branches, et
voilà un jeune cerf. Le nombre des *andouillers* augmente d'années en années jusqu'à ce que le cerf ait
atteint l'âge de huit ans ; puis les andouillers continuent de se renouveler en entier chaque été.

Cécile. — Ah ! mon Dieu ! quel travail.

M. Derville. — Qu'entends-tu par ces mots, ma
fille ? »

Cécile demeura embarrassée.

— « Tu ne songes pas, reprit M. Derville, à la
vue des pousses nouvelles, des fleurs, des feuilles qui
ornent les arbres au printemps, à t'écrier : Quel travail ! Et pourtant cette exclamation serait aussi à propos pour les plantes que pour le cerf. C'est en effet
un travail, et l'un des plus admirables de ce que nous
appelons *la nature ;* mais il s'opère chez l'animal,
comme chez les plantes, sans qu'aucun des deux *s'en
mêle.* Seulement, l'animal a *la conscience* de la révo-
lution qui se fait en lui, sans pouvoir s'en rendre
compte : ce travail, indépendant de sa volonté, le fatigue de même que celui de la mue ; mais si le cerf,
par exemple, après avoir détaché *sa tête ,* c'est-à-dire
son vieux bois, en s'accrochant à quelque branche,
cherche la solitude, ce n'est point *par honte* de se trouver ainsi dépouillé de sa parure ; c'est parce qu'il se
sent *désarmé* et hors d'état de combattre ; si, ensuite,
il marche la tête basse et d'un air *confus* au milieu des
buissons et des taillis, dont les jeunes pousses lui donnent une nourriture abondante, c'est tout simplement

parce qu'il craint de froisser son nouveau bois contre les branches; car ce *bois* est *sensible*, quoique recouvert d'une peau épaisse garnie de poils touffus. Lorsqu'on le coupe pendant que cette peau l'enveloppe, il en coule beaucoup de sang.

CÉCILE. — Mais pourtant, mon père, c'est du bois, du vrai bois; je me souviens à présent d'avoir vu, chez mon oncle, des manches de couteau en bois de cerf, tout garni de leur écorce...

M. DERVILLE. — Le bois du cerf, ma fille, est d'abord tendre comme l'herbe; la peau qui l'entoure lui sert *d'écorce*, mais c'est une *écorce* vivante recouvrant une matière osseuse; et, dans cette écorce vivante, se trouvent les veines, les vaisseaux nécessaires à la circulation du sang et des sucs nourriciers qui apportent partout, à toute la peau, les moyens de conservation et de vie, pour ainsi dire. Dès que le bois du cerf a pris son entier accroissement, la peau qui l'entourait se dessèche et tombe; alors *le bois* acquiert la consistance, l'apparence et les qualités du *vrai bois*, tout en conservant cependant quelque chose du règne animal; c'est-à-dire de la corne, puisque la *corne de cerf* râpée, donne la matière première d'une gélatine à laquelle plusieurs vertus médicales sont accordées.

AMÉDÉE. — Que c'est donc singulier! et dire que ce bois doit se renouveler tous les ans!... Mon père, dans le pays des forêts où les cerfs abondent, a-t-on essayé de les réduire, comme les autres animaux, à l'état de domesticité?

M. DERVILLE. — Plusieurs essais ont été tentés, et l'on a acquis la certitude que le cerf est facile à apprivoiser; mais on en est encore aujourd'hui à se demander à quoi l'on pourrait l'employer dans l'économie rurale. Sa légèreté et sa rapidité a la course avait inspiré, il y a quelques années, à un riche particulier, l'idée d'essayer d'en monter un. L'animal, fort doux et fort docile, se laissa seller et brider ; mais à l'instant où il sentit le poids du cavalier, il se coucha a terre et rien ne put le décider a se relever et à marcher.

AMÉDÉE. — C'est dommage ; car une course de cerf serait plus jolie et plus intéressante encore qu'une course de chevaux.

M. DERVILLE. — Elle serait plus *intéressante*, parce qu'elle serait plus singulière ; c'est ainsi, je pense, que tu l'entends.

AMÉDÉE. — Ou bien une course de rennes !... Pour les rennes, ils se laissent monter...

M. DERVILLE. — Pas du tout ; le renne se laisse atteler aux traîneaux, mais non pas monter, et il faut être Lapon pour s'arranger d'un animal si capricieux.

CÉCILE. — Il tient donc du naturel de la chèvre ?

M. DERVILLE. — Le renne a beaucoup plus de rapport avec l'espèce de cerf appelé élan, qu'avec la chèvre ; il trotte comme lui ; comme lui il est doué d'une grande force ; comme lui il vit de peu, mais il est bien plus facile à apprivoiser. Une particularité qui leur est encore commune, c'est que lorsqu'ils courent ou précipitent le pas, il se fait, aux articulations des jambes, un craquement si fort, qu'on dirait qu'elles se déboitent.

AMÉDÉE. — Mon père, est-ce qu'on ne pourrait pas transporter le renne en France, comme on y transporte les animaux des autres pays ?

M. DERVILLE. — On l'a tenté ; nous avons des rennes au jardin des Plantes ; mais je doute qu'on parvienne jamais à acclimater, dans des contrées tempérées, un animal créé pour peupler, pour animer les rives de la mer Glaciale. Nos gras pâturages, notre sol à peine durci par la gelée ne vaudront jamais pour lui la mousse blanche ou lichen dont il fait sa nourriture pendant l'hiver, les immenses tapis de neige qu'il laboure avec ses cornes pour découvrir ce lichen, ni les plaines et les montagnes de glace sur lesquelles il vole avec la rapidité de l'éclair, en bravant la volonté de ses pâtres et en livrant bataille aux chiens.

CÉCILE. — Ah! les bergers lapons ont aussi des chiens!

AMÉDÉE. — Mais plus petits que les autres; tu te rappelles que mon père nous l'a dit.

M. DERVILLE. — Aussi sauvages, aussi bizarres que les animaux qui composent leurs troupeaux, les pâtres, vêtus d'habits faits des plus mauvaises peaux de rennes, les mains couvertes de gants, les pieds chaussés de souliers de *même étoffe*, passent leurs jours au milieu des neiges, errant à la suite de leurs troupeaux qu'il n'est pas toujours facile de diriger du côté que l'on veut, s'arrêtant, se reposant, fumant et jouissant à leur manière d'une vie tranquille, et que l'habitude les empêche de trouver rude.

CÉCILE. — Ces bergers-là ne ressemblent guère à ceux de Florian!

M. DERVILLE. — Pas plus que leurs moutons ne ressemblent aux nôtres.

AMÉDÉE. — Mon père, pourquoi a-t-on des troupeaux de rennes?

M. DERVILLE. — Quand tu sauras, mon fils, tout le parti que le Lapon sait tirer du renne, tu comprendras que cet animal étant une source de véritable richesse, on a intérêt à en multiplier l'espèce et à la perfectionner par les mêmes soins que nous donnons à nos troupeaux de bêtes à cornes et à laine.

» Les femelles fournissent en abondance un lait très-épais, et par conséquent fort nourrissant; avec ce lait on fait d'excellents fromages, et, en le battant, on obtient, non pas du beurre, mais une espèce de suif; la chair des rennes est très-bonne à manger, leur peau fournit à l'habillement complet de toute la famille, et donne des vêtements d'hiver, à la fois chauds et impénétrables à l'eau. Les intestins, les nerfs tordus avec le poil, fournissent des cordes, du fil; les os se transforment en cuillers, et les cornes, offertes en sacrifices aux Dieux, ornent leurs autels. Voilà ce que le renne, vivant ou mort, donne au Lapon pour la nourriture et l'habillement. Ce n'est pas tout. Sans lui, il faudrait renoncer à établir des relations avec les autres hommes, et à obtenir, par un commerce d'échanges, ce que le pays ne produit pas; avec lui, les voyages deviennent *possibles*, si ce n'est parfaitement agréables; car, je vous le répète, mes enfants, le renne est de sa nature capricieux. Il lui arrive parfois de se révolter contre son maître, de ne vouloir point s'arrêter lorsque la bride le retient, de méconnaître la voix de ce maître jusqu'alors obéi, d'entrer en fureur, et aussitôt, se retournant avec impatience, il vient le renverser du traîneau, l'attaquer et le fouler aux pieds.

CÉCILE. — Ah! la vilaine bête!

AMÉDÉE. — Si les Lapons savaient s'y prendre mieux, ils parviendraient certainement à dompter les rennes tout aussi bien que nous domptons les chevaux.

M. DERVILLE. — Tu oublies sans cesse, mon fils, ce que je te rappellerai sans cesse; c'est que, même dans l'état de domesticité, les animaux conservent quelqu'empreinte du caractère particulier qui a été donné à chaque espèce; l'homme le plus habile et le plus sage est donc celui qui se contente d'obtenir d'un animal ce que l'animal peut donner; ainsi font les Lapons. La nature leur a refusé le bœuf, le cheval, l'âne; mais elle leur a fait, dans le renne, un riche présent; ils s'en servent, en se soumettant sagement aux inconvénients qui peuvent résulter d'un naturel sauvage et jamais complétement dompté. Pour se garantir de la fureur d'un renne en pleine révolte, le Lapon se cache sous son léger traîneau qu'il renverse sur lui, et attend paisiblement, à l'abri de cette égide, que la colère du renne soit passée.

CÉCILE. — C'est égal, il faut être Lapon pour s'accommoder d'une bête si retive.

M. DERVILLE. — Il faut être également Lapon pour savoir qu'à la fin de l'été, époque à laquelle ces animaux sont ramenés des montagnes de la Norwège où ils n'ont été occupés qu'à paître et qu'à s'engraisser, le renne, plein de vigueur, est difficile à contenir et à mener; tandis qu'à la fin de l'hiver, fatigué des travaux auxquels il a été soumis pour charrier aux différentes foires les peaux et les poissons secs et fumés, produits de l'industrie des Lapons, il n'est, pour ainsi dire, plus possible de le faire marcher. Mais que de services rendus pendant ce long hiver! Que de plaisirs dus à la rapidité avec laquelle le renne franchit d'immenses espaces pour transporter des familles entières chez d'autres familles! Il n'est pas rare alors, de même que dans les temps de foire, de voir filer aussi rapidement que l'éclair des pulkas, ou traîneaux, volant à la suite l'un de l'autre, sur les étroites chaussées marquées par des branches de sapin, et d'où, si l'on s'en écartait, on tomberait dans des abîmes de neige. Le Lapon, moitié assis, moitié couché dans son pulka, ne craint ni de verser ni d'être submergé dans la neige; tandis que l'Européen, attaché sur sa voiture, hors de laquelle il serait plus d'une fois lancé sans cette précaution, est tout occupé du soin de regarder au loin devant lui, afin de découvrir long-temps d'avance les arbres contre lesquels le pulka irait heurter, si le voyageur, armé d'un petit bâton, ne se servait adroitement de celui-ci, comme nos pêcheurs de leurs perches, pour écarter vivement le traîneau de cet écueil.

Cécile. — Je ne voudrais pas voyager en Laponie.

Amédée. — Si fait, moi!

M. Derville. — Ce traîneau, très-léger, et qui ressemble, par la forme, à un bateau muni d'une proue tranchante destinée à fendre, non pas l'eau, mais la neige, est chargé, à l'avant, des provisions du voyageur qui emporte jusqu'à du bois, n'étant pas sûr d'en trouver en route; il emporte aussi des pains composés de lichen mêlé de glace, pour la nourriture de l'attelage; tels sont le fourrage et la boisson du renne. Privé par l'homme de la liberté de chercher lui-même sous la neige cette mousse précieuse, il faut que l'homme la cueille à l'avance pour lui et l'emmagasine avant la mauvaise saison, comme nous emmagasinons le foin et la paille, et que, pour la conserver, il la pétrisse avec de la neige qui se durcit pendant et après l'opération.

Cécile. — Dis donc, Amédée, ce n'est pas Médor qui voudrait de ce pain de *munition* !

M. Derville. — Les rennes, moins difficiles que

Médor, et accoutumés d'ailleurs à ce genre de nourriture, les rongent de grand appétit.

AMÉDÉE. — Il me semble, mon père, qu'un pareil régime est bien fait pour *amortir* leur vivacité....

CÉCILE. — Et leurs forces aussi.

M. DERVILLE. — Ces deux remarques manquent de justesse, mes enfants. Les rennes sont destinés, vous le savez, à vivre dans les régions de la mer glaciale; un froid rigoureux leur est tellement nécessaire que, pendant l'été, qui est court en Laponie, il faut les mener paître dans les montagnes glacées de la Norwège. Le lichen et la neige ne peuvent donc en rien contribuer à les affaiblir ni à glacer leur sang; ce qui les épuise, ce sont les fatigues auxquelles l'homme les soumet. Quant à leur vivacité et à leur obstination, l'une est dans leur nature, l'autre prend souvent sa source dans des motifs fort *raisonnables*. Par exemple, ce n'est pas toujours le caprice qui les pousse vers une direction opposée à celle qu'on veut leur faire prendre; je vais vous le prouver. Deux sortes de mouches les font dépositaires de leurs œufs: l'œstre et le taon; c'est aux dépens du renne que doivent vivre les vers qui en sortent et qui tourmentent ces malheureux animaux, au point de les rendre comme fous. Quand nous nous occuperons des insectes, je vous raconterai l'*hist ire* de ces mouches et d'une foule d'autres. Or, les rennes en éprouvent un tel effroi, qu'un seul taon, qu'un seul œstre suffit pour mettre en rumeur un troupeau de mille ou douze cents rennes. Tous à la fois lèvent la tête, ouvrent les yeux, dressent les oreilles, soufflent, frappent des pieds, se frottent l'un contre l'autre, puis demeurent immobiles, pour recommencer bientôt le même exer-

cice avec autant de régularité qu'une troupe de soldats accoutumés aux manœuvres. Soudain le troupeau
tout entier s'élance, et en dépit des chiens, retourne à
à cabane du berger. De cette cabane sort continuellement l'épaisse fumée de l'agaric et du pin que le berger
fait brûler pour se débarrasser lui-même des mouches
et des cousins; le troupeau se place de manière à ce
que le vent pousse de son côté cette bienfaisante fumée,
qui met l'ennemi en fuite, et s'endort en ruminant.

CÉCILE. — Ce n'est pas si bête.

M. DERVILLE. — C'est surtout aux bois renaissants
du renne que s'attachent ces mouches cruelles; elles
les mettent tout en sang et causent un tel désordre par
leurs piqûres réitérées, que les andouillers ne pouvant se développer comme chez l'animal moins maltraité, présentent plus tard un aspect étrange et même
hideux.

AMÉDÉE. — Je ne m'étonne pas de la peur qu'ils
en ont, ces pauvres rennes!

M. DERVILLE. — C'est à la frayeur que l'œstre et
le taon leur inspirent, qu'il faut le plus souvent attribuer leur obstination à courir contre le vent lorsqu'on
voudrait leur faire prendre une direction contraire.
L'instinct les avertit que le vent emporte l'ennemi et
les en délivrera au moins pour quelque temps.

AMÉDÉE. — Mon père, je n'ai pas vu de renne au
Jardin-des-Plantes, mais j'y ai vu des dromadaires
et des chameaux. Je ne conçois pas que ces animaux,
qui sont faits pour vivre dans les pays chauds, puissent s'accommoder de la France, à cause des hivers.

M. DERVILLE. — Ils *s'en accommodent*, mon fils,
par suite des précautions prises pour les garantir du
froid; mais il est impossible de les acclimater assez

pour qu'ils puissent nous rendre les mêmes services qu'aux Turcs et qu'aux Arabes.

CÉCILE. — N'est-ce pas, mon père, que ce qu'on rapporte de l'eau qu'ils conservent dans leur estomac, pure et fraîche, c'est un conte?

M. DERVILLE. — Non, ma fille, c'est la vérité. Ils ont, en outre des quatre estomacs donnés aux ruminants avec ou sans cornes, un cinquième estomac ou poche, espèce de réservoir, dans lequel l'eau se conserve pure et limpide, si ce n'est *fraîche*. Cette poche, composée d'une multitude de cavités, n'a aucune communication avec les quatre autres. Grâce à ce réservoir, qui contient beaucoup d'eau, le chameau peut passer bien des jours sans boire. Pour étancher sa soif, ou pour humecter les aliments trop secs qu'on lui donne, il suffit d'une légère contraction qui fait monter l'eau jusqu'à l'œsophage ou gosier, de là dans la bouche; puis elle redescend par un autre conduit dans la panse qui contient les aliments non encore macérés, revient avec ceux-ci dans la bouche, et quand l'animal a mâché ces aliments ainsi humectés, ils arrivent par un autre chemin dans le troisième estomac appelé *feuillet;* là, se fait en partie l'opération de la digestion, qui s'achève dans le quatrième estomac désigné sous le nom de *caillette*.

CÉCILE. — Moi, je n'ai vu de chameaux et de dromadaires qu'en gravure dans des livres de voyages. Ils sont bien laids avec leurs gros genoux, leur long cou, leurs deux bosses sur le dos... Mon père, à quoi leur sert-il d'avoir deux bosses?

AMÉDÉE. — Le dromadaire est le chameau qui n'a qu'une bosse, entends-tu, Cécile?

CÉCILE. — Oui, j'entends bien; mais je demande

à quoi sert au chameau d'avoir deux bosses et au dromadaire d'en avoir une ?

M. DERVILLE. — Te rappelles-tu ce que tu as lu
dans *Petit Jacques* [1], de la loupe qui défigure les
bœufs de Madagascar ?

CÉCILE. — Ah! oui. Quand ils ne trouvent pas de
quoi manger, la graisse que contient cette loupe fond
peu à peu, et suffit à les nourrir.

M. DERVILLE. — Il en est de même pour le chameau, le dromadaire, le mouton à grosse queue de Ma-
laguette. Les personnes qui ne se sont jamais occupées
d'histoire naturelle se récrient souvent sur les priva-
tions, sur les dangers auxquels se trouvent exposés la
plupart des animaux : si elles voulaient se donner la
peine de faire par elles-mêmes quelques observations,
ou de questionner ceux qui ont été à même d'en faire,
elles reconnaîtraient que ces dangers, que ces priva-
tions ont été prévus, et que chaque animal possède
des ressources particulières à son espèce pour éviter
les uns, en partie du moins, et pour supporter les autres. Quant au reproche que tu fais au chameau, ma
fille, d'avoir les genoux *cagneux* et *calleux*, c'est à
l'homme, plutôt qu'à lui qu'il faut l'adresser. Doué
de toutes les qualités qui nous rendent si utiles le
bœuf, le cheval, et l'âne, le chameau est dressé, dès
le jeune âge, à s'accroupir pour se laisser charger.
Afin de l'y accoutumer, il est à peine né qu'on lui plie
les quatre jambes sous le ventre, puis on le couvre d'un
tapis dont les bords sont retenus à terre par de lour-
des pierres, afin de l'empêcher de se lever. On le

[1] Histoire de Petit Jacques et relation de son voyage à l'île de
Madagascar, 3 vol. in-8°.

laisse ainsi fort long-temps, en le privant de téter, en lui donnant peu à manger, et, insensiblement on l'accoutume à s'agenouiller dès qu'on lui touche les genoux avec une baguette, puis à se relever chargé de fardeaux d'un millier pesant : aussi les Orientaux, dans leur langage figuré, donnent-ils au chameau le surnom de *navire de terre*.

CÉCILE. — Je comprends à présent pourquoi ces pauvres bêtes ont les genoux cagneux....

M. DERVILLE. — Et souvent attaqués d'abcès qui les font beaucoup souffrir... Ah! voilà Médor... Votre mère n'est sans doute pas loin.

Madame Derville n'était pas loin en effet; elle venait au-devant de son mari et de ses enfants, à leur retour de la promenade. L'arrivée de Médor excita l'envie de courir, et bientôt furent oubliés, du moins pour le moment, les Lapons, les rennes, les cerfs, les dromadaires, les chameaux et leurs misères.

CHAPITRE V.

L'ours. — Le cheval. — L'âne. — L'onagre. — L'éléphant.

« Mon père, dit un soir Amédée, j'aurais bien envie de savoir quels sont les animaux qu'on trouve par toute la terre, et quels sont ceux qu'on ne trouve que dans certains pays?

— Cette envie est louable, répondit M. Derville, mais elle ne peut être satisfaite en un jour. Je te nommerais, d'ailleurs, les principales espèces en désignant la contrée, le climat auxquels elles appartiennent, que tu n'en serais pas plus avancé, puisque tu ne connais rien de leurs mœurs.

— Oh! c'est bien vrai, s'écria Cécile. Moi, j'aime mieux savoir leur instinct, leurs mœurs, que leurs noms et leur pays.

M. DERVILLE. — La connaissance de leurs noms vulgaires nous est nécessaire pour les désigner; plus tard nous nous occuperons d'apprendre la classification et les noms scientifiques si utiles pour nous guider dans nos recherches; mais, chemin faisant, nous pouvons toujours remarquer que le chien, que le chat, le bœuf, la chèvre, le mouton, se trouvent à peu près dans tous les pays, avec les différences que le climat, l'état sauvage ou l'état de domesticité apportent dans l'espèce primitive ; il en est de même du cerf ; mais le cerf proprement dit appartient plus spécialement aux climats tempérés, tandis que l'élan, le chamois, et surtout le renne, appartiennent spécialement aux contrées septentrionales les plus voisines du pôle. Nous trouverons de même le cheval, et l'onagre, souche primitive de l'âne, dans les deux continents ; l'ours brun dans les Alpes, l'ours noir dans les forêts les plus septentrionales de l'Europe et de l'Amérique, l'ours blanc en Tartarie, en Moscovie et en Lithuanie.

Cécile. — A propos d'ours, Amédée, raconte donc à mon père ce beau trait d'une ourse du Jardin-des-Plantes que maman nous a lu l'autre jour dans le journal.

Amédée. — Je ne m'en souviens pas trop bien.

M. Derville. — Pourquoi ne pas faire ce récit toi-même, ma fille?

Cécile. — C'est qu'il y a des détails que j'ai oubliés aussi... Ah! voilà que cela me revient.... Un monsieur avait chargé un commissionnaire d'aller noyer ou perdre une pauvre chienne dont il ne voulait plus. Que fit le méchant commissionnaire? Il imagina d'aller jeter cette pauvre bête aux ours du Jardin-des-Plantes....

Amédée. — Aussi lui a-t-on retiré sa médaille.

M. Derville. — Je me souviens à mon tour de ce fait. L'ourse ne prit-elle pas la chienne sous sa protection, et ne la défendit-elle pas contre les attaques de ses oursons?

Cécile. — Oui, c'est cela. N'est-ce pas un beau trait de la part d'une ourse? d'une bête féroce, sanguinaire...

M. Derville — L'ours n'est rien de tout cela, ma fille.

Amédée. — Je l'ai pourtant toujours entendu dire.

M. Derville. — On entend dire ainsi une foule de choses qui n'ont pour fondement que des préjugés, c'est-à-dire des jugements prononcés d'avance et trop souvent fondés sur l'ignorance et l'erreur. L'ours brun, habitant des Alpes, plus sauvage, plus indomptable que l'ours noir, ne se nourrit de gibier vivant que lorsque la faim le presse; il n'attaque point l'homme, et il ne devient *féroce* et *sanguinaire* que par l'effet d'une colère assez facile, du reste, à provoquer. Les ours vivent de racines, de fruits; ils sont friands de miel, mais non pas de sang. Au Kamtschatka, ils suivent paisiblement les femmes qui vont à la récolte des fruits sauvages et se contentent de leur en dérober quelques-uns. En Islande, les paysans savent le secret de faire faire aux ours un genre d'exercice qui facilite beaucoup la chasse d'un animal recherché pour sa fourrure et pour sa graisse. Un coup de sifflet suffit pour arrêter un ours dans sa course; étonné, il demeure un moment immobile, puis il se dresse sur ses pattes de derrière, et, si on lui jette un gant, on peut être certain qu'il en a pour quelque temps à s'occuper; car il s'amuse à en retourner tous les doigts l'un après l'autre, ce qui donne au chasseur le loisir de l'ajuster et de le tirer.

Cécile. — Que c'est singulier!

Amédée. — Mais, mon père, on a des exemples de personnes dévorées par des ours?

M. Derville. — Ces exemples se renouvellent malheureusement trop souvent, et les ours qu'on nourrit à Berne ont prouvé plus d'une fois qu'il est de la prudence de ne point se fier à eux; mais, je vous le répète, mes enfans, l'ours n'est point un animal carnassier, à moins que la faim ne l'oblige à se repaître de chair palpitante, et il ne devient sanguinaire que dans le cas de légitime défense ou de colère.

CÉCILE. — Et mon père vient de nous dire que c'est un animal très-colérique.

M. DERVILLE. Si le lion, si le tigre, si le loup montrent ce que nous appelons de la *générosité*, c'est lorsqu'ils sont repus : à plus forte raison l'ours doit-il être *magnanime* quand l'appétit ne se fait point sentir et quand rien n'excite ses passions.

CÉCILE. — Les oursons voulaient pourtant attaquer la chienne, puisque leur mère a été obligée de la défendre?

M. DERVILLE. Qui nous dit que c'était pour la dévorer? Qui nous dit que ce n'était pas simplement la jalousie qui les excitait contre cet animal inconnu, et qu'on leur donnait pour compagnon et peut-être pour maître?

AMÉDÉE. — C'est vrai, au moins!

M. DERVILLE. — Il n'est pas nécessaire du tout, mes enfants, de composer *des romans*, je vous le répéterai sans cesse, pour trouver des raisons d'admirer l'instinct des animaux. Plus nous nous occuperons de l'histoire naturelle, plus nous aurons d'occasions de rendre hommage à cet instinct, ou plutôt à Celui qui a donné à chaque espèce l'industrie nécessaire à la conservation de chaque individu s'il doit vivre solitaire, ou à la conservation de la colonie, si l'animal est de ceux qui vivent en société.

CÉCILE. — Mon père, est-ce que les ours vivent en société?

M. DERVILLE. Que signifient, à ton avis, ces mots: *Il vit comme un ours, c'est un ours*, si ce n'est que la personne dont on parle fuit non-seulement le monde, mais jusqu'à ses proches, est sauvage enfin, à l'imitation de l'ours? L'ours vit seul, toujours seul dans les cavernes ou dans le tronc des arbres creusés par le temps. Si ces retraites naturelles lui manquent, il grimpe aux arbres, casse des branches, puis redescend, et, avec ces branches, il se construit une cabane qu'il recouvre d'herbes et de feuillage, de manière à la rendre impénétrable à l'eau.

AMÉDÉE. — Mon père, est-il vrai que les ours puissent vivre sans manger tout l'hiver?

M. DERVILLE. — Tout l'hiver, c'est beaucoup dire; mais il est bien prouvé que l'ours s'enferme dans sa tanière vers la fin de l'automne, sans y avoir amassé des provisions, et passe plusieurs semaines sans sortir. Ce fait est croyable et ne peut paraître étrange à ceux qui savent que, pour des animaux chargés de graisse, l'abstinence complète de tout aliment, pendant un temps assez long, est possible et n'amène point la mort. L'ours, plus que tous les autres, peut supporter un long jeûne, lui dont les côtes sont souvent chargées de graisse à dix doigts d'épaisseur.

AMÉDÉE. — Mon père, tu nous as dit tout-à-l'heure qu'on trouve partout le cheval et l'âne; mais pourtant les Mexicains, qui connaissaient les chiens avant l'arrivée des Européens, ne connaissaient pas le cheval, et dans mes livres de voyages je n'ai jamais rien lu de relatif à l'âne.

M. DERVILLE. — Je ne te répondrai pas, mon fils, que tu n'as pas encore beaucoup lu; je te répondrai seulement que ta première remarque au sujet du cheval est juste. Il n'existait point dans l'Amérique méridionale avant que les Espagnols en eussent fait la con-

quête; mais, depuis, l'espèce de cet animal, si noble
et si utile, s'est répandue partout, et les races qui se
sont fondées montent maintenant à trente-six. Ce sont
des chevaux domestiques échappés à la domination
de l'homme pour retourner à l'état sauvage, qui peuplent aujourd'hui les pampas de l'Amérique du sud,
et les steppes de l'Asie et de l'Afrique. Dans l'Arabie,
les troupes de chevaux sauvages sont nombreuses de
même qu'en Tartarie; et, dans ces différents pays,
c'est à la course ou bien au lacet que l'homme prend
ceux de ces animaux qu'il veut réduire de nouveau,
soit pour toujours, soit momentanément, à l'esclavage.
La chair du cheval est recherchée de l'Arabe, du Mon-
gol, du Tartare; sa peau donne, au Pongo du Brésil
ou du Paragay, des vêtements, un lit, une tente, des
chaussures, et elle n'est pas moins utile aux habitants
des pays civilisés. Vous n'avez pas encore eu l'occasion, mes enfants, de voir de beaux chevaux; mais
je vous engage à examiner avec quelqu'attention ceux
que le hasard pourra vous présenter; peut-être s'en
trouvera-t-il quelqu'un qui vous donnera l'idée de ce
que peut être ce noble animal, lorsque les fatigues dont
nous l'accablons sans pitié n'ont pas encore détruit en
lui non-seulement la beauté, les forces, mais l'intelligence, et ce courage, ce dévouement à l'homme qui
l'excitent à affronter avec lui les périls de la guerre.

AMÉDÉE. — Non, c'est vrai; je n'ai pas encore vu
un seul cheval qu'il soit possible d'appeler *beau*; mais,
l'autre jour, en revenant de la ville avec Jacques, je me
suis amusé à en regarder un qui s'était échappé et qui
galopait dans la prairie comme un franc écolier. Il
bondissait, sa queue volait au vent, sa croupe s'arrondissait, sa crinière voltigeait au-dessus de son cou,

qu'il courbait avec beaucoup de grâce, et j'avais bien du plaisir à l'examiner dans sa joie de se trouver libre.

M. Derville. — Son maître lui aura probablement fait payer cher ce moment de gaieté et de liberté; car nous sommes bien durs pour ces animaux, et plus ils vieillissent, plus leur sort devient misérable. Vous êtes loin de vous douter que tel cheval qui traîne aujourd'hui la charrette, fut, dans sa jeunesse, l'objet des *adorations*, c'est-à-dire des folies d'un maître idolâtre de sa beauté. Le cheval de notre voisin, M. Blandin, a dû être fort beau; quelquefois il semble se souvenir de ses *grandeurs* passées, car, de temps en temps, il relève aussi fièrement la tête que s'il portait sur son dos un élégant cavalier, ou que s'il se sentait attelé à un léger tilbury, au lieu de l'être à une misérable cariole d'osier.

Cécile. — Mais, mon père, est-ce qu'un cheval peut être sensible à ces choses-là?

M. Derville. — Le cheval est doué d'une intelligence égale à celle du chien; il comprend ce que l'homme veut lui faire comprendre, et, de même que le chien, qui forme ses habitudes sur celles de son maître, le cheval peut honorer les hochets de la vanité, mépriser les livrées de la misère, selon que son maître honore les uns et méprise les autres. On en a plus d'une preuve, et sans pousser jusqu'à l'extrême l'admiration pour les animaux, on est obligé de reconnaître qu'ils sont doués de l'esprit d'observation, que, dans l'état de domesticité, c'est à cet esprit d'observation secondé par la mémoire et fortifié par la réflexion, que sont dus les progrès qu'ils font entre les mains d'un maître intelligent et occupé sérieusement de leur *éducation*; que, dans l'état sauvage,

c'est encore à l'observation, à la mémoire et à la réflexion qu'ils doivent de devenir plus habiles à éviter le
danger ou à s'emparer de leur proie; ainsi le jeune
renard, quoique plus defiant encore que le vieux renard, échappe moins souvent au piege, parce que sa
défiance n'est encore *qu'instinctive*, vague par conséquent, tandis que le vieux renard sait de quoi et comment il doit se défier et se garer. Le jeune loup se jettera
résolument sur un troupeau en bravant le chien et le
berger; le vieux loup s'associera avec un autre loup
qui se fera poursuivre, pendant que le rusé compère
sautera dans le parc aux moutons. Il y a, vous le
voyez, perfectibilité possible chez les animaux, et l'on
est conduit à croire que les races qui, depuis des siècles, sont les compagnes habituelles de l'homme, non-
seulement se perfectionnent, c'est-à-dire perdent quelque chose de leur instinct natif et gagnent en intelligence, mais encore que certains individus prennent
quelque chose des *passions* et des *idées* de leur maître.
On est donc fondé à supposer, avec la plus grande vraisemblance, que le cheval, jeune et beau, entouré de
soins, richement caparaçonné, dédaigne très-probablement les chevaux qu'il voit moins beaux, moins
caressés et moins bien enharnachés que lui. L'affection
de son maître, l'admiration qu'il inspire, ne peuvent
échapper à cette intelligence remarquable; ainsi en-
couragé dans l'amour de lui-même, il passe *délicieu-
sement*, comme cheval de selle, les premières années
de sa vie. Vient l'époque où on le transforme en cheval
de trait; mais il fait encore l'admiration des connaisseurs; mais emportant avec rapidité l'élégant tilbury,
il est encore entouré de ce même luxe au milieu duquel il a vécu jusqu'alors. Bientôt le lourd cabriolet

remplace le tilbury ; puis le pauvre cheval est attelé côte à côte avec un camarade dont le beau temps commence aussi à passer ; et le voilà descendu dans la classe bourgeoise, où il jouit quelques années encore d'une existence assez douce ; enfin le cabriolet de place, l'ignoble fiacre, attendent le cheval dont les formes ont perdu leur élegance, dont la bouche s'est endurcie aux légères impressions du mors, dont le pas s'est peu à peu ralenti, et qui ne sait plus, sans devenir presque poussif, soutenir long-temps un galop égal et rapide. Plus le cheval avance en âge, plus il perd ; plus son sort devient misérable, plus aussi l'on exige de lui. On le surcharge à l'âge ou les forces de tous les animaux s'affaiblissent ; on ne lui parle plus que du ton de la menace ; on l'accable de coups, lui qui jadis *devinait* et *prévenait* les désirs d'un maître jeune comme lui, et comme lui plein d'impatience et d'ardeur ; et lorsqu'enfin, succombant plutôt encore sous les mauvais traitements et la fatigue que sous le poids des années, le cheval est conduit à la voirie, où, d'un coup de coutelas, vont se terminer ses souffrances, il doit emporter en mourant, vous le voyez, pour peu qu'il se *souvienne* et qu'il *pense*, une idée peu flatteuse de l'espèce humaine.

Cécile. — Pauvres animaux ! c'est pourtant vrai, tout ce que mon père vient de dire ! Eh bien, moi, si j'étais riche et si j'avais un jeune cheval, je ne le vendrais jamais à personne, et quand il serait devenu vieux, je le ferais soigner encore mieux que dans sa jeunesse.

Amédée. — C'est comme ce lancier dont Adolphe nous parlait l'autre jour, tu sais ?

Cécile. — Ah ! oui, Adolphe nous a raconté l'histoire d'un lancier et de son cheval [1], dans laquelle il a lu une foule de choses amusantes sur les chevaux en général, sur leur instinct, sur leur intelligence; il a promis de nous prêter son livre quand on le lui aura rendu.

AMÉDÉE. — Moi, j'ai toujours eu un goût décidé pour le cheval. C'est le plus bel animal que je connaisse : mais je ne crois pas du tout, comme je l'ai entendu dire chez mon oncle, que l'âne soit un cheval dégénéré. D'ailleurs, j'ai vu au Jardin-des-Plantes le zèbre, qui est l'âne du cap de Bonne-Espérance, et quoiqu'il soit plus beau que les ânes en général, il a pourtant des oreilles trop longues et un trop gros ventre pour que jamais on puisse s'imaginer que c'est un cheval *manqué*.

M. DERVILLE. — Le naturel indocile de l'âne et son intelligence peu développée suffiraient seuls à le distinguer du cheval, alors même que ses formes extérieures n'en feraient pas, à nos yeux, un animal absolument différent. Ce n'est cependant pas une raison pour le traiter avec autant de dureté qu'on le fait généralement. L'espèce domestique, grâce au peu de soins que nous en prenons, est beaucoup moins belle que l'espèce sauvage qui porte le nom d'*onagre*, et beaucoup moins intelligente. Les onagres, réunis en troupes innombrables, émigrent chaque année du nord au midi, et du midi au nord, suivant les saisons; si l'on n'a aucun trait particulier à citer de leur instinct, à l'état sauvage, c'est que le préjugé qui fait mépriser toute leur race, s'est opposé jusqu'à ce jour à ce qu'on l'observât avec la même attention que le cheval, le

[1] Pyramide, ou le cheval du lancier, 2 vol. in-18.

lion, le tigre, l'élan, le renne, le bœuf, l'éléphant. On sait seulement que, dans l'Orient, leur chair est recherchée comme étant excellente, et que leur peau fournit la matière première de ce que les Orientaux appellent le *sagri*, mot que nous avons traduit par celui de *chagrin*. En Europe, ces pauvres ânes si dédaignés, si maltraités, sont cependant bien utiles pour les travaux de la campagne. Comme ils vivent de peu, le paysan, la laitière, le marchand forain peuvent avoir un âne pour transporter leurs denrées, leurs marchandises, et je suis certain que si l'on daignait interroger ceux de ces petits propriétaires de coursiers à longues oreilles qui les traitent avec douceur, et qui s'y attachent même, on serait tout étonné d'apprendre que l'âne est capable d'affection, que son intelligence n'est pas aussi bornée qu'on le suppose, et que son entêtement n'est pas toujours une opiniâtreté sans *raison*.

AMÉDÉE. — Il faudra que je demande à notre laitière s'il y a long-temps qu'elle a son âne, et ce qu'elle a observé de remarquable en lui.

M. DERVILLE. — Une chose bien certaine, mes enfants, c'est que tous les animaux sont capables d'aimer la main qui les nourrit, mais à des degrés différents ; il est non moins certain que, souvent, l'homme doit s'en prendre à lui-même, plutôt qu'à eux, lorsqu'il les trouve rebelles ou indociles à sa volonté.

AMÉDÉE. — Oui, mon père, mais le plus bel âne du monde ne l'emportera jamais sur le cheval.

M. DERVILLE. — Il ne s'agit pas de savoir lequel de tel animal doit l'emporter sur tel autre, mais tout simplement, ainsi que déjà je te l'ai dit, de tâcher de bien reconnaître le degré d'intelligence de chacun de ceux que nous faisons servir à nos besoins ou à nos plaisirs, afin d'en tirer le meilleur parti possible, sans les rendre malheureux parce qu'ils ne peuvent tous satisfaire *les mêmes* besoins ou donner *les mêmes* plaisirs. Il n'est pas jusqu'à l'animal le plus immonde, le porc, jusqu'au plus sot, le dindon, qui ne se montre reconnaissant, à sa manière, de nos soins intéressés, et que l'*éducation* et l'*expérience* ne puissent perfectionner, du moins jusqu'à un certain point : exiger au delà est, de notre part, extravagance ou bien injustice, ou bien encore irréflexion : ne le sentez-vous pas, mes enfants?

Cécile. — Oh! si fait, moi! Mais Amédée veut absolument trouver dans tous les animaux les qualités du chien, sans quoi il les méprise.

Amédée. — Pas du tout, ma sœur, seulement les uns me plaisent plus que les autres, et il en est de même pour toi qui préfères les chats. Mon père, l'éléphant est un animal bien admirable, n'est-ce pas, et bien intelligent, quoiqu'il ait l'air d'être si lourd, à cause de sa grande taille? Celui que j'ai vu au Jardin-des-Plantes ramassait à terre jusqu'à une épingle quand il voulait. Je l'ai vu boire avec sa trompe; il la plongeait dans l'eau, pompait et la portait à sa bouche, comme nous porterions un verre. On s'amusait à lui faire faire toute sorte de tours d'adresse. Il se servait de sa trompe comme nous de la main et du bras pour prendre ce qu'on lui présentait...

M. Derville. — Avec cette différence que le bras de l'homme a besoin du secours des machines pour exécuter *les tours d'adresse* d'un éléphant auquel, par exemple, il prend fantaisie de déraciner un arbre, ou de lancer au loin de lourds fardeaux.

Amédée. — L'homme qui était avec lui assurait tout le monde que rien n'est pourtant obéissant et doux comme l'éléphant; qu'on s'en fait comprendre et obéir pour tout ce qu'on veut.

M. Derville. — On cite de cet animal des traits qui honoreraient l'espèce humaine, tant ils montrent en lui d'intelligence et de souvenirs des bienfaits passés; mais si l'éléphant n'oublie pas les bons traitements, il n'oublie pas davantage l'injustice, l'exigence, et il sait se venger. L'éléphant s'attache singulièrement à l'homme qui le soigne, qui le guide et qu'on appelle *cornac*. Il lui est soumis, reconnaît de fort loin le son de sa voix, le caresse ou le défend avec toutes les démonstrations d'une vive tendresse et d'un entier dévouement; mais si le cornac se montre injuste, la haine, le désir de la vengeance prennent bientôt la place de l'affection, et l'éléphant le tue sans pitié.

Cécile. — Mais, mon père, comment l'éléphant peut-il savoir si l'on est injuste ou juste envers lui?

M. Derville. — L'animal que nous rendons victime de notre humeur ou de nos caprices, sait fort bien distinguer les punitions qu'il a méritées, de celles que nous lui infligeons sans raison, et le chien est peut-être le seul entre tous, qui pardonne à son maître de l'avoir maltraité injustement; mais l'éléphant, dont l'intelligence est bien au-dessus de celle du cheval lui-même, ne pardonne pas. On en a vu un au Decan, province de l'Inde soumise à la domination des Anglais, se venger de son cornac en le tuant. La malheureuse femme, témoin de cet horrible spectacle, emportée par le délire du désespoir, saisit ses deux enfants, les jette aux pieds de l'animal furieux, et s'écrie : « Monstre, tue-les donc et tue-moi aussi comme tu as tué mon mari!... « L'éléphant s'arrête tout court; il cesse de fouler aux pieds le malheureux, victime de sa furie; avec sa trompe, il prend le plus âgé des enfants, le place sur son cou, et demeure immobile comme attendant les ordres du nouveau cornac qu'il s'est choisi. Il n'en voulut jamais souffrir d'autre.

CÉCILE. — Mais il n'en avait pas moins tué le père!

AMÉDÉE. — C'est égal, je trouve que ceci est une preuve que l'éléphant a réellement le sentiment de la justice et de l'injustice, puisqu'il se contente de tuer celui qui a été injuste envers lui, et puisqu'il choisit pour maître l'enfant de son cornac qui n'est pas cause des injustices du père.

M. DERVILLE. — Ceci prouve également, mon fils, que l'éléphant est capable de repentir. Si l'on voulait examiner les actions des animaux, avec plus de soin et d'impartialité qu'on ne le fait ordinairement, on arriverait à reconnaître qu'ils ne sont pas aussi *brutes* qu'on le suppose, et l'on tirerait un meilleur parti des qualités qui leur ont été départies, au lieu de prendre plaisir à les nier ou à les changer en défauts par des traitements souvent odieux. A Pondichéry, un autre trait bien remarquable, et attesté également par des témoins dignes de foi, montre que si l'éléphant est vindicatif, il est, aussi, capable de reconnaissance. Un des soldats de la garnison avait pris en amitié l'un de ces animaux, et, chaque fois qu'il recevait sa paie, il lui portait une mesure d'arack, sorte d'eau-de-vie qu'on tire des patates, ou pommes de terre du pays. Un jour, le soldat, qui était ivre, poursuivi par la garde chargée de le conduire en prison, se réfugie sous l'éléphant son favori. En vain la garde veut s'en emparer; l'éléphant le défend avec sa trompe, et, sans bouger, met la garde en déroute. Accablé par l'ivresse, le soldat s'endort; mais le lendemain, à son réveil, quel fut son effroi en se trouvant couché entre les jambes du terrible animal! il n'osait bouger, et il se crut perdu lorsqu'il sentit la trompe venir le chercher, et le tirer doucement hors de son asile! L'éléphant, comme s'il avait deviné ses terreurs, le caressa à plusieurs reprises, mais toujours en lui donnant à entendre qu'il fallait s'en aller, invitation à laquelle le soldat obéit de grand cœur: car les *politesses* dont il se voyait l'objet n'avaient pu complétement le rassurer.

CÉCILE.— Ainsi cette pauvre bête n'avait pas dormi de la nuit pour ne point réveiller le soldat!

M. DERVILLE. — C'est probable, et quoique ce ne soit pas *prouvé*, on peut, avec quelque vraisemblance, le supposer, puisque l'éléphant a donné souvent des marques d'intelligence plus étonnantes encore. Il paraît comprendre les promesses qu'on lui fait, les conditions qu'on y met, et se souvenir, après avoir rempli celles-ci, que les premières n'ont point été tenues, ce qui, toujours, excite sa colère; et enfin le langage de l'homme lui devient tellement intelligible, qu'il obéit ponctuellement aux ordres qu'il reçoit, non pas en *machine* bien organisée, mais en être capable de penser par lui-même, ou du moins de combiner plusieurs idées et d'en tirer des conséquences.

AMÉDÉE. — Mon père, est-ce que l'éléphant, dans l'état sauvage, est farouche et féroce?

M. DERVILLE. — Nullement. D'un naturel doux et sociable, les éléphants vivent en troupes plus ou moins nombreuses; ils aiment le parfum des fleurs, et se

nourrissent de préférence de plantes aromatiques. Ils
recherchent l'eau pour s'y baigner plusieurs fois par
jour, afin d'entretenir la souplesse de cette peau qui
vous paraît très-calleuse, et qui cependant ne l'est
pas assez pour ne point demeurer fort sensible, par
endroits du moins, à la piqûre des mouches. Rien
n'est curieux comme de voir l'éléphant cueillir, avec
sa trompe, une branche d'arbre, et s'en servir pour les
chasser, ou bien ramasser de la poussière pour s'en
poudrer partout ou sa peau, moins épaisse, offre plus
de prise à l'ennemi. C'est surtout au sortir du bain
que l'éléphant se poudre avec le plus de soin.

AMÉDÉE. — Je ne m'étonne pas s'ils sont toujours
tout gris. Mais pourtant, mon père, il y en a de blancs ;
ceux du roi de Siam, par exemple?

M. DERVILLE. — La peau de l'éléphant est ordinairement noire ; cette couleur s'altère et finit, chez
quelques-uns, par devenir d'un blanc sale ; c'est là ce
que les naturalistes appellent *dégénérescence* ; ainsi,
le roi de Siam, si fier de se dire le roi de l'éléphant
blanc, ne présente aux adorations de ses sujets qu'un
animal dégénéré au moins pour la couleur : de
même, nos grands seigneurs présentaient jadis à l'admiration de leurs courtisans, des nains ou des nègres
blancs, et se glorifiaient de posséder les *échantillons*
les plus extraordinaires de la dégénérescence de l'espèce humaine.

CÉCILE. — Comment, mon père, il y a des nègres
blancs?

AMÉDÉE. — Mais pourtant, mon père, la couleur
blanche n'est pas, chez l'homme, une preuve de dégénérescence?

M. DERVILLE. — Pour répondre à la question,

mon fils, il faudrait entrer dans des considérations au-dessus de ton âge, peut-être. Je me bornerai donc à te dire que l'albinisme est considéré comme une anomalie ou monstruosité, provenant de la décoloration plus ou moins complète de la peau, des cheveux, du pelage, des plumes, en un mot de toutes les parties qui composent la surface extérieure des corps. L'homme, les animaux atteints d'albinisme, peuvent être comparés à ces plantes dites étiolées, que le manque de lumière, d'air, de nourriture convenable et mille autres causes décolorent; et ces races une fois étiolées, se reproduisent, se perpétuent, particulièrement parmi les animaux domestiques; ainsi le lapin blanc, le furet blanc, sont des animaux frappés d'albinisme; le serin jaune est un *albinos* de l'espèce *verte* des îles des Canaries. Il n'y a pas bien long-temps qu'on a fait voir à Paris un cerf du Mexique albinos complet. Tout son corps est de la plus grande blancheur, ses yeux sont rouges comme ceux du lapin blanc, des souris blanches, des poules, des pigeons blancs, et son bois n'est coloré que par des rameaux veineux du rose le plus pur; depuis, on a découvert des grenouilles blanches; et enfin il est possible, dit-on, de produire l'albinisme chez les cyprins, ou poissons rouges de la Chine, en les tenant pendant quelques semaines dans l'eau de puits.

Amédée. — Oui, c'est bien là de la dégénérescence.

M. Derville. — La décoloration de la chevelure à mesure que l'homme avance en âge, n'en est-elle pas encore une preuve? mais arrêtons-nous là; plus tard nous chercherons à nous rendre compte, *de par la science*, de ce phénomène et de quelques autres non moins curieux. Remarquons seulement qu'en tout lieu, l'industrie de l'homme sait tirer parti de ces phénomènes et faire servir à ses besoins ou à ses plaisirs depuis les animaux les plus faibles ou les plus dégénérés, jusqu'à ceux que leur taille, que leur force semblent devoir soustraire à son empire. En aucune contrée de la terre, ce que nous appelons la nature, n'est avare de ses dons ; mais nulle part elle n'est réellement *riche* que pour l'homme laborieux et industrieux.

AMÉDÉE. — Cependant, mon père, dans les pays chauds, la terre n'a pas besoin de culture, et les habitants se trouvent riches tout naturellement sans avoir aucun soin à prendre.

M. DERVILLE. — Quand vous serez plus instruits, mes enfants, vous reconnaîtrez que dans les contrées les plus favorisées du Ciel, l'homme n'est jamais complétement exempt de travail, loi générale établie par Dieu lui-même ; et cette condition, qui vous paraît si dure, donne seule du prix aux plaisirs ou bien au repos. En attendant que l'instruction, la lecture vous apportent des preuves de ce que je vous dis là, examinez-vous vous-mêmes, et vous conviendrez que j'ai raison de soutenir que l'homme n'est homme qu'alors qu'il exerce les facultés de son intelligence, et qu'il les emploie non-seulement à se procurer des richesses matérielles, mais aussi à se perfectionner par l'étude et la réflexion. »

CHAPITRE VI.

La marmotte. — Le loir. — Le lérot. — La taupe. — Le hamster. — Le campagnol. — Le mulot. — L'écureuil. — Le castor. — Le singe. — Quelques notions scientifiques.

Pendant plusieurs jours, les promenades furent interrompues à cause du mauvais temps ; ce qui chagrina beaucoup les deux enfants. Lorsqu'on restait au logis, il fallait travailler, étudier, et M. Derville ne descendait que fort tard dans la soirée. De temps en temps on obtenait quelques réponses aux questions relatives à l'histoire naturelle, mais c'était tout.

Ce fut donc avec des cris de joie que les deux enfants saluèrent la première belle soirée qui vint, après une foule d'autres bien mauvaises, leur permettre le plaisir de la promenade, et Cécile se hâta de dire la première, qu'elle avait une foule de choses à demander à son père.

— « Moi aussi, dit Amédée. Mais je crois mes questions beaucoup plus importantes que les tiennes, ma sœur. Il me semble que l'aigle est bien autrement intéressant que la marmotte, fût-elle d'Allemagne, comme celle que nous montrait l'autre jour ce petit Auvergnat avec un air si fier de sa conquête.

— Mon fils, dit M. Derville, tout est intéressant.

tout est important dans l'histoire naturelle. Vous êtes loin de vous douter l'un et l'autre de ce que renferme de curieux jusqu'à la mousse des arbres, jusqu'à la goutte d'eau de rivière ; et pourtant au premier aspect, il y a plus de distance des habitants des *forêts* et des *lacs* de cette taille à l'aigle, qu'il n'y a loin de l'aigle à la marmotte.

CÉCILE. — Tu vois bien, Amédée !

M. DERVILLE. — Le rat, la souris, petits animaux qui font peur à quelques femmelettes et qui inspirent du dégoût à presque tout le monde, n'ont pas été plus mal partagés, sous le rapport de l'instinct et de l'industrie nécessaires à la conservation de leur vie, que tel ou tel animal placé beaucoup plus haut dans notre estime ; et, quelque méprisables qu'ils puissent paraître, ils offrent pourtant au naturaliste, et même au simple amateur, des observations intéressantes à faire, des mœurs plus ou moins singulières à étudier.

CÉCILE. — Mon bon petit père, si tu voulais nous raconter d'abord l'histoire de la marmotte ; et puis, après, celle des rats et des souris ! Est-ce qu'il est vrai que la marmotte dort tout l'hiver sans se réveiller du tout, même pour manger ?

M. DERVILLE. — La marmotte, le lérot, le loir, le hérisson et d'autres animaux encore, passent en effet la mauvaise saison dans une espèce de léthargie. Le loir se fait un nid de mousse dans les rochers ou dans le creux des arbres ; le lérot choisit des trous dans les murailles ; le hérisson se creuse un terrier, mais la marmotte est un véritable terrassier auquel la taupe seule peut le disputer en fait de travaux et de distribution intérieure des galeries et chambres souterraines.

Cécile. — Entends-tu, Amédée? Mon père, le petit Auvergnat m'a dit des choses que je ne voulais point croire, tant elles me paraissaient singulières.

M. Derville. — Quelles sont ces choses singulières, ma fille?

Cécile. — Mais.... Par exemple, il m'a dit que la marmotte fait des provisions, qu'elle a une chambre pour les serrer....

M. Derville. — Ainsi fait le hamster ou marmotte d'Allemagne.

Cécile. — Il en avait justement une de cette espèce.

M. Derville. — La marmotte ordinaire se contente de creuser une espèce de galerie en forme d'Y sur le penchant des montagnes, du côté du sud, et immédiatement au-dessous de la région couverte de neige. Dans l'une des branches de la galerie creusée un peu en pente, sont les lieux d'aisances.

Amédée. — Ah! par exemple!

M. Derville. — Celui des animaux domestiques que nous osons à peine nommer, est propre dans son bouge; ainsi, le porc, que nous voyons se vautrer dans la fange, se garde de salir sa demeure; comment la marmotte, si soigneuse de sa fourrure, ne prendrait-elle pas des précautions plus grandes encore? Cette galerie, qui forme deux embranchements, est toute entière tapissée de mousse et de foin à une assez forte épaisseur. C'est là que les marmottes passent les trois quarts de leur vie, puisque, dans la belle saison, elles s'y réfugient les jours d'orage ou de pluie, et chaque fois que la sentinelle, placée sur une roche élevée, fait entendre un sifflement aigu à l'aspect d'un homme, d'un aigle ou d'un chien.

CÉCILE. — C'est comme le chamois.

M. DERVILLE. — La sentinelle posée par les chamois siffle seule et personne ne lui répond; au lieu que chaque marmotte, au contraire, siffle à son tour, et ainsi les chasseurs sont avertis de leur nombre. Vers le commencement de la mauvaise saison, les marmottes s'occupent de fermer les deux entrées de leur demeure. Cette fermeture, composée de mousse mêlée de terre et de foin, est si solide, qu'on a plus tôt fait, pour les prendre au gîte, de creuser à côté.

CÉCILE. — Ainsi il est bien sûr qu'elles dorment tout l'hiver? Mais pourtant, mon père, celles que les petits Savoyards font danser?

M. DERVILLE. — Ce que nous appelons *sommeil*, chez ces animaux, n'est qu'un engourdissement tellement profond, qu'on peut disséquer un hamster tout vivant sans qu'il donne signe de vie ou de souffrance.

CÉCILE. — Ah! quelle barbarie!

M. DERVILLE. — Mais exposés à un froid très-vif ou à une douce chaleur, ces animaux sortent de leur engourdissement, et les marmottes, ou les hamsters, élevés en état de domesticité, ont donné la preuve qu'il leur faut la privation d'air se renouvelant sans cesse, et celle de la lumière, en un mot le séjour dans l'intérieur de la terre, pour s'engourdir.

CÉCILE. — Je voudrais bien avoir une marmotte!

AMÉDÉE. — Oh! si maman te laissait faire, tu transformerais la maison en une véritable ménagerie.

CÉCILE. — Et les hamsters, mon père? Ils ne dorment pas ceux-là, puisqu'ils font des provisions; mon petit Auvergnat me l'a bien dit.

M. DERVILLE. — Les hamsters tombent dans un engourdissement au moins aussi profond que celui des marmottes, et s'ils font des provisions, c'est pour trouver de quoi vivre au retour du printemps.

Cécile. — Ah ! quelle prévoyance ! Mais, mon père, en quoi consistent leurs provisions, et comment font-ils pour les apporter chez eux ?

M. Derville. — Les hamsters, qui creusent beaucoup plus avant dans la terre que les marmottes, puisqu'on trouve parfois des terriers qui ont jusqu'à quatre et cinq pieds de profondeur, divisent leur logement en plusieurs caveaux voûtés dont l'un doit servir de retraite à la famille entière, et les autres de greniers d'abondance, puis ils vont à la provision. C'est vers la fin d'août que commence pour eux la récolte. Tout leur est bon en fait de graines ; le blé, les pois, les fèves avec ou sans cosses. Comme les singes, ils ont, de chaque côté de la bouche, des abajoues ou espèces de poches : ils les remplissent et retournent à leur terrier ; là, chacun des hamsters vide ses abajoues en les pressant à l'extérieur avec ses deux pattes de devant, puis il épluche les épis, écosse les pois, les fèves, porte au dehors les débris, et recommence ainsi tant que dure la saison de l'approvisionnement.

Cécile. — La drôle de bête !

M. Derville. — Les habitants de la Thuringe ne trouvent point *drôles* du tout ces animaux qui dévastent leurs champs et viennent voler les récoltes encore sur pied.

Cécile. — Ah ! ces pauvres petits, quels dégâts peuvent-ils faire ?

M. Derville. — De même que le campagnol, le mulot et le surmulot, le hamster pullule de telle sorte qu'on met souvent sa tête à prix, et il fait de si grandes

provisions de grain, qu'on en trouve parfois jusqu'à
un boisseau dans un seul terrier.

AMÉDÉE. — Le dommage n'est pas peu de chose
s'il y a seulement une centaine de hamsters dans un
champ !

M. DERVILLE. — Tu peux dire, mon fils, une centaine de familles, chacune composée de six à sept individus. Mais les jeunes n'amassent pas des provisions
aussi abondantes que les vieux et ne donnent guère à
leur caveau qu'un pied de profondeur.

AMÉDÉE. — Mon père, j'ai entendu dire au jardinier que les loirs font beaucoup de dégât l'été dans
notre jardin. Ce n'est donc pas au blé seulement qu'ils
s'attaquent ?

M. DERVILLE. — Le loir a beaucoup de rapport
avec l'écureuil : de même que lui, il se nourrit de
fruits. Mais l'écureuil fuit les lieux habités ; il lui faut
de grands arbres, l'épaisseur et la solitude des forêts ;
tandis que le loir aime à profiter, ainsi que le lérot,
de nos travaux et à récolter les fruits de nos espaliers ;
ils sont à la portée du nid que ces animaux s'arran-
gent dans les trous des vieux murs.

CÉCILE. — J'ai vu chez madame Descours deux
bien jolis écureuils. Ils étaient si mignons, si bou-
geants, et ils avaient de si belles queues ! Rien ne
m'amusait autant que lorsqu'ils faisaient leur toilette,
ou bien lorsqu'ils épluchaient des noisettes. Mon
père, amassent-ils aussi des provisions ?

M. DERVILLE. — Oui, mais pour les réunir et les
conserver ils n'ont pas besoin de fouiller la terre. Les
creux des arbres sont leurs magasins ; ils en remplissent plusieurs qu'ils savent très-bien retrouver. Quant
à leur nid, ils le construisent fort artistement à l'en-

fourchure de deux branches d'arbres. Ce nid est composé de menues branches et de mousse solidement entrelacées. Ils lui donnent une forme ronde et élèvent au-dessus comme une espèce de toit en cône qui empêche la pluie d'y pénétrer.

AMÉDÉE. — Les travaux des castors sont bien autre chose que cela !

M. DERVILLE. — Oui sans doute, mon fils, mais ce n'est pas une raison pour dédaigner ceux de nos écureuils. Le castor du Canada surtout est un fort habile architecte ; il bâtit, et solidement, sur pilotis ; il sait construire des digues pour retenir l'eau, se servir du courant de cette eau pour charrier, jusqu'au lieu de l'établissement, le bois de construction qu'il a coupé d'avance ; il sait aussi se creuser des terriers le long du rivage. Le terrier est sa *maison de campagne*, tandis que la hutte à deux étages, élevée sur pilotis, est *la maison de ville* et d'hiver ; et cependant je te dirai qu'il s'opère sous nos yeux, pour ainsi dire, des merveilles tout aussi *merveilleuses* sans que nous daignions y prendre garde. Ce qui semble exciter le plus notre curiosité n'est pas ce qui se trouve à notre portée, mais ce que rapportent les voyageurs, plus ou moins habiles observateurs, des animaux des pays lointains.

AMÉDÉE. — Mais, mon père, il me semble que c'est là une curiosité louable?

M. DERVILLE. — Elle le serait complètement si nous avions la sagesse de la partager entre des récits quelquefois mensongers, et des faits que nous pouvons voir de nos propres yeux. Ainsi, je voudrais que tout en recherchant ce qui a pu être écrit de plus intéressant sur les mœurs du castor, du singe, du tigre, de l'aigle, on ne dédaignât pas de regarder à ses pieds les travaux de la taupe, par exemple, si habile à garantir sa famille des inondations souterraines, en plaçant ses petits sur une sorte d'estrade à laquelle on arrive pas plusieurs degrés; je voudrais qu'avant de rechercher quelles sont les mœurs des singes, on s'occupât d'examiner celles du lapin domestique, du lièvre, du rat d'eau, de la souris. Pourquoi négliger, mes enfants, de feuilleter les pages du livre de la nature qui sont à notre portée, et ne chercher à lire, par les yeux d'autrui, que celles d'une nature étrangère et inconnue? Commençons par regarder autour de nous; après avoir vu et bien vu, nous demanderons à ceux qui ont vu d'autres objets, de nous raconter leurs découvertes. La loutre est-elle donc moins intéressante à observer dans son manége pour saisir les poissons dont elle fait sa nourriture, que le phoque ou que le lamentin qui exercent leur industrie particulière loin de nous?

AMÉDÉE. — Oui, sans doute, mon père, il est intéressant de connaître les animaux dont on est entouré, mais cela n'empêche pas de désirer de faire connaissance, au moins par les récits des voyageurs, avec ceux qu'on ne verra peut-être jamais.

M. DERVILLE. — Et sais-tu, mon enfant, ce qu'il faudrait, non pas d'années, mais de longues existences à la suite l'une de l'autre pour arriver seulement à connaître ce que peut nous offrir notre jardin?

— Notre jardin! répétèrent ensemble les deux enfants.

— Oui, notre jardin, répéta à son tour M. Derville. Linnée, ce réformateur de l'histoire naturelle, et dont plus tard je vous raconterai la misère, les travaux et la gloire, herborisait un jour avec ses disciples. Tout-à-coup il couvrit de sa main une petite partie du gazon sur lequel ils étaient assis autour de lui et il leur dit : « Ce que ma main cache en ce moment suffirait à donner à chacun de nous de l'occupation pour presque toute sa vie. » Les disciples se récrièrent : « Examinons! » reprit Linnée. Savez-vous ce qu'on trouva dans l'espace si resserré que peut couvrir la main d'un homme? Plusieurs sortes de terres et de petits cailloux et plus de *trente-quatre* *espèces* d'herbes, de mousses, d'insectes et d'animalcules.

CÉCILE. — Oh! mon Dieu! Entends-tu, Amédée?

M. DERVILLE. — Linnée dit alors à ses disciples stupéfaits : « Que doit donc produire tout le globe, si l'espace seul couvert par ma main offre tant de richesses! »

— « C'est désespérant! s'écria Amédée après un moment de silence.

M. DERVILLE. — Pourquoi donc, mon fils? Avec le secours de la science et à l'aide des divisions qu'elle a établies, chacun peut parvenir à acquérir du moins quelqu'idée de ces richesses dont Linnée parlait avec une admiration bien fondée. La science a divisé les productions de la nature en trois règnes; *le règne animal*, dans lequel sont compris tout ce qui respire, depuis l'homme et l'éléphant, jusqu'à l'insecte invisible à notre œil, mais que la loupe et le microscope nous font découvrir; *le règne végétal*, qui renferme les *êtres* moins parfaits, tels que les arbres, les plantes; chez ceux-ci, il y a vie, existence, et une sensibilité bien réelle à l'influence de la chaleur, de la lumière, mais ces êtres vivants ne peuvent se mouvoir; enfin *le règne minéral* auquel appartiennent non-seulement les métaux, mais les terres, les pierres, enfin, tout ce qui est privé de vie.

CÉCILE. — Ah! mon père, que de choses dans chacun de ces trois règnes!.... Amédée a raison, c'est effrayant!

M. DERVILLE. — Le règne animal, le plus riche de tous, a été encore subdivisé par la science, et, à l'aide de ces subdivisions, il est impossible de se perdre dans des études qui paraissent chaque jour plus intéressantes. Vous voyez donc bien, mes enfants, que tout cela n'a rien d'*effrayant* ni de *désespérant*. Mais, je vous le répéterai sans cesse, avant de porter nos regards sur des objets éloignés, examinons ceux qui nous entourent; nous y trouverons de quoi satisfaire la plus avide curiosité.

CÉCILE. — Ainsi, mon père, tu ne nous parleras plus du tout des animaux de l'Asie, de l'Afrique, de l'Inde?

M. DERVILLE. — Je ne dis point cela; je dis seulement que nous ferons comme nous avons fait jusqu'à présent; que nous donnerons d'abord notre attention à ce que nous pouvons *voir*, et que nous établirons des rapprochements avec ce que rapportent les voyageurs au sujet des animaux étrangers. Le chien, le chat, le bœuf, la chèvre domestique, le cerf, le renne, l'ours, le cheval, l'âne lui-même nous ont mis en relation, ce me semble, avec une foule d'autres animaux qui n'appartiennent pas uniquement à l'Europe, de même qu'aujourd'hui la marmotte d'Allemagne nous a mis en relation avec les castors du Canada. Nous continuerons de la sorte, mes enfants, quand nous nous occuperons des oiseaux, des poissons, des reptiles, des coquillages, des insectes et des polypes. **Autour** d'un animal que nous connaissons, ou que nous croyons connaître, nous placerons quelques-uns de ceux de sa famille qui appartiennent à des contrées fort différentes de la nôtre, en tâchant de ne pas trop nous écarter de la classification établie par les maîtres de la science; ceci me regarde, et ce n'est pas chose très-facile avec vous qui passez volontiers d'un objet à l'autre sans trop savoir pourquoi.

CÉCILE. — Mon bon petit père, à *quel propos* nous parleras-tu des singes?

M. DERVILLE. — A propos de l'homme.

CÉCILE. — De l'homme!

AMÉDÉE. — Mais sûrement. Chacun sait que le singe est un homme dégénéré.

M. DERVILE. — Le singe n'est point un homme dégénéré. S'il est placé en second après l'homme sur l'échelle des êtres animés, c'est à cause de son organisation physique. Quant à son instinct, quant à son intelligence, ils sont fort au-dessous de ce que peuvent nous offrir des animaux beaucoup moins renommés parce qu'ils n'ont pas été doués, au même degré que le singe, du talent de l'imitation. Il n'a que ce talent, soutenu de la passion de mal faire et d'une malice, d'une effronterie souvent intolérables. Pas un des amateurs qui notent le plus soigneusement les hauts faits des animaux, à quelque espèce que ceux-ci appartiennent, n'a trouvé moyen de montrer le singe donnant à son maître une légère marque d'attachement, mais d'un attachement véritable. Subjugué par la crainte, le singe apprivoisé ne perd rien de l'indépendance et de la sauvagerie de son caractère; il est égoïste, gourmand, audacieux ou craintif avec bassesse; à l'état sauvage, il est destructeur pour le seul plaisir de détruire ou d'obéir à son caprice. Ainsi, des singes que la faim ou la gourmandise attirent dans un champ de maïs, vont casser cinq ou six fois plus d'épis qu'ils n'en peuvent consommer. Un épi les tente, ils l'abattent, le prennent dans leurs mains, l'examinent, le flairent de tous les côtés, puis le rejettent. Ils en feront autant d'une douzaine d'autres pour ne choisir par-ci par-là qu'un grain qui satisfait leur fantaisie, et, en peu d'instants, une cinquantaine de ces animaux a su anéantir l'espoir du cultivateur et le priver du fruit de ses travaux. Les champs de canne sont moissonnés de la même manière; aussi fait-on une guerre à mort aux singes partout où ces animaux malfaisants abondent.

AMÉDÉE. — Mon père, ils vivent donc en troupes?

M. DERVILLE. — Oui, mon fils. Les seules qualités qu'on puisse leur accorder sont, chez les femelles, l'amour de leurs petits porté au plus haut degré, et, chez presque toutes les espèces, une sorte d'affection mutuelle qui fait que les blessés sont rarement abandonnés aux mains de l'ennemi pendant et après le combat. On affirme même que le singe surnommé hurleur ou alouate, sait panser les blessures; qu'on le voit presser de la main la plaie toute fraîche pour arrêter le sang, et mâcher des feuilles d'arbres dont il fait le même usage que nous de la charpie.

AMÉDÉE. — Mon père, et l'orang-outang dont on raconte tant de merveilles?

M. DERVILLE. — Le pongo, surnommé orang-outang, ou bien homme des bois, est, de tous les singes, celui qui offre, à l'extérieur, le plus de rapports avec l'homme. De là est née la croyance des nègres, que les pongos sont un peuple chassé de ses foyers par quelque nation ennemie, et que ce peuple, qui est venu chercher l'hospitalité parmi eux, ne veut point parler afin qu'on ne l'oblige pas à travailler comme les autres hommes. Cependant, dans quelques contrées de la Guinée, les pongos, qu'on nomme aussi barris et drill, éprouvent que s'*obstiner à garder le silence*, n'est pas un sûr moyen de mettre toute *leur nation* à l'abri de la nécessité de travailler. Ceux dont on peut s'emparer dès leur bas âge, sont dressés à piler, dans un mortier, les noix du cacaotier, ou bien à aller chercher de l'eau à la rivière. Mais c'est bien vainement que l'homme, séduit par la physionomie mobile et intelligente du singe, espère de s'en faire comprendre comme il se fait comprendre du chien, du cheval, de l'éléphant ; la malice étant le caractère dominant de cet animal capricieux, volontaire et indépendant par-dessus tout, on n'obtient rien de lui que par de mauvais traitements dont il sait se venger à la première occasion.

Cécile. — Moi qui aimais tant les singes ! c'est qu'on raconte à leur sujet tant de choses si étranges ! Mon père, est-ce que les perroquets ne sont pas aussi du même pays ?

M. Derville. — Je répondrai à ta question quand nous aurons fait quelques excursions dans l'*ornithologie*, ou histoire des oiseaux, mais toujours en parlant d'abord de ceux de notre pays.

Cécile. — Et quand commencerons-nous, mon père ?

M. Derville. — La semaine prochaine.

Cécile. — Oh ! quel bonheur !

M. Derville. — Mais il me semble qu'avant d'aller plus loin, nous ne ferions point mal d'examiner *pourquoi* et comment des animaux qui diffèrent autant entre eux que l'homme et la baleine, le singe et le serpent, par exemple, ont été placés par les naturalistes dans le premier des quatre grands embranchements ou divisions du règne animal ; car enfin, se mettre en route sans savoir où l'on va et sans tenir de route certaine, c'est s'exposer non-seulement à faire beaucoup de chemin, mais encore à ne pouvoir revenir sur ses pas, pour peu que la fantaisie en prenne.

Cécile. — Mon père, l'homme est donc un animal ?

Amédée. — Et la femme aussi.

M. Derville. — Vous pouvez reconnaître par vous-mêmes, et avec le secours d'un moment de réflexion, que tout ce qui vit, tout ce qui respire et se meut, appartient nécessairement au règne animal ; que tout ce qui vit et ne se meut pas, appartient au règne végétal ; enfin que tout ce qui ne vit pas, ne respire pas, ne se meut pas, appartient au règne minéral ; je viens de vous le dire, il me semble, tout-à-l'heure.

Amédée. — Oui, mon père ; mais pas absolument dans les mêmes termes.

M. Derville. — L'homme vit-il, respire-t-il et se meut-il ?

Cécile. — Oui certainement.

M. Derville. — Il appartient donc au règne animal, et il y tient, comme partout, la première place : non-seulement parce qu'il a été doué d'une âme, non-seulement parce qu'il est supérieur par l'intelligence à tous les êtres de la création, mais aussi parce que son organisation physique est la plus complète, la plus parfaite de toutes. Mais revenons à ce que je vous disais tout-à-l'heure des grandes divisions du règne animal qui résultent naturellement de quatre formes principales d'après lesquelles tous les animaux semblent avoir été modelés, et qui donnent quatre grands embranchements ou parties d'un même tout.

« Le premier embranchement comprend les *animaux vertébrés*, ce dernier mot s'explique de lui-même. Tous les deux vous avez pu remarquer les petits os qui forment la charpente osseuse du cou d'un poulet ; c'est là ce qu'on appelle *vertèbres*. Chez les vertébrés le cerveau et la moelle épinière, tronc principal du système nerveux, sont renfermés dans l'enveloppe osseuse qui se compose du crâne et des vertèbres ; aux côtés de cette colonne mitoyenne s'attachent les côtes et les os des membres qui complèttent la charpente du corps. Voilà donc un squelette complet, et plus ou moins parfait suivant l'espèce de l'animal vertébré.

AMÉDÉE. — Désormais, je ferai bien attention, mon père, quand tu découperas un poulet.

M. DERVILLE. — Je ne m'y oppose pas, quoique le moment où l'on est à table ne soit pas des plus favorables pour faire de l'anatomie. J'ajouterai que les vertébrés ont un cœur musculaire à deux ventricules ou cavités, le sang rouge, une bouche à deux mâchoires, des organes distincts pour l'ouïe, pour l'odorat, et pour le goût, et enfin jamais plus de quatre membres.

AMÉDÉE. — Cécile, les moutons, les chevaux, les canards, mon chien, ton chat, sont-ils des vertébrés ?

CÉCILE. — J'y penserai.

M. Derville. — Le second embranchement renferme les *mollusques* ou animaux *mous* ; ce sont les premiers entre les invertébrés. Du moment qu'il n'y a point de vertèbres, il ne peut y avoir de squelette puisque vous savez qu'à la colonne vertébrale s'attachent les côtes, les membres, la charpente osseuse en un mot.

Cécile. — Mon père, nomme-nous un seul *invertébré*, je te prie, pour que je puisse savoir tout de suite ce que c'est, à la première vue.

M. Derville. — La limace, le limaçon, par exemple, appartiennent aux mollusques ou invertébrés.

Cécile. — Mais le limaçon a une coquille?

M. Derville. — Nous verrons plus tard que les mollusques se divisent en deux classes, les mollusques nus et les mollusques testacés ou à coquille. Ici, non-seulement le squelette manque, mais le cœur droit et le cœur gauche ou les deux ventricules, ne sont point réunis; un appareil respiratoire, analogue à celui des poissons et appelé *branchies*, remplace les poumons. Nous reviendrons sur ce sujet très-important.

Le troisième embranchement renferme les animaux *articulés*, dont le corps est composé d'*articles* ou d'anneaux. Les insectes en font partie. Ils nous offriront une organisation bien curieuse dans les appareils appelés *trachées* et qui servent à la circulation de l'air par tout le corps de l'animal.

Enfin, le quatrième et dernier embranchement contient les *rayonnés*, ou *zoophytes*, ou *animaux plantes*.

Chez eux, les organes du mouvement et des sens

sont disposés comme des rayons autour d'un centre; on ne leur voit point de système nerveux bien distinct, et le plus grand nombre n'a qu'un sac pour tout intestin. Telles sont les quatre grandes divisions du règne animal établies par l'immortel Cuvier.

AMÉDÉE. — Ainsi, mon père, c'est seulement dans la première que les animaux sont des vertébrés, toutes les autres ne renferment que des animaux invertébrés?

M. DERVILLE. — Oui, mon fils. En parlant des quadrupèdes, nous sommes entrés dans la première de ces quatre grandes divisions du règne animal, dans celle qui renferme les vertébrés; mais comme nous avons couru de droite et de gauche, nous ne saurions de quelle manière nous y prendre pour revenir sur nos pas, si nous voulions étudier avec quelque méthode les animaux dont nous nous sommes légèrement occupés, *en passant.*

AMÉDÉE. — Mon père, j'y ai pensé plusieurs fois, et j'ai même voulu te demander souvent quels sont les animaux, entre les quadrupèdes, qui tiennent le premier rang; et puis je n'y ai plus songé.

M. DERVILLE. — Je ne donnerai point aujourd'hui des détails anatomiques encore au-dessus de ton âge et de celui de ta sœur, mais je vous dirai à tous les deux que c'est d'après des caractères anatomiques que le grand embranchement des vertébrés a été subdivisé en quatre classes: la première renferme l'homme, le singe, les quadrupèdes; chez tous, la quantité de respiration est modérée, et tous sont faits pour marcher et courir; mais cette première classe se distingue en outre des trois autres par deux caractères qui n'appartiennent qu'à elle: c'est d'abord, que les ani-

maux dont elle se compose ne mettent au monde que
des petits vivants, et ensuite que les femelles ont
des mamelles à l'aide desquelles elles nourrissent de
lait leurs petits.

AMÉDÉE. — Oh! voilà expliqué le mot de *mammifère* que j'ai entendu prononcer quelquefois.

CÉCILE. — Comment?

AMÉDÉE. — Mais oui; mammifère vient certainement du mot *mamelles*, n'est-ce pas, mon père?

M. DERVILLE. —Un autre jour nous remonterons
à l'étymologie de ce mot.

» La seconde classe des vertébrés comprend les
oiseaux. Ici la quantité de respiration est supérieure
à celle des mammifères, comme nous l'apprendrons
bientôt; il le fallait ainsi pour donner à leurs muscles la vigueur et la légèreté nécessaires pour le vol.

» La troisième classe est celle des reptiles; chez
eux la respiration étant faible, ils n'ont que la force
nécessaire pour ramper, marcher lentement, ou sauter à de petites distances.

La quatrième classe enfin renferme les poissons.
Leurs mouvements, bien autrement vifs que ceux
des reptiles et d'une foule de quadrupèdes, seraient
des plus lents, s'ils n'étaient pas soutenus dans un
liquide presqu'aussi pesant qu'eux mêmes; car leurs
organes respiratoires ne sont point, vous le savez,
en communication immédiate avec l'air.

AMÉDÉE. — Oui sûrement; c'est dans l'eau que les
poissons respirent, c'est dans l'eau qu'ils vivent....

CÉCILE. — Et qu'ils voient, et qu'ils entendent, ce
que je ne comprends pas du tout.

M. DERVILLE. — L'acte de la respiration joue donc
l'un des premiers rôles dans l'économie animale;
mais ce rôle quel est-il? Le phénomène de la circu-

lation va nous aider à le reconnaître et nous en faire sentir l'importance.

Je vous ai parlé tout à l'heure du cœur musculaire et à deux ventricules des vertébrés ; chacun de ces ventricules est comme un cœur particulier dont l'un, *le cœur droit,* est destiné à recevoir le sang veineux à mesure qu'il arrive des différentes parties du corps, et dont l'autre, *le cœur gauche,* reçoit le sang artériel, c'est-à-dire le sang qui, ayant *respiré* dans les poumons, est chargé de principes nourriciers. Le cœur ou ventricule droit, après avoir reçu le sang veineux, le pousse, par ses contractions régulières, dans l'appareil respiratoire appelé poumons chez les vertébrés, branchies chez les animaux aquatiques. Là, le sang veineux est comme baigné dans l'air, et là il se charge de l'oxigène jadis appelé *air vital,* l'un des principes de l'air atmosphérique. Ainsi transformé, le sang passe dans le cœur gauche qui le lance dans les vaisseaux appelés *artères,* et il arrive jusqu'aux extrémités du corps, portant partout la chaleur et la vie. J'ajouterai que c'est encore à l'oxigène qu'il doit sa couleur rouge, si différente de celle du sang veineux presque noir.

» Cette explication, quoique très-brève, peut suffire cependant, mes enfants, pour vous faire entrevoir comment la circulation, et par conséquent la vie, doit être plus active, plus forte chez les animaux dont la masse tout entière du sang vient subir l'action vivifiante de l'air dans les poumons, ainsi qu'on le voit chez les mammifères et les oiseaux, qu'elle ne l'est dans les reptiles chez lesquels une partie seulement de la masse du sang est exposée au contact de l'air dans l'appareil respiratoire.

Amédée. — Oui sûrement, mon père ; et je devine pourquoi la circulation doit être plus lente chez les poissons qui ne respirent que dans l'eau.

Cécile. — Mon père, l'eau contient donc de l'air?

M. Derville. — Tu n'aurais pas fait cette question, ma fille, si tu avais songé que les poissons y respirent.

» Ainsi donc la vie doit être double en quelque sorte chez les oiseaux, dont les poumons, qui occupent non-seulement toute la capacité de la poitrine, mais aussi une partie de l'abdomen, communiquent encore aux cavités que présentent les os et les plumes; de façon que l'oiseau presque tout entier se trouve comme imprégné ou baigné d'air à l'intérieur.

» Je m'arrêterai là pour aujourd'hui. Mon but était seulement de vous montrer sur quel fondement ont été dressées les quatre grandes divisions du règne animal, et la subdivision des vertébrés en classes. Nous pouvons nous rendre compte, au moins pour le moment, des travaux de l'un des beaux génies dont s'honore la France, en disant que la classe des mammifères renferme les animaux qui mettent au monde des petits vivants, qui les allaitent, qui ont une respiration pulmonaire simple, le sang chaud, la bouche armée de dents, et tous les membres propres à la marche, à la course ou à la nage; que la seconde classe renferme les oiseaux, qui sont ovipares, c'est-à-dire qui se reproduisent par des œufs, qui ont la respiration pulmonaire double, le sang chaud, la bouche prolongée en bec et les membres antérieurs organisés pour le vol; que la troisième classe renferme les reptiles, ovipares et ovovivipares, dont la respiration pulmonaire est incomplète, dont le sang est froid et qui marchent en rampant ou sautant ; enfin que la quatrième classe renferme les poissons, de même ovipares, qui respirent par des branchies et qui ont des membres disposés pour la natation. Nous ajouterons à ces *caractères* pour la plupart *invisibles* à nos yeux, des caractères *visibles*, tels que, chez les mammifères, une peau nue ou recouverte de poils ; chez les oiseaux, un corps couvert de plumes ; chez les reptiles, une peau nue ou écailleuse ; chez les poissons, un corps écailleux ou nu.

CÉCILE. — Mon père, et les invertébrés ?

M. DERVILLE. — Leur tour viendra. Nous examinerons un autre jour *pourquoi* les classes ont été subdivisées en *ordres*, les ordres en *familles*, les familles en *tribus*, les tribus en *genres*, les genres en *espèces*, et nous nous familiariserons ainsi, peu à peu, avec la nomenclature de l'histoire naturelle. Elle n'apparaît sèche et sans but, qu'à ceux qui ne se donnent point la peine d'étudier comment, pourquoi et sur quoi elle a été établie ; l'apprendre, c'est pénétrer, autant qu'il est permis à l'homme, dans les phénomènes si admirables de l'organisation.

» Après avoir ainsi passé, un peu légèrement, en revue le règne animal, nous jetterons un coup d'œil sur le règne végétal, puis, sur le règne minéral, et, au printemps prochain, nous entreprendrons des études plus sérieuses. Croyez-moi, mes enfants, un peu de science rend le plaisir plus réel, moins fugitif, et prépare, pour l'âge mûr, des joies durables. »

Aigle Impérial. — Grand Duc et ses petits.

Cacatoès. — Ara tricolore. — Autruches.

LES
OISEAUX.

CHAPITRE PREMIER.

L'aigle. — Le vautour. — Le faucon. — La cresserelle. — Le grand duc. — L'oiseau captif. — Les nids. — Les œufs.

— « Mon père, dit un soir Cécile en partant pour la promenade avec M. Derville et Amédée, pourquoi donc y a-t-il des oiseaux qui battent sans cesse des ailes quand ils sont en l'air, et d'autres qui filent droit devant eux sans paraître se donner du mouvement ?

—. Cette question, répondit M. Derville, me prouve que tu commences à regarder avec quelqu'attention. Quant au *pourquoi*, je l'ignore. Tel oiseau plane, ainsi que tu l'as remarqué ; tel autre s'élève perpendiculairement ; tel autre en ligne horizontale ; tel autre après avoir couru quelque temps pour prendre son élan ; tel autre encore en jetant un cri, tel autre en tournoyant sur lui-même ; voilà, pour le moment, tout ce que je peux te dire, ma fille.

AMÉDÉE. —Je suis bien sûr que l'aigle s'élève perpendiculairement, et qu'il plane; ce qui est bien plus noble que d'agiter les ailes pour voler.

M. Derville. — Presque tous les oiseaux savent planer, mais plus ou moins long-temps. L'aigle est largement organisé pour fournir un vol très-fort, très-rapide, et pour s'élever à une hauteur où n'atteint jamais aucun autre oiseau de proie.

Cécile. — Je ne sais pas ce qui fait que mon frère a tant d'amitié pour les aigles, car il n'en a jamais vu.

Amédée. — J'en ai vu deux au Jardin-des-Plantes, et si tu les avais vus comme moi, ma sœur, ces nobles captifs dont l'esclavage n'a pu abattre la fierté, tu comprendrais qu'ils doivent m'inspirer beaucoup... beaucoup..... d'intérêt. C'est vraiment un oiseau impérial.....

M. Derville. — Et le symbole le mieux approprié aux conquérants, comme aussi au courage. L'aigle est en effet le plus intrépide entre tous les oiseaux de proie, et celui dont les mœurs annoncent le plus d'indépendance. Il ne souffre point de voisin sur la haute montagne où il a établi son aire ou son nid ; et ce nid se distingue de tous les autres par la simplicité avec laquelle il est construit. C'est une espèce de plancher recouvert de plusieurs lits de bruyère et de jonc. Placé sur un arbre élevé, ou bien entre les rochers, l'aire n'a pour rebords que les branches de l'arbre ou les rochers mêmes. C'est là que l'aigle apporte le produit de sa chasse ; c'est là que des audacieux viennent quelquefois l'en dépouiller pendant son absence.

Cécile. — Comment, mon père, des audacieux ?

M. Derville. — Ces audacieux ma fille, ce sont

les habitants des villages situés au pied des montagnes choisies par les aigles pour leur demeure. Ils osent enlever au tyran de leurs contrées, une partie du gibier que l'aigle amoncèle en abondance dans son aire ; et là, ils retrouvent parfois une partie de la jeune génisse, ou de l'agneau saisis le matin même au milieu de tout le troupeau, à la vue des bergers et des chiens incapables de lutter contre un tel adversaire ; quelquefois aussi c'est un jeune chevreuil, un jeune chamois à moitié dépécé que les paysans rapportent à leur chaumière.

CÉCILE. — Tu as bien raison, mon père, de les appeler *audacieux !*

M. DERVILLE. — Les païens, qui voyaient partout des présages, et dont les augures consultaient le vol des oiseaux, avaient pour l'aigle une vénération qui allait jusqu'à l'idolâtrie. Vous vous rappelez tous les deux qu'ils le représentaient tenant dans ses serres la foudre du maître des Dieux. L'aigle a dû tous les honneurs que lui rendit l'antiquité, à sa mâle beauté, à son courage, au dédain qu'il montre pour une proie trop faible ou privée de vie ; le vautour, au contraire, ne s'acharne que sur les cadavres ; il ne se hasarde point, quand il est seul, à attaquer une proie vivante, tandis que l'aigle fond sur le mouton ou sur la génisse du haut des airs et sans s'effrayer des cris des chiens et des bergers.

AMÉDÉE. — Je le savais bien que l'aigle est un noble oiseau ! Pour le vautour, ce n'est qu'un lâche.

M. DERVILLE. — Mon fils, ce *lâche* serait plus courageux, peut-être, s'il était mieux *armé*. Mais il n'a pas, comme l'aigle, des serres longues et aiguës, un bec puissant. Entre les vingt espèces de vautours qui peuplent toutes les parties de la terre, **une seule,** le *lammergeyer* ou *vautour des agneaux*, est munie d'armes redoutables, et celui-là n'appelle point à son aide ses compagnons pour s'emparer non-seulement de l'agneau, mais aussi de la chèvre et du chamois.

AMÉDÉE. — Mon père, combien y a-t-il d'espèces d'aigles, je te prie ?

M. DERVILLE. — Les naturalistes en distinguent trois.

AMÉDÉE. — Trois seulement! tandis qu'il y a *vingt* espèces de vautours !

M. DERVILLE. — Ceci, mon fils, est encore une preuve de la sagesse infinie qui a établi les lois auxquelles est soumis l'univers. Les vautours, les corbeaux, si élégamment désignés par les Grecs sous le nom de *sarcophages*, font disparaître de la surface de la terre les restes abandonnés des animaux morts, dont les exhalaisons pestilentielles seraient si nuisibles aux vivants; l'aigle, au contraire, décime les troupeaux. Si les espèces en étaient aussi nombreuses que celles du vautour, tu comprends que ces rapaces dépeupleraient nos campagnes. Le vautour ne s'attaquant qu'aux animaux morts, tarit, à leur source, les maladies épidémiques et mortelles qui, sans lui, seraient bien plus fréquentes dans les pays chauds : aussi les Égyptiens ont-ils divinisé la race entière dans la *personne* des *percnoptères*, vautour qui n'est guère plus gros que notre corbeau. Il suit les caravanes pour dévorer les animaux et même les hommes qui succombent pendant la route. On trouve encore aujourd'hui de dévots musulmans qui lèguent en mourant une somme d'argent pour faire entretenir un certain nombre de ces oiseaux, tombeaux vivants de ceux que la mort frappe dans les lieux déserts où ils demeureraient sans sépulture.

AMÉDÉE. — Et les faucons, mon père ? J'en ai vu un représenté sur le poing d'une belle dame dans une vieille gravure chez bon papa.

M. PERVILLE. — Il me semble qu'à ce sujet ton bon papa t'a raconté que le faucon servait autrefois à la chasse ; que, pour posséder des faucons, il fallait être d'une haute noblesse ; que le faucon est plein de feu et de courage ; qu'il tombe, pour ainsi dire, de fort haut et en ligne droite sur sa proie.

Le faucon, l'épervier, le milan, la buse, sont des oiseaux de proie qui dévorent les autres oiseaux ; de même que le lion, le tigre, le léopard, la hyène, le chacal, le loup, dévorent les autres quadrupèdes. On les a classés avec les aigles et les vautours, sous la dénomination générale de *rapaces* ou *oiseaux de proie diurnes*, c'est-à-dire de jour ; tandis que le hibou, le duc, l'effraye sont des *rapaces* ou oiseaux de proie *nocturnes*, c'est-à-dire de nuit. Au nombre des différentes espèces de faucons est la cresserelle, plus connue en France sous le nom d'*émouchet*. Elle fréquente de préférence les châteaux en ruines, les vieilles tours abandonnées. C'est de là qu'elle sort le matin et le soir pour chasser les petits oiseaux. Elle fond sur eux avec la rapidité de la flèche ; si elle ne les saisit pas du premier coup avec ses serres, elle les poursuit audacieusement jusque dans les maisons. Il n'y a pas une cuisinière qui puisse se vanter de plumer aussi lestement et aussi promptement une volaille que la cresserelle plume son gibier. Mais, pour les serins et les mulots, elle ne prend même pas la peine de les écorcher. Elle avale les mulots tout entiers quand ils ne sont pas trop gros, et rend par le bec la peau et les os roulés en une petite pelotte.

Cécile. — Que c'est singulier !

M. Derville. — Tous les oiseaux de proie se débarrassent ainsi de la *fourrure* et des os du gibier dont ils font leur pâture, et que leur estomac, doué cependant de forces digestives très-grandes, ne peut apparemment pas supporter.

Amédée. — Mon père, le grand-duc, qui était autrefois consacré à Junon, est-il un oiseau diurne ou nocturne ?

M. Derville. — Le grand-duc est le roi des rapaces nocturnes ; c'est, pour ainsi dire, l'aigle de la nuit.

Amédée. — Il est donc beau et brave ?

M. Derville. — Pas du tout. Il est gros et court, il a une tête énorme, un plumage roux-brun, tacheté de noir et de jaune sur le dos, jaune sur le ventre, et les pieds couverts d'un duvet épais mêlé de plumes roussâtres qui viennent jusqu'à la naissance des ongles.

Cécile. — Le joli roi !

M. Derville. — Son cri lamentable et lugubre se fait entendre dans le silence de la nuit. Il réveille et inquiète les autres animaux. Ceux-ci s'agitent, cherchent à fuir ; mais, comme le chat et comme tous les hibous, le grand-duc a sur eux un grand avantage, c'est d'y voir au sein des ténèbres, et de pouvoir ainsi *choisir* son gibier qui s'en va trébuchant, faute de clarté. De même que l'aigle, ce roi de la nuit porte, non pas à son *aire*, mais à son gite, situé, comme celui de la cresserelle, dans les bâtiments ruinés et dans les rochers, les lièvres, les lapins, les tau-

pes, les mulots, les souris, pour dépécer les uns à
son loisir, et pour avaler les autres tout à son aise.
Il mange aussi les lézards; et dans quelques contrées, il fait la guerre aux serpents. Pas un seul oiseau de proie n'amasse autant de provisions, surtout
quand ses petits sont éclos.

CÉCILE. — Il en a donc bien soin, mon père?

M. DERVILLE. — Pour tous les animaux, ma
fille, l'amour des petits et les soins qu'ils exigent, est
l'une des principales affaires de la femelle et quelquefois du mâle, particulièrement chez les oiseaux.

AMÉDÉE. — Les aigles aussi, mon père, ont bien
soin, n'est-ce pas, de leurs aiglons?

M. DERVILLE. — Les aigles, comme la plupart des
oiseaux, vivent par couple; probablement ils font
aussi en commun leur aire, et en commun ils couvent les œufs, puis ils donnent à manger aux jeunes
aiglons; mais dès que ceux-ci sont assez forts pour
voler, le père et la mère les chassent de l'aire paternelle; ainsi fait la lionne avec ses lionceaux, la louve
avec ses louveteaux. Le grand-aigle et l'aigle à queue
blanche, ou pygargue, sont peut-être les seuls, entre tous les oiseaux, à se débarrasser de leurs petits
avant que ceux-ci soient en état de se procurer leur
nourriture.

CÉCILE. — Ah! les vilaines bêtes!

M. DERVILLE. — On assure même que l'espèce du
petit aigle en fait autant; ce qu'on attribue à ce que
ces trois espèces, plus voraces et plus paresseuses que
les autres, se lassent vite de nourrir de jeunes gloutons, aussi méchants que pères et mères, et dont il
faut même tuer quelques-uns pour mettre fin aux
combats qu'ils se livrent entre eux et sans relâche.

Cecile. — Ah! je préfère mes petits serins!

M. Derville. — Pour les aimer, *avec connaissance de cause*, il faudrait pouvoir les observer à l'état de liberté.

Amedee. — Je me souviens d'avoir vu une des serines de Cécile qui mangeait ses œufs.

Cecile. — Non, Monsieur, c'était le mâle...

Amedee. — Et je me souviens aussi d'avoir sé paré tes serins, ma sœur; les parents et les enfants se battaient un jour comme de vrais enragés.

Cecile. — Oh! je les ai vus se battre quelquefois; mais j'ai pensé que c'est que les enfants avaient été désobéissants.

M. Derville. — C'est possible, cependant il est plus probable qu'on se disputait ou un epi de millet, ou quelques miettes de sucre. Les animaux nous offrent rarement des exemples d'affection maternelle prolongée au-delà du temps où les petits peuvent se suffire à eux-mêmes, et encore moins nous donnent-ils des exemples d'attachement filial ou de reconnaissance de la part des petits. Ces sentiments sont d'un ordre élevé et appartiennent principalement à l'espèce humaine.

Amedee. — Encore une chose que j'ai remarquée, mon père, c'est que les serins de ma sœur défont toujours le nid qu'elle leur a préparé, quelque bien arrangé qu'il puisse être.

M. Derville. — Chaque espèce d'oiseau a sa manière de faire son nid, et chacune emploie des matériaux différents. Un nid est toujours un nid pour quiconque regarde sans voir; mais pour quiconque observe avec quelqu'attention, rien ne se ressemble moins. C'est ordinairement le mâle qui se charge

d'aller chercher, souvent fort loin, les matériaux nécessaires à la construction de ce grand œuvre, qui
est l'objet de la préoccupation principale des deux
époux; la femelle se réserve le soin de les employer.
Avec son bec elle plie et entrelace les branches flexibles à l'aide desquelles elle unit entre eux les épines,
les joncs, la mousse, le foin, qui sont comme la
charpente et les murailles extérieures de l'habitation
destinée à la famille encore à naître. À mesure qu'elle
la garnit en dedans, elle pèse du poids de tout son
corps sur les diverses substances qu'elle ajoute à son
premier travail, les arrangeant, les écartant, ou les
rapprochant avec ses pattes. Rien n'est joli comme
d'observer l'attention extrême qu'elle apporte à ses
travaux en ce genre, et le plaisir qu'elle paraît y
prendre, ainsi que le mâle. Celui-ci est souvent
obligé de livrer, chemin faisant, plus d'un combat
pour enlever à un autre le brin de laine, de soie, que
le vent a fait voler sur les buissons; car, à l'époque
où les oiseaux se préparent à nicher, tout est en rumeur chez ce petit peuple emplumé; de tous les côtés les mâles sont à la recherche de ce qui peut le
mieux convenir à la fabrication de leur nid, et tout
devient objet de dispute, de guerre acharnée, de conquête et de défaite. Quelques oiseaux, cependant, se
dispensent de ces soins; mais ils sont en petit nombre. Ceux-là s'emparent des vieux nids abandonnés;
d'autres se contentent des fentes des rochers, des
crevasses des murailles, et ils ne se mettent point en
peine de garnir, même de quelques brins de paille,
ces tristes asiles où écloront leurs petits; mais c'est
qu'apparemment ceux-ci n'ont pas besoin d'être aussi
douillets que les petits du rossignol ou de la fau-

vette; car, mes enfants, cette sagesse divine, dont nous reconnaîtrons partout les traces à mesure que nous avancerons dans l'étude de l'histoire naturelle, a donné à chaque espèce l'instinct et les moyens nécessaires à la conservation de sa progéniture; c'est donc nous que nous devons accuser et non pas elle, lorsque nous jugeons, avec notre sagesse étroite, des résultats dont la cause nous demeure inconnue. Ces résultats sont ce qu'ils doivent être, et ils ont leur but, leur utilité, quoiqu'ils nous paraissent à nous sans utilité et sans but.

Cécile. — Mon père, les oiseaux nichent toujours bien haut dans les arbres, n'est-ce pas? Depuis que je suis ici, je n'ai pas encore pu apercevoir un seul nid.

M. Derville. — Les oiseaux qui ont l'habitude de voler fort haut et de percher, c'est-à-dire de dormir debout sur une patte, placent en général leur nid à la cime des grands arbres; tels sont, par exemple, les pies; les très-grands oiseaux, l'aigle entre autres, choisissent le sommet de rochers escarpés; les petits oiseaux font leurs nids à différentes hauteurs; les uns préfèrent les buissons, les autres s'établissent presqu'à terre au milieu des grandes herbes, d'autres encore nichent au pied des arbres ou sous l'avance de quelque rocher. Les nids des fauvettes et de tous les oiseaux à *bec fin*, sont plus soigneusement construits que ceux des oiseaux *à gros bec*, tels que les pinsons, les bouvreuils; mais tous sont d'une propreté recherchée, et, dans aucun, n'ont été négligées les précautions les mieux entendues pour en fermer l'accès au vent et aux insectes.

Amédée. — Excepté dans celui de l'aigle, n'est-ce pas, mon père?

M. Derville. — Il me semble te l'avoir dit.

Amédée. — Oui, mon père, et cela me fait plaisir de voir les aigles élever leurs aiglons tout autrement que la tourterelle élève les siens.

M. Derville. — Avec un peu de réflexion, tu te serais épargné, mon fils, cette observation ou cette approbation qui, au fond, ne signifie rien. Du moment que la sagesse divine a destiné un animal à vivre de carnage, elle a dû lui donner d'autres mœurs, d'autres goûts qu'à l'animal paisible qui doit se nourrir d'herbages, de fruits ou de graines. L'animal carnassier, c'est le brigand qui s'élance de son antre sur le voyageur à peine armé; or, le brigand n'élevera pas ses enfants comme nous autres, honnêtes gens, nous élevons les nôtres; il leur enseignera dès le bas âge les joies de l'attaque et des combats; il les accoutumera à supporter, comme lui, les intempéries des saisons, à coucher sur la dure, à ne point redouter le vent, la pluie, la neige, qui viennent le glacer dans son antre au milieu des lambeaux sanglants et des ossements de ses victimes.

Cécile. — Ah! mon frère, le voilà bien arrangé ton roi du jour, ton aigle que tu aimes tant!

M. Derville. — Ainsi l'a ordonné cette sagesse divine, communément désignée sous le nom de *nature*. Elle a tout réglé, tout prévu d'avance pour que les espèces se perpétuassent avec les appétits, les instincts et l'industrie qui leur ont été donnés dès le jour de la création. Le brigand *animal*, soit quadrupède, soit oiseau, mettra donc au jour des brigands, aussi long-temps que le monde durera; mais le brigand *homme*, doué de la noble faculté accordée particulièrement à l'espèce humaine d'agir sur soi-même par la réflexion, pourra se corriger, et ses enfants ne seront pas des brigands par cela seul que leur père l'aura été. Chaque homme, mes enfants, naît avec des dispositions, des penchants, un caractère qui lui sont propres ; mais tous, nous avons reçu du Ciel ce qu'il faut pour diriger les unes, modifier les autres dès que vient l'âge de raison ; en attendant, les soins de nos parents nous préparent à exercer plus tard ce noble empire sur soi-même qui distingue éminemment l'homme entre tous les êtres créés. Ne sentez-vous pas que ce que je vous dis là est parfaitement vrai ?

AMÉDÉE. — Oui, mon père, c'est vrai, mais ce n'est pas toujours facile de se faire vouloir le contraire de ce dont on a l'envie !

CÉCILE. — Oh ! non !

M. DERVILLE. Et pourtant c'est seulement ainsi qu'on mérite de porter le nom d'homme..... Où en étais-je de l'histoire des nids ?

CÉCILE. — Mon père, tu venais de nous parler des jolis nids des fauvettes, et de ceux des bouvreuils qui ne sont pas si jolis, quoique tous soient pourtant bien propres et bien arrangés... Mon père, ceux des hiboux ne sont pas beaux, n'est-ce pas ?

M. DERVILLE. — Le hibou se contente d'entrelacer, avec des racines, quelques menues branches, et de recouvrir le tout de feuilles sèches ; la poule d'eau, posant le sien sur l'eau même, l'attache par des liens flexibles aux plantes voisines, de telle façon qu'il puisse monter ou descendre avec les grandes eaux et se trouver toujours à flot lorsque ces eaux sont basses ; la fauvette des marais place le sien entre des roseaux et le tisse de manière à ce que l'extrémité inférieure ait assez d'élasticité pour que le nid puisse s'élever lors de la crue des eaux, et baisser avec elles ; le merle enduit l'intérieur de son nid d'une légère couche de mortier sur laquelle il place une autre couche de mousse et de duvet, tandis que le mortier est encore humide ; une fois sec, ce mortier retient le lit douillet préparé aux petits.

CÉCILE. — Mon père, comment le merle fait-il du mortier ?

M. DERVILLE. — A la façon de l'hirondelle. Celle-ci gâche de la poussière avec l'eau qu'elle a prise en volant à la superficie des ruisseaux. La *charpente* de la demeure une fois terminée, l'hirondelle la tapisse de même de substances molles et chaudes. Je vous ai dit un mot tout-à-l'heure de la poule d'eau et de la fauvette des marais ; je dois ajouter que les oiseaux aquatiques surpassent les autres dans les soins qu'ils prennent pour l'arrangement de leurs nids. C'est avec le duvet dont leur poitrine est revêtue et qu'ils s'arrachent, que ces oiseaux préparent un lit moelleux à leur petite famille ; sont-ils obligés de quitter leur nid, ils se dépouillent de nouveau afin de former une couverture chaude pour les œufs ou pour les petits. Les personnes qui regardent superficiellement, s'imaginent que les oiseaux qui nichent pour la première fois, arrivent, dès ce premier travail, au dernier point de perfection ; il n'en est rien. Tous les animaux reçoivent en naissant un instinct particulier d'où il résulte que tous ceux de la même espèce exerceront la même industrie dès qu'ils seront arrivés à l'âge de l'exercer ; mais ils acquièrent beaucoup par l'usage des instruments que la nature leur a donnés, et par l'expérience, résultat des erreurs précédentes ; aussi se perfectionnent-ils soit dans la fabrication des nids, soit dans la construction des terriers, de même que les animaux carnassiers se perfectionnent dans l'art de la chasse. Je rappellerai souvent, mes enfants, votre attention sur ce sujet ; il mérite de l'attirer, car c'est une nouvelle preuve de la généralité de la loi qui soumet au travail les êtres animés ; et le travail seul peut développer les ressources de ce que nous appelons vaguement instinct chez les animaux, intelligence chez l'homme. Il faut donc travailler, travailler sans cesse, afin d'arriver au plus haut point possible de perfectionnement. »

Les deux enfants baissèrent la tête en se regardant en dessous, et après un moment de silence, Amédée dit à M. Derville : — « Mon père, les oiseaux ne nichent point plusieurs ensemble, n'est-il pas vrai ?

M. Derville. — Qu'entends-tu par là ?

Amédée. — Je veux dire qu'on ne trouve jamais deux nids placés côte à côte ?

M. Derville. Excepté certaines espèces d'hirondelles qui collent leurs nids les uns contre les autres et les oiseaux de mer qui se réunissent pour nicher sur des îlots déserts, où aucun animal ne peut pénétrer, les pingoins, par exemple, on ne connaît guère que les *anis* qui forment une véritable république. Ces oiseaux, originaires des parties les plus chaudes de l'Amérique du sud, passent en commun toute leur vie. A l'époque de la ponte, les femelles s'assemblent pour travailler au nid unique dans lequel elles réuniront les œufs qu'elles couveront de concert, à moins que la république n'étant pas très-nombreuse, une seule femelle à la fois ne suffise pour couver tous les œufs entourés d'un lit d'herbes et de feuilles sèches. A peine éclos, les petits appartiennent à chacun et à tous, car tous et chacun les soignent avec une sollicitude égale. A leur tour, ils feront de même et vivront de même en famille.

CÉCILE. — Oh! les gentils oiseaux! Mon père, ont-ils un beau plumage? sont-ils gros?

M. DERVILLE. — Ils sont de la grosseur de notre geai et noirs comme notre corbeau. On les apprivoise facilement, et ils apprennent à parler aussi bien que le perroquet.

AMÉDÉE. — Mon père, est-ce que ce sont des rapaces?

M. DERVILLE. — Non pas, à proprement parler; c'est-à-dire qu'ils ne se nourrissent que de petits serpents, de petits lézards, d'insectes ou de vermine qui rongent les autres animaux.

» Les quadrupèdes du Nouveau-Monde sont fort contents lorsque les anis s'abattent sur eux pour les débarrasser des vers que quelques espèces de mouches sont venues déposer, souvent en fort grand nombre, dans leur peau velue. Nos troupeaux reçoivent les mêmes services de notre pie. Au Sénégal, le pique-bœuf suit les troupeaux de gros bétail et se pose souvent sur le dos des bœufs ou des autres grands quadrupèdes dont il entame le cuir à grands coups de bec, pour en retirer les larves qui s'y développent à leur sortie de l'œuf.

AMÉDÉE. — Le remède est pire que le mal!

CÉCILE. — Oh! mon père, raconte-nous quelque chose sur la pie, le corbeau, le pinson!..

M. — Derville. — Ce sera pour demain. Si vous n'êtes pas fatigués d'écouter, moi, je suis las de parler. Courez un peu avec Médor qui ne demande pas mieux. »

Les deux enfants obéirent.

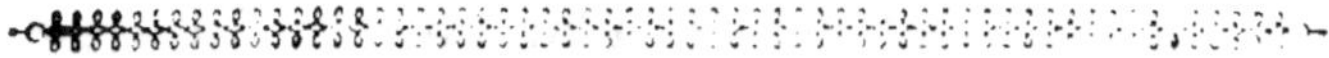

CHAPITRE II.

Le moineau. — L'hirondelle. — Le corbeau. — La corneille. — La
pie. — Le geai. — Le coucou. — Migration des oiseaux. — La couvée. — Éducation. — Le lumme.

Cecile, encouragée par l'approbation que son père
avait donnée à ses observations sur le vol différent
des oiseaux, se leva le jour suivant de grand matin
et se mit à examiner les jeux, les combats des moineaux qu'en très-peu de temps elle etait parvenue à
attirer dans la cour, au-dessous de sa fenêtre, en
leur jetant chaque jour des miettes de pain, régu-
lièrement à la même heure; aussi, le soir, fut-elle
en état de parler de leur sautillement, de leur vol
terre à terre si rapide, de leurs cris d'appel, de leur
audace et de leur promptitude à fuir au moindre
bruit.

— «Toutes les remarques que tu as faites, ma fille,
dit M. Derville après l'avoir écoutée avec bonté, sont
justes; tu dois en tirer la conséquence, que le moineau est un franc vaurien, hardi et malin comme un
page, toujours sur ses gardes, et, par conséquent,
difficile à chasser ou à prendre au piège qu'on lui
tend; aussi, lorsque des préjugés, dès long-temps en-
racinés, firent poursuivre jadis à outrance les moineaux dans toute l'Europe, on eut beaucoup de peine

à en débarrasser les contrées qu'ils affamaient, disait-on ; on prétendait alors qu'à lui seul le moineau consomme plus de grain qu'une foule d'autres espèces réunies ; qu'il ne se contente pas de suivre le laboureur au temps des semailles, les moissonneurs au temps des moissons, d'affronter les fléaux des batteurs en grange, d'enlever la graine aux hôtes de la basse-cour à l'instant même où la fermière la jette à ses volailles ; on allait jusqu'à l'accuser de pénétrer dans les colombiers et de percer avec son bec le jabot des pigeonneaux pour leur arracher le grain qu'ils ont avalé. On assurait encore que, peu amateur d'insectes, de vers, de chenilles, de mouches, de papillons, il n'aime que les abeilles.

CÉCILE. — Ces bonnes abeilles, les dévorer ! Ah ! les petits monstres de moineaux !

M. DERVILLE. — Ce fut pour tous ces *crimes* dont on les accusait, qu'au siècle dernier, dans le Brandebourg, une ordonnance obligea les paysans à apporter aux baillis des seigneurs dont ils relevaient un certain nombre de têtes de ces effrontés voleurs. On parvint à en faire disparaître la race tout entière pour ainsi dire. Mais qu'arriva-t-il ? Les années suivantes l'abondance effrayante des insectes, des chenilles, des mouches, des vers, des papillons, des frelons qui faisaient bien plus de dégâts que les moineaux, vinrent apporter la preuve que cet oiseau appartient aux insectivores, et qu'il est, au fond, plus utile que nuisible à l'homme. Cependant, bien des années s'écoulèrent sans qu'on voulût revenir sur le compte des moineaux, et aujourd'hui encore ils ne sont pas aussi haut placés dans la *considération publique* qu'ils le méritent en effet.

Amédée. — Mon père, où mettent-ils leurs nids, je te prie? J'en voudrais bien voir.

M. Derville. — Les moineaux nichent également bien sous les tuiles, sous le chaume, dans les trous des murailles, dans les puits, dans les tuyaux de cheminée ou de poêle, derrière les persiennes qu'on néglige de fermer, sur des arbres très-élevés; d'autres livrent bataille aux hirondelles pour s'emparer de leurs nids. La vieille histoire d'un moineau, défendant hardiment sa conquête contre une vingtaine d'hirondelles, et que celles-ci imaginèrent d'emprisonner à jamais en fermant l'ouverture du nid avec le mortier dont elles se servent ordinairement pour construire, cette vieille histoire se renouvelle probablement plus d'une fois dans l'année.

Cécile. — Oh! les hirondelles! le joli oiseau! Dis-nous quelque chose de son histoire, mon bon petit père, veux-tu?

M. Derville. — L'hirondelle est en effet un oiseau très-joli, plein de vivacité, d'activité, et dont le retour est d'autant plus agréable qu'il nous annonce celui du printemps.

Amédée. — Mais, mon père, où vont-elles donc pendant l'hiver?

M. Derville. — On a cru long-temps que ces oiseaux voyageurs, dont les espèces sont très-multipliées, passaient la mauvaise saison cachés dans les rochers, dans les arbres creux et même sous terre; aujourd'hui l'on est revenu de cette erreur. On sait que les oiseaux voyageurs vont du midi au nord et du nord au midi, suivant les saisons et suivant le besoin qui fait chercher aux uns les climats chauds, aux autres les climats froids; et, chose fort remarquable, ces oiseaux semblent savoir, en quelque sorte, que, dans telle et telle contrée, le printemps commence plus tard ou plus tôt que dans telle ou telle autre ; c'est sur cette *connaissance* que se règlent les arrivées ou les départs.

CÉCILE. — Mon père, les hirondelles ont-elles bien soin de leurs petits ?

M. DERVILLE. — Les soins les plus tendres. Il existe même, entre la colonie entière, des liens d'affection tels, que, sans pondre en commun comme les anis, elles travaillent du moins en commun à la construction des nids. Je t'engage, au printemps prochain, à guetter l'arrivée des hirondelles de fenêtre ; tu as en face de toi, dans la cour, un vieux pan de mur fort élevé qui pourra bien être choisi par quelques-unes pour y établir leurs nids ; c'est alors que tu verras travailler les hirondelles de fenêtre, à croupion blanc, autrement appelées martinets ; c'est alors que tu pourras suivre leurs travaux exécutés avec une grande activité. Les unes apportent du mortier, les autres du crin, de la paille, du foin ; chacune travaille de son mieux, des pattes, du bec, à former les murailles de l'édifice dont elles modifient l'architecture, suivant la place qu'il doit occuper. Elles le garnissent en dedans de plumes, de duvet chaud et moelleux, ne laissant à la partie supérieure qu'une étroite ouverture suffisante pour passer. Si une fois il s'en trouve qui choisissent ce vieux mur, tu es bien certaine qu'elles reviendront y nicher les années suivantes.

CÉCILE. — Oh ! que je le voudrais !... Mon père, n'y aurait-il pas moyen de les y attirer ?

M. DERVILLE. — L'hirondelle ne fuit pas l'homme,

mais elle ne cherche pas sa présence et n'attend rien de lui. Comme tous les animaux, elle est guidée dans le choix de l'emplacement par sa seule convenance. Tu peux, cependant, prier le jardinier d'attacher quelques pots à fleurs vides en haut du vieux mur ; il est possible que des hirondelles... ou des moineaux y viennent nicher.

CÉCILE. — Oh ! je ne me soucie pas autant des moineaux. Est-ce que tu ne pourrais pas nous raconter quelque histoire d'hirondelle, mon petit père ?

M. DERVILLE. — Comment ? Je ne te comprends pas ?

CÉCILE. — Mais oui... un de ces beaux traits d'instinct, comme tu nous en as raconté au sujet du chien, du chat, et maman aussi ?

M. DERVILLE. — Tu sais aussi bien que moi *l'histoire* de cette hirondelle qui se trouva un beau jour prisonnière sur le haut du dôme de l'Institut, à Paris, et que ses compagnes, attirées par ses cris de détresse, vinrent délivrer en attaquant, chacune à son tour, à coup de bec, la ficelle qui la retenait captive ?... Ce que peut-être tu ne sais pas, et ce qui est attesté par des témoins dignes de foi, c'est qu'il y a bien des années il arriva, en Hollande, qu'une hirondelle étant allée chercher de la nourriture pour ses petits, trouva, au retour, la maison dans la cheminée de laquelle elle avait placé son nid, tout en feu. Elle n'hésita pas à s'élancer au milieu des flammes et de la fumée pour essayer sans doute de les sauver.

AMÉDÉE et CÉCILE. — Y parvint-elle, mon père ?

M. DERVILLE. — Les *historiens* n'en disent rien, mais c'est peu vraisemblable.

Cécile. — Ainsi elle fut brûlée, la pauvre bête !

M. Derville. — Je le pense. Mais si vous voulez des traits de tendresse maternelle et paternelle, d'autres oiseaux fort communs et dont on ne fait pas grand cas, la pie, le corbeau, la corneille peuvent nous en fournir.

« Beaucoup de gens admirent l'instinct et les travaux des hirondelles, d'autres la fidélité du ramier pour la colombe qu'il s'est choisie ; et presque tout le monde ignore qu'une foule d'oiseaux bien moins en renom, parce qu'on ne s'en est pas autant occupé, les égalent sous le rapport de l'adresse dans les travaux, de la prévoyance, et de la persévérance dans les affections les plus douces de la nature. La pie, la corneille, le corbeau sont fidèles en amour ; les couples, une fois formés, ne se séparent plus de toute la vie, et les deux époux se partagent les soins qu'exigent les petits. Naturellement aussi défiante qu'elle est active et bavarde, la pie fait son nid à la cime des plus grands arbres ou des buissons les plus élevés ; aidée de son mâle, elle le fortifie à l'extérieur avec de petites buchettes et du mortier de terre gâchée. En dessus, le nid est recouvert par une espèce de treillage composé de branches épineuses adroitement entrelacées ; et, du côté seulement le plus inattaquable, elle laisse une ouverture tout juste assez grande pour y pouvoir passer. L'intérieur de cette maçonnerie très-solide renferme un second nid composé uniquement de matière moelleuse. C'est là que les petits, nouvellement éclos, se trouveront mollement, chaudement et à l'abri de la pluie. Tous ces travaux s'exécutent avec une grande promptitude, et sans que la pie cesse un moment de *jacasser ;* c'est son défaut, et je connais des gens qui le possèdent au plus haut point, sans le racheter par les bonnes qualités que possède *Margot.*

CÉCILE, *en rougissant.* — Si elle a de bonnes qualités, elle a aussi des vices... Chacun sait qu'elle aime à voler.

M. DERVILLE. — Il en est de même du geai, du corbeau, de la corneille ; mais, pour ces animaux, ce n'est point *voler ;* c'est tout simplement obéir à l'instinct qui leur apprend à faire des provisions et à enfouir celles qui, pour le moment, sont superflues. En fait de bonnes qualités, ce qui distingue Margot, c'est son courage. Ce courage, quand elle couve ou lorsqu'elle a des petits, devient une véritable témérité ; l'œil et l'oreille toujours au guet, elle ne permet point à la corneille d'approcher de son nid. Du plus loin qu'elle l'aperçoit, elle vole à sa rencontre en jetant de grands cris, la poursuit, la harcèle et l'oblige de s'éloigner. Elle n'hésite pas davantage à attaquer le faucon, l'aigle lui-même, tant l'amour maternel l'emporte sur le sentiment de son propre danger.

AMÉDÉE. — Je pense que l'aigle dédaigne de répondre aux attaques d'un animal si chétif, si inférieur !

M. DERVILLE. — Ce superbe dédain que tu lui prêtes serait heureux pour l'audacieuse Margot, qui paie souvent de la vie sa témérité.

CÉCILE. — Mon père, la corneille est donc l'ennemi naturel de la pie ?

M. DERVILLE. — Pas positivement ; mais la corneille aime beaucoup les œufs d'oiseau, n'importe l'espèce, et c'est avec des œufs surtout qu'elle nourrit ses petits. Quoiqu'elle préfère ceux de la perdrix, elle ne dédaigne pas cependant les bonnes fortunes en ce genre que le hasard peut lui offrir, ni l'occasion de porter d'abondantes provisions à son nid. Fort adroitement elle perce par un bout l'œuf dont elle s'empare, y plonge son bec et l'emporte ainsi enfilé, sans rien perdre de ce qu'il contient.

AMÉDÉE. — Et le *sarcophage*, mon père ?

M. DERVILLE. — Le corbeau, respecté en Angleterre, en Suède, à cause des services qu'il rend en sa qualité de *sarcophage vivant*, est poursuivi à outrance en Islande, parce qu'en ce pays il se jette sur les jeunes agneaux, leur crève les yeux pour les empêcher de s'enfuir, et les dévore.

CÉCILE. — Ah! le monstre! Moi je croyais qu'il ne se nourrissait que de... corps morts.

AMÉDÉE. — Mais alors, mon père, c'est un oiseau de proie que le corbeau d'Islande ?

M. DERVILLE. — Non, mon fils. Il appartient à l'ordre des passereaux, l'un des plus nombreux parmi ceux des oiseaux. Nous saurons un jour *pourquoi* le corbeau d'Islande qui se nourrit de proie vivante, et, de même plusieurs variétés de mésanges, n'ont point été placés par les naturalistes dans l'ordre des rapaces diurnes. L'étude des caractères principaux des familles nous conduira tout naturellement à reconnaître que cette classification est fondée sur la raison, bien qu'au premier moment elle puisse paraître étrange. La forme du bec, la structure des pattes ont particulièrement guidé les naturalistes dans la classification des six ordres d'oiseaux dont nous dirons quelques mots. Mais d'abord, je veux attirer votre attention sur quelques *ressemblances* fort curieuses et que je vous aiderai à établir quand vous serez un peu moins ignorants de ce que le règne animal peut présenter de curieux. Pour vous en offrir dès à présent un exemple, je vous parlerai de la poche que forme, chez le corbeau, le coucou et le pélican, la dilatation du gosier au-dessous du bec. Cette poche ou panse leur sert de magasin ; ils y amoncèlent les provisions que, plus tard, ils en feront sortir pour les manger à volonté et à loisir ; chez les animaux ruminants, le bœuf, le mouton, la chèvre, se trouve également une panse dans laquelle ils entassent l'herbe à mesure qu'ils broutent, et d'où ils ont la faculté de la ramener dans la bouche pour la mâcher lorsque la provision est faite ; mais cette poche est placée à l'intérieur, tandis que chez le corbeau, le coucou, le pélican, elle l'est à l'extérieur. Tous les oiseaux ne possèdent pas une poche, mais tous, de même que les ruminants, et quoiqu'ils ne ruminent pas, ont l'estomac divisé en trois parties, dont chacune concourt au travail de la digestion ; la première est le *jabot*, qu'on voit former une grosseur très-prononcée quand il est rempli ; la seconde est le *ventricule succenturié*, garni intérieurement d'une multitude de glandes qui sécrètent les sucs gastriques ; la troisième est le gésier, où se parachève la digestion.

CÉCILE. — Que c'est donc singulier !

M. DERVILLE. — Quant au coucou, on croit jusqu'à présent qu'il ne se sert de cette poche extérieure dont je viens de vous parler, que pour transporter dans le nid d'autrui ses propres œufs qu'il ne saurait couver.

CÉCILE. — Ah ! Et pourquoi donc pas, mon père ?

M. DERVILLE. — Parce que la femelle ne pond chaque œuf qu'à de longs intervalles l'un de l'autre,

de sorte qu'elle aurait à nourrir un petit nouvellement éclos en même temps qu'un œuf à couver,
deux opérations qui ne peuvent se faire ensemble.
Pour couver les œufs, il faut quitter le nid le moins
possible ; pour nourrir les petits, il faut que le père
et la mère s'absentent ; c'est souvent au loin qu'ils
vont chercher cette nourriture demandée à grands
cris.

Amédée. — Mon père, que deviennent les oiseaux
en hiver ?

M. Derville. — La plupart, je te l'ai dit déjà,
changent de contrée. Les pies-grièches, les grives,
les loriots, les rouges-gorges, les rossignols, les
fauvettes, les roitelets, les bergeronnettes, quelques
espèces de corneilles, et une foule d'autres passereaux, émigrent au commencement de l'automne
pour aller chercher le printemps en d'autres climats.

Amédée. — Ainsi, tous ces oiseaux traversent les
mers ?

M. Derville. — Sans aucun doute.

Cécile. — Et comment font-ils, mon père, pour
connaître leur route ?

M. Derville. — Aucun d'eux ne nous a jamais
dit le *comment*, mais tous nous ont prouvé qu'ils *la
connaissent*, ce qui est le plus important pour eux.

Cécile. — Mon père, est-ce qu'ils emmènent leurs
petits ?

M. Derville. — Certainement. Les *petits* sont devenus *grands* à l'époque de ces migrations qui s'annoncent long-temps d'avance par l'agitation où se
montrent les oiseaux de passage. On les voit alors
se rassembler en troupes, plus ou moins nombreuses,
sur les arbres, sur les toits ; on les entend s'appeler

par des cris particuliers ; puis ils tiennent une sorte de conseil ; les plus habiles, ou les plus hardis ou les plus forts se mettent à la tête des partants, et la caravane ailée, prenant son élan, se forme dans les airs en large phalange, ou bien en colonne longue et serrée, ou bien encore offre l'aspect d'un V dont la pointe est occupée par le chef.

CÉCILE. — Mais, mon père, les pauvres petits doivent souvent rester en route, surtout quand le voyage est long ?

M. DERVILLE. — Les plus faibles, en effet, arrivent rarement au terme du voyage ; la mer engloutit par milliers de ces oiseaux voyageurs ; les mâts, les cordages, les ponts des vaisseaux en sont parfois tout couverts ; mais ceux qui peuvent supporter la faim, la soif, la fatigue, suffisent pour propager l'espèce.

CÉCILE. — Alors, mon père, ces oiseaux font encore des petits dans le pays où ils vont ?

M. DERVILLE. — Toutes les espèces ne se reproduisent pas deux et trois fois par an. Il en est qui ne nichent jamais qu'en Europe, par exemple : mais toutesémigrent pour trouver ailleurs la nourriture qui va leur manquer par l'effet du froid. Cette nourriture se compose de graines, d'insectes, de vermisseaux ; elle n'est pas abondante en toute saison en France, je suppose ; au moment où elle manque ici, les oiseaux voyageurs sont assurés de la trouver en Italie.

AMÉDÉE. — Je croyais que tous s'en allaient au-delà des mers ?

M. DERVILLE. — Quelques-uns se contentent, sans abandonner l'Europe, ou l'Amérique, ou l'Afrique, de passer du nord au sud ou du sud au nord de ces différents pays.

Cécile. — Mon père, mettent-ils beaucoup de temps à leurs voyages?

M. Derville. — Tu penses bien, ma fille, que ceci dépend de la distance et surtout de la rapidité du vol. Il n'a guère été possible, jusqu'à présent, que de calculer, à peu près, la rapidité de celui des pigeons; elle est d'environ cinq à six lieues à l'heure. Cette sagesse divine, que tant de fois nous aurons l'occasion d'admirer, n'a pas négligé de donner, même au plus petit moucheron, les moyens nécessaires pour remplir la tâche qui lui a été assignée; et l'un de ces moyens, c'est de pouvoir supporter fort long-temps la privation de toute nourriture. Les oiseaux, grands mangeurs, n'ont pas été plus mal partagés, sous ce rapport, que tous les autres animaux, et, comme eux, ils savent se contenter, quand la nécessité l'exige, d'une nourriture qui n'est pas la leur.

Amédée. — Mon père, j'ai entendu dire que les pies savent compter, est-ce vrai?

M. Derville. — Les pies, pas plus que les poules, ne *savent compter* à notre manière, tu le comprends bien, mon enfant; mais on est fondé à croire que la pie compte à la sienne, et qu'elle a l'instinct d'un certain nombre qui ne s'élève pas au-dessus de celui de ses doigts, c'est-à-dire de quatre. Ainsi, qu'un chasseur vienne sous l'arbre en haut duquel est le nid de Margot, Margot ne rentrera *chez elle* qu'après l'avoir vu partir; qu'il en vienne deux, elle attendra le départ de tous les deux; qu'il en vienne trois, qu'il en vienne quatre, elle attendra de même le départ des trois, des quatre chasseurs ; mais qu'il en vienne cinq, elle rentrera *chez elle* dès qu'il y en aura quatre d'éloignés.

AMÉDÉE. — J'espère que voila qui est bien remarquable !

M. DERVILLE. — Cette expérience, répétée plusieurs fois, a constamment produit le même resultat ; mais les poules savent compter, toujours a leur manière, bien au-delà de ce nombre. La quantité d'œufs qui doivent former ce qu'on appelle une *couvée* est en quelque sorte déterminée pour chaque espece, et ceci nous est *prouvé* par nos poules domestiques. Qu'on ait la précaution de ne point toucher a leurs œufs, elles se mettront a couver aussitôt qu'elles en auront pondu de quinze à vingt ; qu'on leur en ôte au contraire un tous les jours, elles continueront de pondre jusqu'à ce qu'elles en aient produit quatre ou cinq fois autant ; que l'on complète la couvée par des œufs de cannes, la poule cesse de pondre et commence aussitôt son *travail* de couveuse. Au nombre des petits volumes que je vous ai promis, il y en a un dans lequel vous trouverez des choses intéressantes et amusantes sur le *peuple* des basses-cours[1].

AMÉDÉE. — Ma sœur, il faudra prier maman de répéter cette expérience, n'est-ce pas ?

CÉCILE. — Oh ! je ne demande pas mieux ! Mon pere, tous les oiseaux pondent-ils absolument la même quantité d'œufs ?

AMÉDÉE. — Mon père vient de te dire que la *quantité* d'œufs a été, en quelque sorte, déterminée pour chaque espèce, ce qui annonce bien qu'elle n'est pas la même pour toutes.

[1] *Jacquot, ou la Basse-Cour de ma grand'tante,* 1 vol. in-18.

M. Derville. — Vous savez déjà que les oiseaux de proie, ainsi que les animaux carnassiers, ne donnent le jour qu'à un, deux, trois petits au plus; les petits oiseaux font des couvées de quatre, de six, de neuf à dix œufs, tandis que les oiseaux de basse-cour pondent presqu'autant qu'on veut. La ponte finie, la femelle se met à couver jour et nuit avec tant d'assiduité, qu'elle négligerait de boire ou de manger plutôt que de quitter ses œufs, si le mâle ne venait pas la relever de temps en temps.

Cécile. — Oh! c'est bien vrai! je le sais par mes serins. Mon père, est-ce que les serins, en état de liberté, soignent leurs petits de même qu'ils le font en état de captivité?

M. Derville. — Ils y mettent plus de tendresse encore. La captivité altère le caractère des oiseaux presque autant que celui des autres animaux. Dans l'état de liberté, le mâle s'éloigne fort peu de sa femelle couveuse; il voltige sans cesse autour d'elle, l'amuse par ses chants, l'encourage par ses caresses, et ne la quitte que pour aller lui chercher à manger. De temps en temps, la femelle s'agite dans son nid; c'est pour remuer ses œufs, pour les retourner, afin qu'ils soient exposés plus également de tous les côtés à la chaleur qu'elle leur communique, et qui seule peut les faire éclore. Les petits une fois éclos, la mère continue à les couvrir de son corps tout le temps qu'ils ont besoin de cette chaleur constante et bienfaisante; si elle se place alors sur le bord du nid, c'est pour leur donner à manger, pour les nettoyer. Bientôt le mâle commence à les nourrir à son tour; mais vainement les petits gloutons crient pour avoir au-delà de leurs besoins; le papa et la maman résistent aux prières, aux caresses, aux cris mêmes ; ils donnent ainsi les premières leçons de tempérance. Peu à peu les plumes remplacent le duvet, et lorsque les grandes plumes des ailes ont acquis assez de force pour que le jeune oiseau puisse commencer à s'en servir, le père et la mère, se tenant à distance, refusent de donner à manger, à moins qu'on ne vienne à eux.

Cécile. Je n'ai jamais vu mes serins faire ainsi.

M. Derville. — Pour être témoin de ce spectacle touchant, qui rappelle le *premier pas* d'un enfant qu'on excite à marcher seul, il faudrait, ma fille, se lever avec le jour.

» Le *lumme*, ou petit plongeon de la mer du Nord, est peut-être, de tous les oiseaux, celui dont les précautions et la sollicitude ressemblent le plus à la sollicitude et aux précautions dont nous entourons nos enfants débarrassés des lisières. Le lumme ne pond à la fois que deux œufs. Quand les petits sont assez forts pour pouvoir quitter leur nid, le père et la mère les conduisent à l'eau pour leur apprendre à plonger. Mais on pourrait rencontrer chemin faisant quelque renard qui croquerait l'enfant chéri, s'il venait à tomber en volant vers le rivage ; dans les airs pourrait se montrer quelqu'oiseau de proie. Pour parer à ce double danger, la femelle vole au-dessous de son petit, le mâle au-dessus. Si le petit, qui n'est pas encore sûr de ses ailes, fait une chute, aussitôt son père et sa mère sont à ses côtés, prêts à le défendre, et l'on en a vu se laisser dévorer par les renards ou prendre par les hommes, plutôt que de l'abandonner.

Cécile. — Ah ! les bons oiseaux !

M. Derville. — Ma fille, ce que le lumme et tant

d'autres oiseaux font pour leurs petits. nous le faisons journellement pour nos enfants, sans que ceux-ci y prennent garde! »

D'un commun accord, Amédée et sa sœur s'emparèrent de chacune des mains de leur père et les couvrirent de baisers. Tous deux sentaient que ceci était *vrai, bien vrai !*

CHAPITRE III.

Le perroquet. — Chasse au perroquet. — Le pic. — L'oiseau-Mouche. — Le colibri. — Le toucan. — Martin-pêcheur. — Structure des oiseaux.

————

A leur retour de la promenade, ou le lendemain dans la journée, les deux enfants racontaient à leur mère ce qu'ils avaient appris de nouveau en fait d'histoire naturelle, et madame Derville, de son côté, leur rapportait ce que dans sa jeunesse, passée au village, elle avait remarqué ou observé au sujet des mœurs, des habitudes des oiseaux ou des animaux domestiques. Mais la curiosité de Cécile et d'Amédée était insatiable, et ils auraient voulu savoir tout à la fois; aussi allaient-ils d'un objet à l'autre avec une légèreté que leurs parents ne pouvaient approuver.

— « Quand je vous nommerais les oiseaux qui composent les quatre mille espèces et plus que comptent les naturalistes, disait M. Derville, en seriez-vous plus *savants*, comme vous l'espérez, et plus satisfaits? Nullement. Vous auriez dans la tête une foule de noms et pas une seule idée nette. Continuons ce que nous avons commencé; c'est-à-dire occupons-nous de quelques-uns des individus ailés qui composent les six ordres établis par la science. Nous avons examiné déjà quelques-uns de ceux du premier ordre, les rapaces ou oiseaux de proie ; nous en avons fait autant pour le second ordre qui comprend la foule des passereaux ; vient maintenant l'ordre des grimpeurs ; viendra ensuite celui des gallinacés, puis des échassiers ou oiseaux de rivage, et enfin des palmipèdes ou oiseaux nageurs.

— Quatre mille espèces d'oiseaux ! répéta Cécile stupéfaite.

— Je suis bien aise de savoir, dit Amédée, qu'on les a divisées, ces quatre mille espèces, de manière à s'y retrouver !

CÉCILE. — Eh bien ! moi, ce que je serais bien aise de savoir, c'est à quel *ordre* appartient le perroquet.

M. DERVILLE. — Tu pourras le *classer* toi-même pour peu que tu te souviennes des *façons d'agir* de notre Jacot.

AMÉDÉE. — Moi, je me souviens que ses *façons d'agir*, comme dit mon père, n'étaient pas aimables du tout, et j'*ose* dire qu'il n'y a rien de si sot qu'un perroquet.

M. DERVILLE. — C'est ce que nous examinerons tout-à-l'heure. Dis-moi, ma fille, à quoi Jacot passait-il son temps quand il ne mangeait pas, ou quand il ne *s'épluchait* pas ?

CÉCILE. — Il se donnait le plaisir de descendre et de remonter sans relâche le long de son bâton, en s'accrochant tantôt par le bec, tantôt par les pattes.

M. DERVILLE. — C'est-à-dire qu'il *grimpait*, soit en montant, soit en descendant ; car, si tu y as fait un peu d'attention, tu as dû t'apercevoir que Jacot ne descendait point à *reculons*, mais qu'il *grimpait* alors *la tête en bas*.

Cécile. — Ah! je devine! Le perroquet est de l'ordre des *grimpeurs*. Mais, mon père, est-ce que les perroquets vont toujours ainsi? Est-ce qu'ils ne volent jamais? Ils ont des ailes pourtant.

M. Derville. — Le perroquet appartient, dans la classe des oiseaux, aux oiseaux sages, réfléchis et doués d'intelligence et de mémoire.

Cécile. — Entends-tu, Amédée? Toi qui accusais Jacot de n'être qu'un sot!

M. Derville. — Le perroquet fait beaucoup moins usage de ses ailes que ses confrères, mais cependant il sait s'en servir. Tous les ans, dans ses migrations d'un endroit à un autre, il parcourt, en volant avec rapidité, plusieurs centaines de lieues. Il n'est point vorace comme les oiseaux de proie; il n'est pas davantage pétulant comme les passereaux; sa vie est calme, rangée, et sa mémoire conserve mieux le souvenir des objets, parce que, changeant moins de place, ses yeux ne sont pas éblouis, pour ainsi dire, par la multitude des images succédant sans interruption les unes aux autres. Une fois que le perroquet a trouvé les arbres chargés des fruits qui lui conviennent, il s'y établit, et ne prenant nul souci de ce qu'il aperçoit aux environs, il se contente de passer de branches en branches, soit en voletant, soit surtout en grimpant, et, fort rarement, il descend jusqu'à terre, parce qu'il ne sait pas marcher comme les poules, comme les pigeons, ni sautiller comme les moineaux.

Amédée. — On peut dire alors que c'est le *Salomon* des oiseaux.

M. Derville. — On peut dire du moins ce qui est, mon fils, c'est qu'il résulte de ce genre de vie, nécessité par sa constitution, que le perroquet étant d'un caractère plus posé, plus réfléchi, conserve des souvenirs plus profonds des objets et des *événements;* que ces souvenirs développent en lui des sentiments de haine ou d'affection qui nous le montrent comme beaucoup mieux partagé, sous le rapport de la sensibilité et de l'intelligence, que ne le sont la plupart des autres oiseaux.

CÉCILE. — Eh ! bien, le voilà, mon frère, celui que tu as toujours accablé de tes dédains !

M. DERVILLE. — Notre Jacot nous a donné plus d'une preuve de ce que je vous dis là. Jamais votre mère, qui ne lui faisait que de bons traitements, n'en a reçu que des caresses et tous les mots caressants qu'on lui avait appris dès sa naissance; tandis qu'A-médée, qui le tourmentait souvent, pouvait compter sur des coups de bec, sur des coups d'ailes et sur des injures.

AMÉDÉE. — Comment ne l'aurais-je pas détesté ce vilain animal qui criait du plus loin qu'il me voyait : *Coupez-lui le cou ! coupez-lui le cou ! vite ! vite !... Oh ! le méchant ! oh ! qu'il est laid ! Coupez-lui le cou ! vite ! vite !* C'était toujours là son refrain.

CÉCILE. — Il faut lui pardonner, Amédée ; il ne comprenait pas ce qu'il disait : n'est-ce pas, mon père ?

AMÉDÉE. — Mais puisque les perroquets ont tant d'esprit !...

M. DERVILLE. — Mon fils, l'animal le plus intelligent, le plus spirituel, comprend jusqu'à un certain point les mots par lesquels nous lui exprimons notre volonté; mais ce point, il ne le dépassera jamais, **et l'on peut** aisément deviner que l'inflexion de notre voix a plus de *sens* pour son intelligence, que le mot en lui-même. Ainsi, ce n'était pas du même ton qu'on avait répété à Jacot : *Il est beau! il est aimable, Jacot!* et ces injures : *Oh! le méchant! oh! qu'il est laid! coupez-lui le cou!* Jacot avait donc su comprendre que, dans notre langage, les premiers équivalaient au tendre gazouillement des oiseaux pour leurs petits, et que les seconds, au contraire, devaient servir à exprimer la colère. La preuve qu'il l'avait compris, c'est l'emploi qu'il faisait des uns pour cajoler ses deux maîtresses et moi, et des autres pour te témoigner son mécontentement, son antipathie ou peut-être seulement son effroi de tes malices.

Amédée. — Une chose que j'ai remarquée, c'est que Jacot était fort adroit à se servir de sa patte comme d'une main pour prendre ce qu'on lui donnait. Mon père, on ne trouve les perroquets que dans les pays très-chauds?

M. Derville. — Oui, mon fils; cependant on en trouve aussi à la Louisiane et à la Caroline, mais en petit nombre.

Cécile. — Mon père, c'était sans doute pour faire un nid afin de couver, que Jacot se dépouillait de ses plumes?

M. Derville. — Les perroquets se contentent, lorsque vient le temps de la ponte, de déposer leurs œufs dans les troncs des vieux arbres percés par les pics. Si le trou n'est pas assez grand, ils l'élargissent à coups de bec; mais là se bornent leurs travaux, et ce qui sert de lit ou de litière aux œufs, puis aux petits, c'est la poussière formée par les vers qui s'attachent au vieux bois.

Amédée. — Voilà un nid bientôt prêt et à **peu de**

frais. Mais alors pourquoi donc Jacot s'arrachait-il les plumes avec tant d'acharnement?

M. Derville. — Par ennui, par désœuvrement et aussi par gourmandise.

Amédée. — Ah! je n'aurais pas deviné celui-là !

M. Derville. — En accoutumant les perroquets à manger de la viande crue ou cuite, on leur donne des maladies de peau qui leur causent de cruelles démangeaisons. Ils se contentent de se gratter d'abord ; en se grattant, ils s'arrachent quelques plumes, et s'en servent comme d'un jouet. Ils les passent, les repassent dans leur bec. Bientôt, y retrouvant le goût de viande crue qui leur plaît, ils finissent par se plumer eux-mêmes pour sucer ces tuyaux qui sentent la *chair fraîche*.

Amédée. — Oh! les vilains !

Cécile. — Les pauvres bêtes plutôt!... Je me rappelle que Jacot aimait aussi à se baigner au moins une fois par jour. Est-ce que tous les perroquets font de même, mon père, quand ils sont sauvages?

M. Derville. — Oui, ma fille, et plusieurs fois dans la journée ils se plongent dans l'eau avec délices.

Amédée. — C'était donc pour dégoûter Jacot de se dévorer lui-même que Marthe lui faisait prendre, bon gré malgré, des bains avec de l'eau où elle avait laissé tremper des coloquintes?

M. Derville. — Pour cela même.

Cécile. — Les perroquets sont tout petits, n'est-ce pas, mon père, quand on les apporte en France? C'est au lacet qu'on les a pris?

M. Derville. — Pour se procurer des perroquets petits ou grands, les sauvages emploient plusieurs moyens ; ou bien ils les dénichent, ou bien ils tirent les grands avec des flèches dont la pointe est remplacée par une boule de coton ; l'oiseau frappé, tombe étourdi, mais non pas mort ni même blessé. Dans d'autres contrées on place, la nuit, au-dessous des arbres, dans lesquels habitent en grand nombre les perroquets, des réchauds bien allumés ; on fait brûler de la résine, des piments verts ; cette fumée enivre les perroquets, et ils tombent dans la main du chasseur ; ailleurs, encore, on les prend au lacet ; mais il faut alors, pour calmer leur colère, leur souffler au bec de la fumée de tabac, ce qui les engourdit très-promptement ; seul moyen d'arriver à pouvoir les manier sans danger. L'effet une fois passé, on recommence jusqu'à ce que l'animal soit devenu traitable, et en peu de temps on parvient à l'apprivoiser, en lui jetant de l'eau froide sur la tête quand il se fâche, et en détournant les coups de bec sur le bâton qu'on lui présente, la main couverte d'un gant de peau très-forte. Après l'avoir corrigé, on le caresse, on lui donne des friandises, et il finit par comprendre ce qu'on exige de lui.

Amédée. — Mon père, ce sont donc les pies qui préparent les trous où vont nicher les perroquets ?

M. Derville.—Si tu entends par là que les pies les préparent *avec l'intention* d'être *utiles* aux perroquets, tu te trompes. Chaque espèce, parmi les animaux, travaille pour elle. Le pic frappe de son bec, à coups redoublés, d'un côté du tronc des arbres, et court vite de l'autre côté où il soulève l'écorce, afin de s'emparer des insectes que ce bruit a dû inquiéter et faire sortir de leurs demeures ; mais ce sont les insectes mêmes auxquels le pic fait la guerre, qui creu-

sent le bois en le rongeant, et le bec du pic a souvent
très-peu de coups à donner pour ouvrir un trou assez
grand, le bois étant intérieurement rongé par diverses sortes d'insectes, et entre autres par les poux de
bois.

AMÉDÉE. — Est-ce que nous avons des pics en
France?

M. DERVILLE. — On trouve le pic dans toutes les
contrées; c'est un oiseau grimpeur par excellence; il
se sert de sa queue, garnie de soies rudes, pour se
soutenir en grimpant aux arbres; le grimpereau fait
de même, et, de même aussi que le pic, se nourrit
d'insectes. On distingue plusieurs espèces de pics et
de grimpereaux.

CÉCILE. — Et des perroquets, mon père, y en a-
t-il beaucoup d'espèces?

M. DERVILLE. — Deux cents et quelques.

CÉCILE. — Ah! mon Dieu!

M. DERVILLE. — Le martin-pêcheur, le coucou, le
guépier, le toucan, le colibri, l'oiseau-mouche appartiennent également à l'ordre des grimpeurs.

CÉCILE. — Oh! mon bon petit père, raconte-nous
quelque chose de l'oiseau-mouche, veux-tu?

M. DERVILLE. — Je vous *raconterai*, d'abord, son
portrait tracé de main de maître, par Buffon, c'est
tout dire. « De tous les êtres animés voici le plus élégant pour la forme et le plus brillant pour les couleurs. Les pierres et les métaux, polis par notre art,
ne sont pas comparables à ce bijou de la nature;
elle l'a placé, dans l'ordre des oiseaux, au dernier
degré de l'échelle de grandeur. Son chef-d'œuvre est le petit oiseau-mouche; elle l'a comblé
de tous les dons qu'elle n'a fait que partager aux au-

tres oiseaux : légèreté, rapidité, prestesse, grâce et riche parure, tout appartient à ce petit favori. L'émeraude, le rubis, la topaze brillent sur ses habits; il ne les souille jamais de la poussière de la terre, et, dans sa vie tout aérienne, on le voit à peine toucher le gazon par instants : il est toujours en l'air, volant de fleurs en fleurs; il a leur fraîcheur comme il a leur éclat; il vit de nectar, et n'habite que les climats ou sans cesse elles se renouvellent. C'est dans les contrées les plus chaudes du Nouveau-Monde, que se trouvent toutes les espèces d'oiseaux-mouches. Elles sont assez nombreuses et paraissent confinées entre les deux tropiques; car ceux qui s'avancent en été dans les zones tempérées, n'y font qu'un court séjour; ils semblent suivre le soleil, s'avancer, se retirer avec lui, et voler sur l'aile des zéphirs à la suite d'un printemps éternel. Les Indiens, frappés de l'éclat et du feu que rendent les couleurs de ces brillants oiseaux, leur avaient donné les noms de *rayons* ou *cheveux du soleil*. »

CÉCILE. — Et voilà tout?

M. DERVILLE. — Que veux-tu de plus beau, de plus élégant que cette description sortie de la plume du grand peintre des animaux?

CÉCILE. — Je voudrais savoir avec quoi et comment les oiseaux-mouches font leurs nids? Ces nids doivent être si mignons, si jolis!... Et puis de quoi se nourrissent-ils, mon père?

M. DERVILLE. — Buffon vient de te le dire, du nectar des fleurs. La langue des oiseaux-mouches et des colibris a beaucoup de rapport avec la trompe de plusieurs insectes, des papillons entre autres, et ils paraissent s'en servir de la même manière pour pomper le miel des fleurs. Les naturalistes, cependant, ne sont pas tous d'accord à ce sujet ; quelques-uns prétendent que les oiseaux-mouches se nourrissent d'insectes. Quant à leur nid, il est probablement composé, comme celui du colibri, de coton et de bourre soyeuse. Avec ces matériaux, les colibris forment une espèce d'étoffe qui a la souplesse et la force d'une peau ; à l'extérieur, la charpente du nid est faite de fragments de bois à sucs gommeux, unis entre eux par des lichens. Dans ce nid mignon, la femelle dépose deux œufs tout blancs, et qui, chez quelques espèces, ne sont pas plus gros qu'un pois ordinaire ; elle les couve, ainsi que le mâle ; au bout de treize jours éclosent deux petits un peu plus forts qu'une mouche ordinaire.

Cécile. — Oh ! les gentils oiseaux ! Mon père, on n'en peut pas avoir de vivants en France, n'est-ce pas ?

M. Derville. — Jusqu'à présent on l'a vainement tenté.

Cécile. — Ce serait pourtant bien joli de voir des colibris soigner leurs petits ! car ils en ont bien soin, n'est-ce pas, mon père ?

M. Derville. — Comme tous les autres oiseaux, comme tous les animaux en général. On en trouve très-peu chez qui l'amour maternel ou paternel ne soit pas porté au plus haut degré. Les colibris offrent encore la preuve de tout ce que cet amour si saint développe de force dans l'être le plus faible, puisque, eux aussi, pour défendre leur couvée, n'hésitent pas à soutenir l'attaque d'oiseaux bien supérieurs en force et bien plus grands.

Cécile. — Alors ils se réunissent plusieurs pour mettre l'ennemi en fuite, comme les hirondelles ?

M. Derville. — Oui, ma fille ; mais seulement en cas de danger ; car ils ne forment point une sorte de république à la manière des hirondelles. Le colibri, l'oiseau-mouche vivent solitaires, et les premiers, surtout, se battent entre eux avec un acharnement qui passe toute croyance.

Cécile. — Ah ! les méchants !

M. Derville. — Beauté et bonté ne sont pas toujours synonymes, et il est à remarquer que les petites espèces, n'importe dans quelle classe d'animaux, sont toujours plus colériques, plus hargneuses que les grosses.

Amédée. — Comme les roquets parmi les chiens. Mon père, est-ce que le toucan n'a pas une poche pour serrer son gibier?

M. Derville. — Le toucan n'est possesseur que d'un énorme bec de construction fort singulière, et avec lequel il ne peut rien entamer, rien écraser ni rien triturer. Avec ce bec étrange, il saisit sa proie, la lance en l'air, puis en happant de nouveau il la saisit au passage et l'avale. On n'a encore que peu de détails sur les habitudes et les mœurs de cet oiseau qui appartient aux régions méridionales de l'Amérique du sud, tandis que le martin-pêcheur, pour ainsi dire cosmopolite, a pu être étudié avec quelque attention dans les différentes contrées qu'il habite. C'est un bel oiseau dont la robe étale toutes les couleurs de l'arc-en-ciel, et ces couleurs ont à la fois l'éclat de l'émail et le lustre de la soie. Les modernes le nomment alcyon; mais le véritable alcyon des Anciens nous est inconnu, et notre alcyon, à nous, fréquente les bords des rivières et non pas ceux de la mer, et encore moins ses vagues blanchissantes.

Cécile. — Cet oiseau pêche donc, mon père ?

M. Derville. — Son nom te le dit assez. Il se perche sur les branches qui s'étendent au-dessus de l'eau ; à défaut de branches, il choisit une saillie de rocher ou de terre d'où il puisse découvrir une certaine étendue d'eau ; et, avec autant de patience qu'un pêcheur à la ligne, il attend que le poisson se présente à la surface. Partant aussitôt comme un trait, il s'élance en jetant un cri aigu, fond sur sa proie et fuit rapidement pour retourner au rivage. C'est là qu'il la dépèce à son aise, après l'avoir meurtrie à coups de bec, quand il ne peut s'en rendre maître ou l'avaler sans cette préparation préliminaire. Pour faire son nid, il profite des trous creusés le long du bord des rivières, des viviers, des étangs, par quelque crue d'eau ou par une hirondelle de rivage ; ces trous ont parfois jusqu'à deux pieds de profondeur. Le martin-pêcheur les agrandit ou les rétrécit suivant le besoin ; avec son bec il enlève de la terre, ou bien il en ajoute au contraire : il donne toujours à la demeure future de ses petits une forme ronde. Là, il élève sa jeune famille avec de tendres soins, et avant l'hiver les petits sont en état de supporter les misères de la mauvaise saison, misères souvent bien grandes ; car, lorsque les eaux sont glacées, la pêche devient difficile, et le malheureux oiseau, en quête de sa nourriture, se trouve souvent engagé entre deux glaçons flottants, de telle façon qu'il finit par être écrasé ou noyé.

Cécile. — Pauvres animaux ! il y a du travail et des dangers pour tout le monde !

Amédée. — De quel air sentimental tu nous dis cela !

M. Derville. — La remarque de Cécile est juste, et l'air dont elle est faite importe peu, ce me semble.

Amédée. — Mon père, le martin-pêcheur est alors un oiseau de proie pour les poissons?

M. Derville. — C'est si bien un oiseau de proie que, comme les rapaces, il a la faculté de rejeter, par le bec, les arêtes, les épines, les écailles, réunis en une boule plus ou moins grosse.... Une chose me surprend, mes enfants, c'est que, préoccupés de détails intéressants, j'en conviens, vous ne songiez nullement à la structure qui doit être particulière aux oiseaux seulement, et qui peut seule les rendre propres au vol!

Amédée. — Mais, mon père, ils sont si légers!

M. Derville. — Les oiseaux de la taille de l'aigle, du condor, par exemple, ne sont pas légers au point qu'il n'y ait rien d'étonnant à voir de telles masses se soutenir en l'air, le fendre en tout sens, et lutter, malgré leur poids réel, et, en même temps, malgré leur légèreté *prétendue*, contre les vents et la tempête.

Cécile. — C'est qu'ils sont tout remplis d'air.

M. Derville. — Les rames, c'est-à-dire les ailes dont ils sont munis, et qui font réellement, dans l'air, le même effet que les rames dans l'eau, sont solidement attachées aux os de la poitrine; ceux-ci, soudés entre eux, ont, ainsi que les muscles qui les retiennent, une vigueur qu'on ne trouve point chez les autres animaux; voilà pour la force d'action et de résistance; mais la légèreté du plus petit oiseau ne serait que pesanteur, relativement au poids de l'air, poids très-léger, bien qu'il pèse sur nous à peu près de vingt-cinq mille livres par personne, ce que je vous expliquerai quelque jour, si l'oiseau n'avait pas en lui le moyen de devenir plus léger encore.

Amédée. — Ah! oui, je m'en souviens! L'oiseau peut, à sa volonté, se rendre plus léger ou plus pesant.

M. Derville. — Non pas seulement à sa volonté, mais tout naturellement, sans y songer. Ses vastes poumons aspirent, relativement, plus d'air que les nôtres. Vous devez vous souvenir de ce que je vous ai dit à ce sujet en vous donnant quelques idées générales de la respiration et de ses effets sur la masse du sang [1]. Des conduits font parvenir cet air, que l'action des poumons échauffe et rend par conséquent plus léger que l'air extérieur, jusque dans les cavités des os entièrement privés de moelle, jusque dans les tuyaux des plumes, du duvet, et l'oiseau devient, à la lettre, plus léger que cet air dans lequel il voyage aussi facilement, aussi librement que le poisson dans l'eau.

Cécile. — Ah! c'est cela qui est singulier!

Amédée. — C'est plus que singulier, c'est très-beau!

M. Derville. — Tu as raison, mon fils, c'est très-beau! Pour faire cette provision d'air, l'oiseau, vous le voyez, n'a besoin que de respirer; et un autre avantage résulte pour lui de la libre circulation de l'air atmosphérique dans tout son corps, c'est une circulation plus rapide du sang, qui a pour résultat de le maintenir à un degré de chaleur vitale plus élevée, et de donner aux mouvements, à la volonté, une vivacité, une rapidité qui expliquent tout ce que nous présentent de merveilleux ses mouvements si

---

[1] Entretien sur les quadrupèdes.

prompts, si faciles, et sa course si rapide à travers les airs; mais en outre il dépend, sans nul doute, de la *volonté* de l'oiseau de modifier ou de suspendre cette action, puisqu'il peut, à son gré, redevenir *lourd* quand il lui plaît de redescendre vers la terre, ou de s'enfoncer jusqu'au fond des rivières, ainsi que le font les palmipèdes, aussi habiles à plonger dans les eaux qu'à voler dans les airs.

AMÉDÉE. — Oui, mon père, c'est bien beau; mais il y a une chose qui m'inquiète, c'est la manière dont les oiseaux aquatiques s'y prennent pour se diriger sur l'eau, par exemple, ainsi que je l'ai vu faire à des cygnes. Là, ils ne se servent point de leurs ailes toujours serrées contre le corps.

M. DERVILLE. — La queue de l'oiseau est pour lui un gouvernail, soit sur les eaux, soit dans les airs. Il s'en sert avec autant d'adresse et plus de rapidité que le nautonnier, pour changer de direction ou pour rendre moins prompte sa chute vers la terre quand il redescend. Nous reviendrons sur ce sujet, mes enfants. Les mœurs des animaux sont, assurément, aussi curieuses qu'intéressantes à examiner; cependant il est au moins aussi intéressant et aussi curieux de remonter à la cause qui les produit; et cette cause, la science nous aide à la découvrir dans les secrets d'une organisation plus ou moins parfaite à nos yeux, mais en *réalité* toujours parfaite dans chaque espèce, si ce n'est dans chaque individu. Dieu a voulu; et l'atome animé, dont nous ne soupçonnons pas même l'existence, a reçu aussi, lui, sa part des organes nécessaires à son existence, à l'exécution de sa volonté et à la formation du petit nombre des idées propres à sa condition et à son espèce.

» Réfléchissez sur ce que je viens de vous dire, et si vous sentez s'éveiller en vous une curiosité louable, adressez-moi des questions ; je tâcherai d'y répondre de manière à vous satisfaire et à augmenter en vous la noble passion du savoir. »

Perdrix grise et Perdreaux.

Cygne. — Héron. — Canard domestique.

CHAPITRE IV.

Le paon. — Le faisan commun. — Le faisan doré. — Le faisan d'argent. — La pintade. — La perdrix grise. — La perdrix rouge.

Chaque matin, au milieu des bruissements vagues dont retentit la campagne au moment où les animaux se réveillent, et à celui qui précède le coucher du soleil, se faisaient entendre assez souvent, au loin, des cris étranges. Amédée et sa sœur n'y avaient pas fait grande attention jusqu'alors : mais un jour que le vent avait apporté ces sons avec plus de netteté à leur oreille, tous deux en parlèrent à leur père, qui répondit que, sans doute, il y avait des paons dans le voisinage.

— « C'est singulier, dit Amédée, je n'ai pas reconnu des cris que j'avais pourtant remarqués au Jardin-des-Plantes une ou deux fois, et que je ne pouvais croire être ceux d'un aussi bel animal ; car le paon est un superbe oiseau, n'est-ce pas, mon père ? Je suis bien fâché que ma sœur n'en ait jamais vu qu'en gravure, parce qu'il est impossible de se figurer à quel point il est beau.

— Donne-nous-en une petite description, reprit M. Derville.

AMÉDÉE. — Mon père, est-ce que les mots peuvent

dire tout ce qu'il y a de richesses sur ce magnifique plumage !

M. Derville. — Les mots *assemblés* par Buffon vous ont peint cependant assez clairement, il me semble, l'élégance, l'éclat de l'oiseau-mouche.

Amédée. — Oh ! mais, c'est que je ne suis point Buffon !

Cécile. — C'est égal, dis toujours ; je verrai bien après si je pourrai reconnaître un paon quand j'en apercevrai un... ici ou ailleurs.

Amédée. — Eh ! bien, ma sœur, imagine-toi la plus belle poitrine d'un bleu... mais là d'un bleu... chatoyant... sur la tête des plumes en aigrettes et si riches, si brillantes de couleur... que tu peux à peine te le figurer, et une queue... mais une queue d'une grandeur ! Tu as bien vu les dindons faire la roue ? Le paon la fait de même ; mais ce ne sont pas de vilaines plumes noires qu'il étale ; ce sont de longues plumes au bout desquelles il a comme des yeux, comme des miroirs, n'est-ce pas, mon père ?

M. Derville. — Mon fils, tu as raison de vouloir t'épargner une description au-dessus de tes forces ; il faut te contenter de répéter après Buffon, « qu'il semble que la nature ait broyé en faveur du paon, comme en faveur de l'oiseau-mouche, les pierres précieuses pour en former les couleurs qui ont servi à peindre son plumage. A la richesse de sa robe et de ce que j'appellerai son manteau de cour, de cette queue magnifique étalée avec un juste orgueil, il faut ajouter que cette tête, si richement parée, se renverse en arrière avec noblesse, que chaque mouvement est plein de grâce, d'élégance, et qu'une démarche fière semble annoncer dans cet animal la connaissance de sa beauté et de l'empire qu'elle lui assure. » La paon règne, en effet, dans les basses-cours ; c'est un despote qui inspire la terreur ; c'est un destructeur qui se plaît à dégrader les combles des bâtiments sur lesquels il se place de préférence, et à ravager les vergers et les potagers. Aussi, les bonnes ménagères le bannissent-elles de leur basse-cour.

CÉCILE. — Mais alors, mon père, pourquoi élève-t-on des paons ?

M. DERVILLE. — Pour leur beauté. Les Romains, autrefois, regardaient le paon comme un mets digne de figurer sur la table des riches. Il y apparaissait, étalant aux yeux la magnificence de son *manteau de cour*, soigneusement conservé par le cuisinier ; et l'on mangeait du paon par luxe, par mode, car sa chair n'est rien moins que tendre et agréable au goût.

AMÉDÉE. — Mon père, où trouve-t-on des paons sauvages ?

M. DERVILLE. — Aux Indes-Orientales, d'où le paon est originaire. De là il a passé en Grèce, et peu à peu il s'est acclimaté dans toute l'Europe. On assure que la femelle, beaucoup moins belle que le mâle, a un soin extrême de ses petits. Chaque soir elle les prend sur son dos pour les porter, l'un après l'autre, sur la branche où ils doivent passer la nuit, et le lendemain matin elle saute devant eux de l'arbre en bas, comme pour les engager à la suivre et à faire aussi usage de leurs ailes. Quand leur aigrette commence à pousser, ce qui n'arrive qu'à l'âge de six semaines, les jeunes paons sont malades. C'est seulement à cette époque que le mâle les reconnaissant pour ses enfants, à cette marque distinctive, cesse de les poursuivre comme des oiseaux étrangers à son espèce.

Amédée. — Mon père, le faisan doré et le faisan d'argent sont aussi de bien beaux oiseaux !..... mais pas aussi magnifiques que le paon. Sont-ils rares en France ?

M. Derville. — Les deux espèces que tu viens de nommer, originaires de la Chine, ne sont pas aussi communes que le faisan proprement dit, dont la race primitive appartient à la Mingrélie. Le faisan doré et le faisan d'argent s'accoutument mieux à la vie domestique que le faisan ordinaire. Celui-ci est d'un naturel si farouche que la perte de sa liberté le rend furieux. Il vit toujours seul, éloigné des individus de son espèce. Sa chair est très-estimée, mais il est peu abondant en Europe. Tu as dû remarquer aussi au Jardin-des-Plantes, les poules pintades au plumage gris-ardoise semé de taches brunes et rondes ?

Amédée. — Oui, mon père, je m'en souviens, et je me souviens encore qu'une personne qui était là, disait que la pintade est querelleuse, méchante, toujours en mouvement, et qu'elle fait peur à toutes les autres poules.

M. Derville. — Cette personne disait vrai : après le paon, la pintade se montre le tyran des basses-cours. On ne peut la réduire, comme la poule domestique, à pondre dans des nids préparés; elle cache toujours ses œufs dans les haies, dans les buissons : elle en donnera jusqu'à cent, si on les enlève à mesure, en ayant la précaution de lui en laisser toujours un.

Cécile. — Mon père, je n'ai jamais vu de paon, de faisan, ni de pintade, mais maman a de petites

poules blanches à huppes et à manchettes, qui sont
bien les plus jolies bêtes qu'on puisse voir! Il y en a
une qui a des poussins; elle en a un soin! mais un
soin !.... Maman dit que nous en avons une autre
qui commence à glousser d'une certaine manière,
comme pour annoncer qu'elle veut couver...... A présent je sais quand il y a un œuf frais de pondu, au
chant de la poule. Ce qui est bien singulier, c'est que
toutes les autres lui répondent comme si elles s'en
réjouissaient aussi!

M. DERVILLE. — Je t'engage, ma fille, à observer,
avec attention, les poules domestiques. Il est impossible de demeurer indifférent au spectacle de leurs
soins maternels. Le besoin d'être mères les rend faciles à tromper, et à tel point qu'on pourra leur faire
couver, au moins quelque temps, des œufs de pierre.

CÉCILE. — Ah! pourquoi donc tromper ainsi ces
pauvres bêtes?

M. DERVILLE. — Pour arriver plus promptement à
les ramener, par des tentatives inutiles, au besoin de
pondre de nouveau; car il faut des œufs par milliers
pour la consommation d'un seul jour, et une poule
couveuse ne pond pas que sa petite famille ne soit
en état de se suffire à elle-même. Il faut voir comme
la poule couveuse s'oublie pour ses petits! comme elle
se prive de nourriture, comme elle gratte la terre, et
comme elle les appelle quand elle a trouvé quelque
vermisseau, quelqu'insecte! Si des gouttes de pluie
viennent à tomber avant qu'elle ait pu mettre ses petits à l'abri, elle étend au-dessus d'eux ses ailes, les
préserve ainsi, les réchauffe, et se livre à ces tendres
soins avec une ardeur que rien ne peut refroidir.
Naturellement craintive quand elle est seule, elle se

montre courageuse, intrépide, dès que quelque danger menace ses poussins, et elle n'hésite pas à attaquer l'ennemi ou à lui tenir tête. Tu peux voir tout cela, ma fille, dans la basse-cour de ta mère, et je t'engage à y porter toute l'attention, tout l'intérêt que mérite cet amour maternel.

AMÉDÉE. — Mais, mon père, on dit que la poule a une telle rage de couver, qu'elle ne s'aperçoit pas qu'on a remplacé ses œufs par ceux d'une femelle d'une autre espèce, et alors elle aime autant les petits qui en sortent que s'ils étaient réellement ses enfants?

M. DERVILLE. — Je viens de t'en donner la preuve en parlant des œufs de pierre substitués à ses œufs; quant à la nourrice à laquelle on donne un nourrisson, ne s'attache-t-elle pas à lui avec un amour de mère? C'est ainsi que la poule s'attache aux canetons qui sortent des œufs qu'elle a couvés avec persévérance; c'est ainsi que les oiseaux auxquels le coucou confie ses œufs, les couvent avec les leurs; et cependant le jeune coucou qui doit en sortir, reconnaîtra les soins qu'il reçoit par l'ingratitude la plus noire; à peine commencera-t-il à sentir ses forces, que se glissant en dessous de ses frères et sœurs d'adoption, il parviendra à les soulever et à les jeter hors du nid pour y rester seul et recevoir seul la nourriture que ses parents adoptifs sont allés chercher pour tous.

CÉCILE. — Ah! l'indigne!

M. DERVILLE. — Il obéit en ceci à ce même instinct qui enseigne à l'écorcheur à enfiler aux épines des buissons les petits oiseaux et les insectes qu'il ne peut manger à l'instant même.

Cécile. — Mon père, qu'est-ce que c'est que l'écorcheur, je te prie?

M. Derville. — On a donné ce nom peu merité à un oiseau du genre des pies-grièches. Il n'écorche pas les animaux dont il se nourrit; mais il a la cruauté, je viens de te le dire, d'enfiler aux épines des buissons le gibier qu'il a pris et qu'il ne peut manger a l'instant parce que son appétit est satisfait; cruauté que du reste partagent avec lui ceux des animaux carnassiers qui font des provisions pour les besoins a venir: ainsi le renard, l'aigle, amoncèlent, l'un dans son terrier, l'autre dans son aire, le gibier qu'ils ont chassé; ainsi faisons-nous, dans nos garde-manger, pour les besoins à venir.

Cécile. — Ah! par exemple! quelle différence!

Amédée. — Mon père a bien raizón : ce n'est pas cruauté, c'est prévoyance. Mais cela n'empêche pas que le petit coucou ne soit un ingrat; car enfin, l'écorcheur ne traite ainsi que les animaux dont il fait sa proie, tandis que le jeune coucou rend le mal pour le bien à ceux qui l'ont aidé à éclore.

M. Derville. — Je ne prétends pas, mon enfant, tu dois le comprendre, excuser le jeune coucou; je me borne à vous dire ce que lui inspire sa mauvaise nature. Dans l'espèce humaine, il est des gens aussi qui apportent en naissant une mauvaise nature; mais Dieu leur a donné, pour la vaincre, ce qui manque au coucou jeune ou vieux. Lors donc que ces gens-là persévèrent dans leur mauvaise nature en avançant en âge, et quand les lois divines et humaines leur enseignent si clairement à distinguer le mal du bien, ils n'ont point d'excuse; ne le trouvez-vous pas mes enfants?

Amedée. — Oui, certainement, mon père.

Cécile. — Oh! oui, bien sûr! Mon père, j'ai entendu dire à un paysan qui apportait du gibier à Marguerite dans le temps que nous demeurions à la ville, qu'il n'y a rien de plus difficile à chasser que la perdrix, parce qu'elle a toutes sortes de ruses, est-ce vrai?

M. Derville. — Très-vrai. La perdrix ne vit pas dans les bois; elle vit dans les plaines, et se plaît et multiplie partout où abonde le blé. C'est dans les prairies ou au milieu des champs couverts de moisson, qu'elle place son nid. Quelques brins de paille ou d'herbes sèches entrelacées, suffisent à la construction de la demeure destinée à une famille assez nombreuse, car elle se composera de quinze à vingt petits au moins.

Amedée. — Mon père, j'ai fait une observation qu'il faut que je te dise; c'est que, d'après ce que tu nous as raconté jusqu'à présent, il me semble que les animaux qui peuvent servir de nourriture à l'homme, sont ceux qui multiplient le plus.

M. Derville. — Cette observation est juste, mon enfant; seulement, pour la compléter, il faut l'étendre, des êtres animés qui habitent la terre, l'air ou l'eau, aux végétaux mêmes. Les animaux utiles, les plantes nourricières sont, en général, répandus à profusion sur toute la surface du globe, tandis que les animaux malfaisants, les plantes vénéneuses, les fruits empoisonnés ont été singulièrement restreints dans leurs moyens de reproduction.

Cécile. — Mon père, c'est que Dieu est bon!

M. Derville. — Oui, mes enfants, Dieu est bon, et sa bonté, sa toute-puissance se montrent à celui qui s'obstine à ne pas vouloir les reconnaître, comme à celui dont le cœur s'émeut d'admiration et de reconnaissance pour l'auteur de tant de merveilles.

CÉCILE. — Est-ce que la perdrix soigne ses perdreaux comme la poule ses poussins, mon père?

M. DERVILLE. — La perdrix est aussi tendre mère que la poule domestique, et elle trouve dans son mâle ce que celle-ci ne trouve point dans le coq, un compagnon assidu des peines qu'elle se donne pour sa petite famille. Pendant que la femelle couve, le mâle reste constamment aux environs du nid, et il accompagne sa femelle quand elle quitte ses œufs, après les avoir couverts de feuilles sèches, pour aller chercher de la nourriture.

CÉCILE. — A la bonne heure! Pourquoi donc le coq n'en fait-il pas autant?

AMÉDÉE. — Est-ce qu'il le pourrait, lui qui a je ne sais combien de femmes?

CÉCILE. — Ah! c'est vrai! Mais pourquoi a-t-il tant de femmes quand les autres oiseaux n'en ont jamais qu'une?

M. DERVILLE. — Le coq n'est pas le seul oiseau ni le seul animal polygame; en ceci il suit son instinct comme le pigeon, la colombe, la pie, la corneille, le corbeau mâles, suivent le leur en ne prenant qu'une seule femme. La perdrix mâle se contente de veiller sur sa femelle couveuse, ainsi que je viens de vous le dire, mais ne l'aide point à couver, comme le font quelques autres espèces d'oiseau. A peine les œufs sont-ils éclos, que, tout couverts encore des débris de leur coquille, les perdreaux courent à la suite du père et de la mère qui les appellent, qui les promènent, et qui leur apprennent, en les entourant des plus tendres soins, à trouver les chrysalides, les fourmis, les insectes, les vermisseaux, nourriture du premier âge. Le père et la mère réunissent de temps en temps leurs petits sous leurs ailes pour les réchauffer, pour les faire se reposer, et les têtes des perdreaux, avec leurs yeux si vifs et si brillants, sortent de tous les côtés hors de ce manteau étendu sur eux avec tant de tendresse.

CÉCILE. — Comment peut-on avoir la barbarie de prendre au piége ou de tuer à coups de fusil ces gentils animaux?

M. DERVILLE. — Il est peu de chasseurs qui ne respectent alors la perdrix et sa couvée.

CÉCILE. — A la bonne heure !

M. DERVILLE. — Mais le chasseur n'est pas toujours le maître de retenir à temps son chien ; aussitôt, le mâle part en jetant un cri d'alarme, cri particulier et qu'on n'entend que dans ces occasions-là. Il va se poser à trente ou quarante pas de distance ; quelquefois il revient sur le chien, tant l'amour paternel l'emporte sur le sentiment de sa faiblesse et de son propre danger ; d'autres fois il prend la fuite ; mais alors il s'en va pesamment, rasant la terre et traînant de l'aile ; ou bien il court en boitant, offrant ainsi, en apparence, à l'ennemi, une prise facile, afin de l'attirer sur ses traces et de l'éloigner de sa petite famille. Il a soin cependant de se tenir hors de portée, mais en même temps il ne néglige rien de ce qui peut encourager le chasseur à sa poursuite. Pendant qu'il l'occupe ainsi, la femelle, partant un moment après le mâle, fuit ouvertement et rapidement dans une autre direction, de sorte que le chasseur a en quelque sorte le choix de poursuivre l'un ou l'autre. Mais après avoir fait un long circuit, la femelle s'abat soudainement, disparait dans les épis, et revient en courant le long des sillons vers ses petits. Ceux-ci, déjà presqu'aussi rusés que le père et la mère, se sont cachés de telle sorte qu'il serait impossible de les trouver; après s'être dispersés, ils se sont tous blottis dans les herbes, sous les feuilles tombées, et, complètement immobiles, ils se laisseraient écraser par le pied du chasseur, plutôt que de se permettre le plus léger cri, le plus léger mouvement.

AMÉDÉE. — Le proverbe, *Tout bon chien chasse de race*, peut aussi s'appliquer aux perdreaux.

M. DERVILLE. — Le chasseur éloigne, la femelle rassemble sa couvée, et avant que le chien, qui est à la poursuite du mâle, ait eu le temps de revenir, elle emmène ses perdreaux bien loin. Si la femelle est seule quand le chien paraît, elle se dévoue, s'offre aux coups du chasseur qu'elle amuse quelque temps par ses ruses, tandis que les petits filent chacun de leur côté et toujours dans une direction différente de celle que la mère a prise.

AMÉDÉE. — J'avoue que, sachant tout cela, je me déciderais difficilement à présent à chasser la perdrix.

CÉCILE. — Je le crois bien! Faire d'un seul coup tant de pauvres petits *orphelins?*

M. DERVILLE. — Et ce n'est pas seulement pendant le premier âge que les perdreaux sont ainsi l'objet de soins constants et d'un entier dévouement. Devenus grands, déjà en état de se pourvoir eux-mêmes et de se servir de leurs ailes, ils ne sont point abandonnés de leurs parents; ceux-ci continuent de veiller sur eux avec la plus grande tendresse, et cette tendresse dégénère souvent en jalouse fureur, de la part de la mère, envers les autres couvées qui s'avancent jusque dans le voisinage et qu'elle poursuit sans pitié à grands coups de bec.

CÉCILE. — Oh! pour ceci, ce n'est pas bien.

AMÉDÉE. — Non, sans doute, il faut que tout le monde vive.

CÉCILE. — Et puis, d'ailleurs, les petits perdreaux du voisinage viennent peut-être pour jouer avec leurs camarades; il n'y a pas de mal à cela.

M. DERVILLE. — La *maman* perdrix a probablement de bonnes raisons pour chasser les jeunes voisins. Elle n'ignore pas le danger des mauvaises connaissances, parce qu'elle a de l'expérience, et elle fait sans compliment et sans cérémonie ce que vos parents, mes enfants, sont souvent obligés de faire avec quelques-uns de vos jeunes amis, mais en y mettant les formes qu'exige la politesse et qu'enseigne le savoir-vivre.

CÉCILE. — Mon père, je ne dis pas que ce ne soit point ainsi, mais peut-être aussi la perdrix craint-elle que les petits du voisin ne mangent la nourriture des siens.

M. DERVILLE, *en souriant.* — Ceci est encore possible. En général, les querelles entre les animaux ont pour objet cette nourriture plus ou moins difficile à se procurer, plus ou moins abondante, et que chacun est toujours prêt à enlever à l'autre, soit par ruse, soit par force.

AMÉDÉE. — Il me semble avoir entendu dire qu'il y a des perdrix rouges et des perdrix grises, et que les premières sont meilleures comme gibier que les secondes; est-ce vrai, mon père?

M. Derville. — Oui, mon fils; elles ont un goût particulier et qui flatte davantage le palais des gourmets.

Amédée. — C'est leur plumage qui les fait distinguer, sans doute?

Cécile. — C'est la couleur de leurs pattes, Monsieur. Vous vous en seriez aperçu si vous aviez daigné regarder celles qu'on nous apportait l'hiver dernier.

M. Derville. — Non-seulement les pattes, mais le bec et l'œil sont rouges chez les perdrix *rouges*. Ce qui, peut-être, les fait surtout rechercher, c'est qu'elles sont moins communes que les grises, plus farouches, et par conséquent plus difficiles à chasser. On a essayé de réduire l'une et l'autre espèce à l'état de domesticité; la perdrix grise s'est accoutumée assez facilement à vivre pêle-mêle avec les oiseaux de basse-cour; mais si elle a pondu quelques œufs, elle n'a jamais cherché à les couver. Quant à la perdrix rouge, il lui faut, pour vivre, des collines, des montagnes, la lisière d'un bois, la liberté, et, pour l'emplacement de son nid, les landes, les bruyères, rarement les blés, à moins qu'un bois ne borde les champs; le mâle abandonne sa femelle peu de temps après la ponte, et lui laisse tous les travaux de la couvée et de l'éducation des petits.

Amédée. — Mon père, quand un chasseur dit que son chien a fait lever une compagnie de perdrix, cela signifie, n'est-ce pas, le mâle, la femelle et la couvée qui commence à voler?

M. Derville. — Oui, mon fils; mais cela signifie aussi un certain nombre de perdrix vivant ensemble dans le même champ; car si la perdrix grise ne souffre guère les jeunes perdreaux étrangers, ce n'est pas qu'elle soit insociable; tout au contraire. Les perdrix grises vivent en bonne intelligence avec leurs compagnes jusqu'à l'époque de la ponte; elles s'aident mutuellement dans leurs ruses pour échapper au chasseur, et le danger une fois passé, elles se cherchent avec empressement pour se réunir de nouveau. La perdrix rouge, au contraire, dont le caractère est moins sociable, s'inquiète peu de ses compagnes, fuit pour elle-même le danger et ne se met pas en peine de les rejoindre quand le hasard ou la peur les a obligées de se séparer les unes des autres.

AMÉDÉE. — Mon père, je pense une chose; puisque les poules couvent n'importe quels œufs, ne pourrait-on pas se procurer des œufs de perdrix et les placer dans leur nid?

M. DERVILLE. — Cette tentative a été faite plusieurs fois, et l'on est parvenu à avoir de jeunes perdreaux gris et rouges, de même que de jeunes faisans. Mais la poule, quelque bonne nourrice qu'elle puisse être, ne peut remplacer la véritable mère pour ces petits animaux, bien plus difficiles à élever que les poussins; leur vivacité, leur esprit d'indépendance lui donnent autant de chagrin que la passion des cannetons pour l'eau, et si l'on ne rend pas les jeunes perdreaux à la liberté quand ils commencent à se couvrir de plumes, on les voit bientôt périr d'ennui. Ce sont surtout les perdreaux rouges qui désolent la poule domestique; ils ont des mouvements si impétueux et si violents, qu'il leur arrive presque toujours des accidents, et alors la pauvre nourrice remplit l'air de ses cris.

AMÉDÉE. — Mais, mon père, on pourrait, il me

semble, se servir de ce moyen pour..... pour *semer* des perdrix rouges dans les pays où il n'y en a pas..... Je ne sais pas si je m'explique bien?

M. DERVILLE. — L'homme, mon fils, *sème* en effet des animaux de différentes espèces en portant un couple de ces animaux dans les pays où il ne s'en trouve pas; mais il en est que la volonté de l'homme ne peut pas acclimater dans les contrées pour lesquelles ces mêmes animaux ne sont point faits, et telle est entre autres la perdrix rouge. On a porté des œufs de perdrix rouges à couver à des poules en Angleterre, dans les Pays-Bas, dans quelques parties de l'Allemagne, où cette espèce manque; les œufs ont éclos, mais les perdreaux, rendus à la liberté, ont disparu sans multiplier; dans d'autres contrées, au contraire, la perdrix rouge est si abondante, que si on ne lui faisait pas une chasse assidue, elle devorerait toutes les moissons; ailleurs, cette abondance fait la richesse du pays. Ces tentatives de l'homme sont louables; mais il faut, pour qu'elles réussissent, une réunion de circonstances indépendantes de sa volonté.

CÉCILE. — Je prierai Jean, le fils du fermier, de me dénicher des œufs de perdrix pour les donner à couver à ma poule blanche; comme cela je verrai des perdreaux tout petits, et quand ils auront des plumes, je les laisserai aller dans leurs champs, puisqu'ils ne sont heureux que là.....

M. DERVILLE. — Et au milieu des chevaux, des bœufs, des vaches, des cerfs dont ils recherchent la compagnie; car, je te le répète, la perdrix grise est d'un naturel sociable et doux.... Mais en voilà assez pour aujourd'hui. Vous m'avez promis, mes en-

fants, de tenir note de ce que je vous raconte pendant nos promenades; j'attends ces notes pour m'assurer qu'il reste quelque chose de mes récits dans
votre mémoire, et pour les continuer desormais. »

Le frère et la sœur, un peu embarrassés, se regar-
dèrent. Ils n'avaient pas encore écrit une seule ligne;
mais ils promirent de commencer dès le lendemain
et de s'aider mutuellement, afin de retrouver tous
leurs souvenirs.

« J'y compte, dit M. Derville. Une promesse est
un engagement auquel on ne doit jamais manquer. »

CHAPITRE V.

Les plumes. — L'autruche. — Le flamant. — La grue. — La
cigogne. — L'oiseau trompette. — L'ibis. — Le héron. — La
bécasse. — La marouette. — L'huitrier. — Le pluvier.

Dès le jour suivant, Amédée et sa sœur commencèrent à écrire ces notes que leur père desirait; mais
si madame Derville n'était pas venue à leur secours,
ils auraient omis une foule de détails déjà effacés de
leur mémoire, parce qu'il leur était arrivé plus d'une
fois de penser à la question qu'ils allaient faire, en
même temps qu'ils écoutaient la réponse à la question
précédente. Heureusement pour eux, la mémoire de
madame Derville était plus sure que la leur. Rarement leur mère pouvait être de la promenade; mais,
au retour, elle voulait qu'on lui racontât sur quoi
avait roulé l'entretien, et comme le souvenir en était
encore tout frais, le frère et la sœur s'aidant mutuellement, n'oubliaient rien. Cependant, se ressouvenir
nettement, clairement au bout de huit jours, était
pour eux bien difficile; pour Cécile, surtout, beaucoup plus étourdie qu'Amédée.

Un matin, elle cherchait inutilement dans sa mémoire quel était l'animal qui avait l'habitude de poser
des sentinelles et de siffler comme la marmotte, lors-

que quelqu'ennemi paraissait. Tout en s'efforçant de rassembler ses souvenirs, elle jouait avec sa plume et la regardait sans y songer. Peu à peu, Cécile se mit à l'examiner sérieusement ; elle remarqua alors que chacune des barbes du grand côté comme du petit, se colle pour ainsi dire sur la barbe voisine, et est elle-même garnie d'autres barbes. Si Cécile avait eu en sa possession seulement une loupe, elle aurait découvert probablement que ces barbes se composent de filaments, dont les uns sont droits, les autres crochus ou bouclés, et elle serait arrivée à comprendre toute seule que ces derniers, en embrassant les premiers, contribuent à lier entre eux chacun des brins de ce qu'on appelle la barbe de la plume. Cécile prit une plume neuve, et, pour la première fois, parce qu'elle cherchait à *voir*, elle *vit* que le bout du tuyau est percé d'un trou, puis elle devina que ce que les enfants appellent l'*âme* de la plume, devait être la moelle desséchée ; mais, pourtant, puisque les oiseaux n'ont pas de moelle dans les os, comment s'en trouverait-il dans leurs plumes? Et, ensuite, comment ces plumes tenaient-elles à la peau ?... Cécile attendit impatiemment l'heure de la promenade, pour adresser à son père des questions auxquelles il ne voulait jamais répondre plus tôt.

— « Mon enfant, dit M. Derville, puisque tu désires sérieusement d'apprendre quelque chose en histoire naturelle, il ne faut dédaigner aucune des occasions de s'instruire qui se présentent journellement. Ainsi, lorsque Marguerite se prépare à plumer un poulet, demande-lui de déployer l'aile devant toi ; tu verras comment sont rangées les grandes plumes auxquelles on a donné le nom de *pennes* ; tu remarqueras qu'elles glissent les unes sur les autres, de façon que le rang des grandes barbes découvre plus ou moins le rang des petites barbes de la plume voisine sur lequel elles s'appuient ; par cette combinaison, l'aile forme réellement une *rame* propre à battre l'air. A la racine des grandes pennes, en dessus et en dessous, tu verras rangées d'autres plumes plus petites, plus courtes, et à la naissance de celles-ci, ce qu'on appelle le *duvet*. Tout cela, ma fille, se renouvelle à l'époque de la mue. Cette mue a lieu après la ponte et la couvaison qui fatigue également le mâle et la femelle. Pendant ce temps, les sucs nourriciers cessent de se porter par des milliers de canaux à la superficie de tout le corps; le tuyau des plumes se dessèche alors, il devient vacillant; il se déchausse, pour ainsi dire, comme se déchaussent nos dents, et la plume tombe enfin. Elle sort de son alvéole, non-seulement parce qu'elle est sèche, mais parce que la plume nouvelle qui pousse, contribue à la chasser, comme les nouvelles dents d'une nouvelle dentition poussent et chassent celles de la première et de la seconde. Les élévations qui se montrent sur la peau d'un poulet, et qui ont donné lieu à cette expression *chair de poule*, lorsque le froid ou la peur font ressortir momentanément nos pores habituellement planes, sont les *alvéoles* dont je te parlais à l'instant et d'où sortent les plumes. Quant à la prétendue moelle que contient le tuyau de plume, si tu l'examinais avec attention, tu reconnaîtrais que c'est tout simplement un canal formé d'une membrane mince, divisé par de minces cloisons, et qui sert à soutenir et à diriger les vaisseaux destinés à fournir des sucs nourriciers à la plume. La moelle parfaitement blanche que renferme la tige, n'est, à proprement parler, qu'une pulpe spongieuse, à travers laquelle l'air peut aisément circuler.

Amédée. — Mais, mon père, il y a pourtant de la moelle dans les os du poulet?

M. Derville. — Sans doute, mais elle est d'une autre nature que celle qu'on trouve dans les os des animaux revêtus de fourrure; rien de plus facile que de comparer entre elles ces deux substances fort différentes; et j'ajouterai que si l'on trouve une sorte d'*apparence* de moelle dans certains oiseaux qui volent rarement, comme la poule, dont le vol est toujours fort lourd, et dans l'autruche, le casoars destinés à ne voler jamais, on n'en découvre nulle trace dans les os des autres oiseaux. Nous reviendrons, mes enfants, sur l'organisation intérieure et toute particulière de ces jolis animaux; elle offre une foule de détails curieux, mais dont vous ne sentiriez pas aujourd'hui, peut-être, toute l'importance. Contentons-nous de nous occuper à passer en revue, pour le moment, les mœurs, les instincts de quelques-uns d'entre eux. Il me semble vous avoir donné les noms des six ordres dans lesquels les naturalistes les ont classés; nous en avons déjà parcouru quatre; les rapaces, les passereaux, les grimpeurs, les gallinacés; quel est celui qui vient après les gallinacés?

Cécile. — Les palmipèdes.

Amédée. — Non, ma sœur, ce sont les échassiers, n'est-ce pas mon père?

M. Derville. — Oui, mon fils. Cécile aurait répondu à ma question avec plus de justesse, si elle avait eu soin de placer, comme tu l'as fait, en tête de ses notes, la désignation des six ordres d'oiseaux, ou si, du moins, elle s'était donné le temps de réfléchir avant que de répondre. Je crois qu'il n'est pas nécessaire de vous dire la signification de ce nom d'*échassier;* il s'explique de lui-même.

CÉCILE. — Je ne le comprends pas trop, pourtant.

AMÉDÉE. Comment, ma sœur, tu ne comprends pas qu'on nomme ainsi les oiseaux qui sont comme montés sur des échasses, qui ont de longues jambes? Ainsi, par exemple, le héron?

M. DERVILLE. On y ajoute le surnom d'*oiseaux de rivages,* qui ne se rapporte pourtant qu'à quelques-uns, puisque l'autruche, le casoars sont destinés à vivre dans les sables brûlants de l'Afrique; la grue, la cigogne dans les lieux marécageux; tandis que le pluvier, le héron et quelques autres fréquentent le bord des rivières et des lacs. Ceux qui ont le bec fort, vivent de poissons ou de reptiles; ceux qui l'ont faible, vivent de vers et d'insectes; ceux qui se tiennent éloignés des eaux, se contentent en partie de graines ou d'herbages.

AMÉDÉE. — Et le flamant, mon père? J'en ai vu un au muséum du Jardin-des-Plantes, qui était si beau, si magnifique avec son plumage écarlate, qu'on oubliait la drôle de tournure que lui donnent ses longues jambes et son long cou.

M. DERVILLE. — Le flamant est aussi un oiseau de rivage; mais il niche dans les marais, et c'est en se posant à cheval, sur le nid, que la femelle couve ses œufs. Si elle s'y prenait autrement, elle ne saurait que faire de ses longues jambes.

AMÉDÉE. — Mais alors, mon père, il faut que le nid soit monté aussi sur des échasses?

M. DERVILLE. — Il faut simplement que les flamants forment d'abord, avec de la terre, un monticule élevé, sur lequel ils construisent leur nid, composé de brins de jonc et d'herbe entrelacés. C'est là que les petits éclosent à la manière de tous les oiseaux, en brisant la coquille de l'œuf. Mais n'allez pas vous figurer que dès en naissant le jeune flamant soit paré de ce magnifique plumage qui fait oublier, comme le dit Amédée, une petite tête armée d'un bec de structure singulière, un cou long et mince et des jambes démesurément longues. C'est seulement à sa seconde année qu'il prend du rose aux ailes; à la troisième année, le dos se couvre de plumes d'un rouge pourpré; les ailes restent roses avec leurs pennes noires, le bec devient jaune sur ses bords, noir par le bout, et les pieds bruns.

Amédée. — Voilà que je me souviens aussi d'avoir vu une autruche empaillée et une autruche vivante; mais nous étions si pressés ce jour-là, et c'est un si vilain animal, que je l'ai peu regardée.

Cécile. — Mon frère, est-ce que ces deux autruches, que tu as vues, avaient de ces belles plumes blanches comme ma tante en porte sur ses chapeaux?

M. Derville. — Les autruches n'ont pas d'autre plumage, mais elles ne savent point le parer, et n'en sont point parées non plus. .

Amédée. — Non sûrement. On dirait de pauvres oiseaux tout déguenillés. Il me semble même que je ne leur ai point vu du tout de ces belles plumes.

M. Derville. — Ces belles plumes si flexibles, si ondoyantes, garnissent les ailes et forment la queue de l'autruche.

Cécile. — Mon père, sont-elles naturellement

blanches, vertes, jaunes, roses aussi, car on en voit
de toutes les couleurs?

M. Derville. — Les plumes de l'autruche sont
toujours blanches, noires ou grises; nos teinturiers
leur donnent ensuite la couleur qu'on veut, c'est-a-
dire aux plumes blanches. Mais, à la première vue,
ce n'est point sur ces riches panaches si recherchés
des peuples civilisés, que se fixent les regards; c'est
sur une tête chauve et calleuse, singulièrement aplatie par le haut; sur un cou long et mince, enveloppé
d'une peau de couleur de chair livide, clairsemée
de poils blancs; sur des ailes courtes et sur une queue
peu développée recouverte de ces belles plumes qui
font l'effet de lambeaux mal attachés, et, enfin, sur
des jambes dont la peau est ridée, et sur de gros
pieds calleux.

Cécile. — Oh! la laide bête!

Amédée. — Mon père, j'ai lu dans un livre de
voyages que l'autruche, pour la rapidité de course,
vaut le meilleur coursier, et qu'on peut s'en servir
pour monture; de là vient que tous les orientaux
l'appellent l'*oiseau chameau*, est-ce vrai?

M. Derville. — Il paraît qu'en effet l'autruche
peut remplacer le cheval; car, au dire des voyageurs, elle est infatigable et elle se laisse monter. Sa vue est perçante, elle a l'ouïe fine, et elle se
passe aisément de boire. Naturellement vorace, elle
avale avec gloutonnerie tout ce qu'elle trouve, même
des pierres et des métaux.

Cécile. — Mais cela doit lui faire du mal?

M. Derville. — Je vous ai dit déjà quelques mots
des forces digestives dont a été doué l'estomac du
chien; je vous parlerai plus tard de celles qui ont été

accordées au gésier des oiseaux. L'autruche, le casoar ne digèrent cependant ni les pierres, ni les métaux ; mais ils n'éprouvent aucune suite fâcheuse de la gourmandise qui les porte à en avaler.

CÉCILE. — Et leurs nids, mon père, comment les autruches les font-elles ?

M. DERVILLE. — C'est le soleil qui *couve ces petits œufs du poids de près de trois livres* ; un trou dans le sable est toute la façon à donner au nid. En quelques contrées moins brûlantes que les sables de l'Arabie, les autruches couvent cependant, et défendent aussi avec courage leur couvée.

AMÉDÉE. — Mon père, l'autruche est le plus gros de tous les oiseaux, n'est-ce pas ?

M. DERVILLE. — Oui, mais il ne vole pas ; c'est la grue qui est, de tous les oiseaux à vol élevé, le plus gros, et celui aussi qui entreprend les plus longs voyages. Prendre leur vol n'est pas, pour les grues, chose facile ; aussi font-elles quelques pas en courant, et en déployant graduellement leurs ailes, puis elles s'élancent et montent, en décrivant des spirales fort régulières ; mais elles descendent en ligne droite. A chaque renouvellement de saison, ce sont de nouvelles migrations. Comme tous les oiseaux voyageurs, les grues s'appellent par un cri particulier ; on s'assemble sur les hauteurs ; on tient conseil ; le chef part le premier ; les autres grues s'élancent à sa suite, et la troupe entière se forme en une phalange serrée qui dessine dans les airs la forme d'un triangle. Chaque grue devient chef à son tour, et, à son tour, va se reposer au dernier rang. C'est surtout pendant la nuit que s'exécutent leurs voyages ; mais si on ne les voit point passer, on les entend, **parce**

que le chef jette, de temps en temps, un cri comme
pour avertir de la direction qu'il suit, et chacune
des grues qui composent la troupe, souvent fort nombreuse, répond par un autre cri. Quand elles s'abattent pour se reposer, une sentinelle est placée de
manière à veiller efficacement à la sûreté de tous :
elle *monte la garde* pendant que ses compagnes dorment paisiblement la tête cachée sous l'aile.

AMÉDÉE. — Mon père, la cigogne appartient aussi
aux échassiers, n'est-ce pas?

M. DERVILLE. — Ses longues jambes que tu connais, au moins de vue, par la gravure qui précède la
fable du renard et de la cigogne, répondent de reste,
je crois, à ta question. Mais avant de nous occuper
d'elle, nous ne souhaiterons pas bon voyage aux
grues, sans dire un mot d'un membre de leur famille appelé agami, ou l'oiseau trompette. L'agami
pourrait bien ne point vous paraître appartenir aux
échassiers, car il n'a pas les jambes démesurément
longues ; cependant il appartient à cet ordre par un
caractère *ostéologique* dont vous n'êtes pas assez instruits pour comprendre la valeur ; c'est à ce même
caractère que les bécasses doivent de se trouver également rangées dans l'ordre des échassiers, quoique
leurs jambes ne soient guère plus longues que celles
d'une foule d'autres oiseaux. Quant à l'oiseau trompette, c'est une espèce de ventriloque qui fait de
temps en temps retentir les forêts d'un son fort aigu et
d'autant plus singulier qu'il paraît n'être point produit par les organes ordinaires de la voix. L'agami
habite les contrées les plus chaudes de l'Amérique du
sud. C'est un bel oiseau, de moyenne taille, au plumage noir, nuancé, sur la poitrine, de violet bril-

lant, et au manteau cendré, nué de fauve vers la tête. Réduit a l'état de domesticité, il montre quelques-unes des qualités qui distinguent particulierement le chien : obéissance et attachement pour son maître, qu'il suit à la piste ; chagrin pendant l'absence de ce maître aimé ; joie vive et tendres caresses lors du retour ; jalousie des autres animaux domestiques qu'il chasse à coups de bec, et dont il ne craint point les attaques, parce qu'il s'envole, quand ceux-ci croient l'atteindre, pour retomber aussitôt sur eux, et les harceler sans relàche ; affection pour les amis de la maison, et haine acharnée contre ceux que son maître n'accueille pas, ou qui lui déplaisent a lui-même dès le premier aspect ; telles sont les qualités fort remarquables de l'agami.

Amédée. — Oui, sûrement, très-remarquables ! Mais, c'est égal, j'aimerais mieux un chien.

Cécile. — Et moi j'aimerais beaucoup un agami. Cela m'amuserait de voir un oiseau me suivre ainsi et me demander des caresses. Mais, mon père, il faut sans doute les mettre en cage pour les empêcher de s'envoler ?

M. Derville. — Ce que je viens de dire aurait dû suffire pour te prouver que l'agami jouit, dans les maisons où on l'élève, d'une entière liberté. Il n'en abuse point, va, vient, tantôt d'un air grave, tantôt en sautillant avec gaieté, s'éloigne de la maison suivant son bon plaisir, y revient fidèlement, et se montre en tout *digne* de *la confiance* qu'on lui témoigne. Du reste, il vole lourdement, et quand il fuit, c'est en courant et en jetant ce cri aigu qui lui a valu le surnom *d'oiseau trompette*.

Amédée. — J'ai trouvé, dans je ne sais plus quel

livre, au sujet de la cigogne, que les anciens Grecs donnaient son nom à la loi qui obligeait les enfants de nourrir leurs parents devenus vieux et infirmes.

CÉCILE. — Comme s'il y avait besoin de faire une loi pour cela !

M. DERVILLE. — Les Anciens, mes enfants, moins *savants* que nous peut-être dans la *science* de l'histoire naturelle, l'étaient davantage en tout ce qui touche l'observation ; de même, moins éclairés en une foule d'autres sciences, et ne connaissant point le vrai Dieu, ils divinisaient ceux des animaux dont les mœurs offrent de ces singularités qui annoncent un instinct et une intelligence plus développés qu'on ne se le figure généralement. Ainsi le chat, le bœuf, l'*ibis*, l'ichneumon ou rat d'Égypte, et une foule d'autres encore, eurent des autels chez les anciens Égyptiens ; la cigogne fut divinisée, et l'on prêta à ces animaux beaucoup d'actions remarquables et miraculeuses même ; les peuples de la Thessalie allèrent jusqu'à punir de mort le meurtrier d'une cigogne. Les modernes, plus éclairés, ont renversé les autels de tous ces faux dieux ; mais aujourd'hui encore il n'est pas de nation chez laquelle la cigogne ne soit respectée, et où elle ne soit traitée en être privilégié. La sorte de vénération qu'elle inspire tient peut-être à des préjugés ; mais ces préjugés règnent encore de nos jours, et font prêter à cet oiseau les qualités morales les plus nobles, telles que la fidélité conjugale, l'affection paternelle, la piété filiale, si rare chez les animaux, et une vertu plus rare encore, le respect de la vieillesse et l'instinct de la secourir. Aussi, dans la Flandre, dans la Hollande, dans l'Allemagne, prépare-t-on sur les toits, auprès des cheminées, ou bien au haut des tours, des caisses de bois, afin d'attirer ces oiseaux et de les déterminer à nicher en ces lieux, parce qu'on est persuadé que leur présence porte bonheur. Ce préjugé, car c'en est un, est honorable du moins, et prouve que ceux-là mêmes qui ne pratiquent aucune des vertus qu'on prête à la cigogne, leur rendent pourtant hommage.

Amédée. — Mon père, je te prierai de nous dire ce qu'il y a de vrai dans tout cela, car je n'aime que la vérité.

M. Derville. — Ce qui est bien avéré, c'est que les cigognes blanches ou noires reviennent tous les ans, comme les hirondelles, aux lieux où elles ont niché l'année précédente, et paraissent unies par couples inséparables ; il est avéré aussi que cet oiseau, assez laid, doué d'un naturel très-doux, ne se montre ni défiant, ni sauvage, et que les petits, objets des soins les plus tendres comme chez toutes les autres espèces d'animaux, sont souvent portés sur les ailes du père et de la mère quand vient l'époque où il faut commencer à leur apprendre à voler. Il est encore certain qu'on a vu de jeunes cigognes apporter de la nourriture et donner des témoignages d'affection à de vieilles cigognes affaiblies par l'âge ou par la maladie.

Cécile. — Ah ! je suis bien aise que les Anciens ne se soient pas trompés sur leur compte, et qu'aujourd'hui on croie que c'est un bonheur que de voir venir nicher sur sa maison des oiseaux si...

— Si *vertueux !* s'écria Amédée en riant.

Cécile. — C'est bon ! moque-toi ! Mon père, à propos des Égyptiens, qu'est-ce que c'était donc que l'ibis, je te prie ?

M. Derville. — Tu peux demander, ma fille, ce que *c'est* que l'ibis, car l'espèce en existe encore. Les érudits ne sont point parfaitement d'accord sur ce qui valut les honneurs divins à l'ibis, oiseau qui appartient à l'ordre des échassiers ; les uns veulent que les Égyptiens l'adorassent parce qu'il arrivait en Égypte avec les vents étésiens, et parce que son arrivée annonçait la crue prochaine du Nil, source de prospérité pour le pays ; d'autres prétendent au contraire que l'ibis, qui se nourrit d'insectes aquatiques comme la plupart de ses confrères les échassiers, fut divinisé à cause des services qu'il rendait au pays, en détruisant les reptiles et les insectes ; ceux-ci sortent pour ainsi dire de la terre par milliers, alors que les eaux fertilisantes du Nil s'étant retirées, un soleil brûlant vient aider au développement des germes apportés par le fleuve et déposés avec la vase dans toutes les contrées où l'inondation s'est répandue. Laquelle de ces deux versions est la véritable, je l'ignore ; mais nous remarquerons, en passant, qu'au milieu des extravagances nées de l'ignorance, se trouve partout un fonds de vérité, et au moins un aperçu vague de l'instinct principal de tel ou tel animal, et de l'utilité dont il peut être à l'espèce humaine.

Cécile. — Mon père, est-ce que tu ne nous diras rien du héron ? J'en voudrais bien voir autrement qu'en gravure.

M. Derville. — Tu ne verrais rien qu'un grand oiseau assez mal partagé sous le rapport des agréments extérieurs ; triste de sa nature, vivant solitaire, et demeurant des heures entières debout et immobile au bord de quelque lac, le cou singulièrement replié sur lui-même, et de telle façon qu'on ne voit qu'un long bec qui paraît sortir immédiatement de la poitrine. Si tu avais autant de patience que lui, tu pourrais voir encore ce long cou s'allonger brusquement, le bec plonger dans l'eau, saisir un poisson au passage, et, après l'avoir avalé, le héron reprendre son immobilité première, son cou disparaître de nouveau, et tout son ensemble présenter ainsi l'aspect le plus grotesque. Le soir, quand l'heure de la pêche est passée, il prend son vol vers les bois en jetant un cri. C'est du reste un animal courageux, mais farouche; bon époux, bon père, et tout aussi peu remarquable, sous le rapport de l'instinct, que la bécasse.

Cécile. — Ah! c'est vrai, la bécasse, on n'en parle jamais!

M. Derville. — Parce qu'il n'y a rien de curieux à en dire. Mais on parle au contraire de la gentille marouette, qui construit, avec du jonc, au milieu des herbes aquatiques, un petit nid en forme de bateau, et qui le retient, comme le fait la poule d'eau, non loin du rivage, en l'attachant à des tiges de roseaux: on parle aussi des huîtriers, si adroits à se servir de leur bec comme d'un coin, pour ouvrir de force les coquilles *bivalves* des moules et des huîtres; on parle encore des pluviers, ainsi nommés, parce que, dans la saison des pluies, ils se montrent en plus grand nombre; enfin, mes enfants, nous aurions à parler d'une foule d'autres échassiers plus ou moins intéressants par leur industrie, leurs mœurs, leur instinct, si nous ne voulions accorder quelques instants aux palmipèdes, avant de commencer à nous occuper des reptiles et des poissons.

Cécile. — Mon père, quand tu nous raconteras

l'histoire des poissons, tu nous diras, n'est-ce pas, d'où viennent ces jolis petits poissons rouges de la Chine?

AMÉDÉE. —Mais puisque tu dis toi-même qu'ils sont de la Chine, mon père n'a pas besoin de te dire d'où ils viennent. Mon père, les palmipèdes ne sont-ce pas les oiseaux qui ont les doigts unis entre eux par de la peau, comme les oies, les canards?

M. DERVILLE. —Oui, mon fils. Ces pieds palmes leur servent à nager aussi facilement que leurs ailes leur servent à voler.

AMÉDÉE. — Mon père, crois-tu qu'il soit possible de trouver jamais le moyen de voler dans les airs, à la manière des oiseaux?

M. DERVILLE. — Je ne conçois pas que maintenant tu puisses me faire une semblable question. Il me semble t'en avoir assez dit sur l'organisation des oiseaux, pour te faire comprendre par quelles admirables combinaisons l'Auteur de l'univers les a rendus plus légers que l'air. Lors même que l'homme parviendrait à trouver le secret de fabriquer des ailes capables de le soutenir, et le secret plus merveilleux de faire mouvoir ces ailes, combien de choses lui manqueraient cependant pour arriver à se donner la légèreté et la facilité de mouvement qui distinguent les oiseaux!

AMÉDÉE. —Pourtant, mon père, avec les ballons on a trouvé l'un de ces secrets...

M. DERVILLE. — D'accord; mais l'autre!... Combien de tâtonnements encore avant que d'arriver à se diriger, au moyen des ballons, aussi sûrement, aussi aisément que se dirige le véritable habitant des airs!.. Mes enfants, ces merveilles s'opèreront peut-être un

jour ; car, on peut presque le dire, rien n'est impossible à la science humaine.... si ce n'est de créer un
brin d'herbe ou un grain de sable, et ceci doit suffire
pour abaisser l'orgueil que parfois elle nous donne ! »

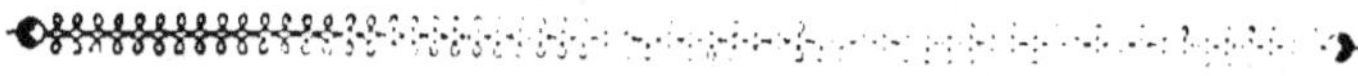

CHAPITRE VI.

Les pattes. — Le bec. — Le pélican. — L'oiseau des tempêtes. — Le fou. — La frégate. — Le fable. — Le goéland. — Le canard. — Le tadorne. — Le cygne. — L'oie. — Récapitulation.

Comme Amédée et Cécile étaient des enfants bien élevés et très-polis avec les domestiques, ils trouvaient dans ceux-ci beaucoup de complaisance ; aussi Marguerite, la cuisinière, consentit-elle de bonne grâce à leur laisser examiner les ailes du poulet que, le lendemain, elle se disposait à préparer pour le diner, et les pattes des cannetons dont elle devait faire un pâté. Des ailes et des pattes on passa aux becs, et le soir on fut en état de comprendre M. Derville lorsqu'il en parla, et lorsqu'il dit que la forme du bec, autant que le nombre des doigts et leur disposition particulière, a fourni aux naturalistes l'un des *caractères* principaux des différentes familles qui composent chacun des six ordres dans lesquels ont été rangées les quatre mille espèces d'oiseaux.

— « Vous comprenez bien, mes enfants, ajouta-t-il, que les grimpeurs, par exemple, doivent avoir les pattes autrement faites que les moineaux qui sautillent, et que les poules qui courent plus qu'elles ne volent; vous comprenez aussi que le bec de l'aigle, destiné à déchirer la peau des quadrupèdes, ne peut présenter la même conformation que le bec de l'hirondelle qui se nourrit d'insectes terrestres, ou que celui du palmipède qui doit plonger sous les eaux et fouiller dans la vase pour y chercher des insectes, des vers aquatiques; le bouvreuil a un gros bec dans le genre de celui du perroquet, parce que, comme celui-ci, il lui faut casser l'enveloppe plus ou moins dure des graines dont il se nourrit, tandis que le pic a un bec effilé et une langue qu'il allonge à volonté pour la darder dans les nids des poux de bois.

CÉCILE. — Oh! que c'est donc amusant d'apprendre tout cela! que de choses à regarder, à voir, à observer tous les jours et sans se déranger!

M. DERVILLE. — En outre de ces caractères *palpables*, il en est d'autres qui font voir que rien n'a été négligé ni oublié pour donner à tous les êtres nonseulement un instinct particulier et les instruments propres à le mettre en usage, mais aussi une constitution parfaitement appropriée au *milieu* dans lequel chacun d'eux est appelé à vivre. Ainsi, par exemple, parmi les palmipèdes, il en est qui ne peuvent point voler du tout, tel entre autres le manchot. Ces animaux, destinés à vivre uniquement sur l'eau, pour ainsi dire, ont reçu en partage un plumage plus étoffé, plus serré surtout, et qui présente une surface parfaitement imperméable, très-souvent d'un blanc argenté aussi brillant que le blanc argenté des écailles des poissons. Ces oiseaux-là plongent et nagent admirablement bien, et leurs ailes si courtes, qu'on serait tenté de demander pour quel usage elles leur ont été données puisqu'ils ne peuvent s'en servir pour voler, sont des espèces de nageoires dont ils savent faire usage.

AMÉDÉE. — Mon père, il y a une chose que je voulais te demander depuis long-temps, et je l'ai toujours oublié, c'est si le pélican nourrit en effet ses petits de son sang? J'y ai pensé aujourd'hui, parce qu'en revenant du collège, j'ai revu l'enseigne d'une auberge qui représente un pélican *au naturel*, et dont la poitrine est toute déchirée, toute sanglante; ce qui n'est pas étonnant, car il y fouille avec son énorme bec. Comme ce que tu nous as raconté hier montre qu'il y a pourtant quelque chose de vrai dans ce que les hommes se sont imaginé autrefois, et s'imaginent maintenant, au sujet des animaux, je me suis promis de t'en parler aujourd'hui même.

M. DERVILLE. — Si cette enseigne représentait réellement un pélican *au naturel*, tu ne l'aurais point vu, mon fils, avec *la poitrine sanglante et déchirée*, mais avec une poche fort grosse placée au-dessous du bec, et de laquelle il fait sortir et remonter, en la pressant contre sa poitrine, le produit de sa pêche.

CÉCILE. — Mon père nous a déjà parlé de cette poche, monsieur l'étourdi : et j'ai été au moment de vous interrompre pour vous le rappeler.

AMÉDÉE. — Ah! c'est vrai, à propos du jabot des oiseaux et de l'estomac des ruminants.

M. DERVILLE. — Le pélican, qui appartient à l'ordre des palmipèdes, aussi bon voilier sur mer que dans l'air, est fort remarquable sous plusieurs rapports; d'abord, son plumage d'un blanc légèrement rosé, excepté les pennes de l'aile qui sont d'un beau noir, se colore, dit-on, d'un rose plus vif quand le plaisir ou la colère l'agite.

CÉCILE. — Ah! que c'est singulier! ainsi le pélican *rougit!*

M. DERVILLE. — Ensuite il est possesseur d'une poche qui peut contenir jusqu'à vingt pintes d'eau, de là le surnom de *chameau de rivière*, que lui ont donné les Égyptiens. Dans cette poche, il peut emmagasiner, sans le tuer, le poisson qu'il a pêché, soit seul, soit en compagnie, et l'apporter si frais, si entier au logis, qu'on assure qu'en Chine et chez quelques peuples sauvages de l'Amérique du sud, on apprivoise le pélican et on le dresse à aller à la pêche pour le service de la famille. Au retour, on l'oblige de rendre gorge, mais en ayant soin de lui laisser une assez bonne part pour qu'il soit satisfait.

CÉCILE. — Oh! je ne voudrais pas de poisson ainsi péché!

M. DERVILLE. — Moins difficile que toi, ma fille, les Chinois et les habitants de l'Amérique du sud trouvent très-commode d'avoir à leur service un pêcheur qui, en une seule pêche, fait assez de besogne pour fournir un bon repas à cinq ou six hommes de grand appétit. Le pélican pêche de deux manières; quand il est seul, il s'élève peu et se soutient en l'air en rasant du bout de ses ailes la surface de l'eau. Aperçoit-il une proie qui lui convient, il fond dessus à pic, frappe l'eau de ses ailes, la faisant bouillonner et tourbillonner de telle sorte que le poisson ne peut parvenir à s'échapper; puis il recommence jusqu'à ce que sa provision soit faite. Lorsque les pélicans pêchent en compagnie, ils ne volent point au-dessus de l'eau, se réunissant tous, ils nagent, forment un vaste cercle qui se rétrécit de plus en plus, et, comme disent les bonnes gens, ils n'ont ensuite qu'à se baisser et à prendre le poisson ainsi cerné.

Amédée. — Quelle invention ! Mon père, est-ce que c'est un oiseau de mer ?

M. Derville. — Il pêche également le poisson de mer et de rivière.

Amédée. — Le pélican !... N'est-ce pas ce que les marins appellent l'oiseau des tempêtes ?

M. Derville. — Non. L'oiseau des tempêtes c'est le pétrel ou *petit Pierre*, ainsi nommé par allusion à saint Pierre qui marcha sur les eaux. Le pétrel court en effet sur la surface des eaux qu'il frappe rapidement du plat de ses pattes, tandis qu'il se soutient à l'aide de ses ailes. Il semble prévoir les tempêtes, car il est le premier à chercher d'avance un abri ; aussi, lorsque, la mer étant calme, les marins voient les pétrels se réunir, voler en troupes dans le sillage des navires comme pour trouver plus tôt un abri dont ils sentent le besoin, des précautions sont prises contre la tempête bien près d'éclater.

Cécile. — Ces bons petits oiseaux ! Alors, mon père, les matelots doivent les aimer et ne leur faire jamais de mal ?

M. Derville. — Les matelots, friands de leur chair, quoiqu'elle ne soit pas fort succulente, gravissent souvent les rochers pour les surprendre. Mais le pétrel possède, pour se défendre, un moyen assez singulier ; c'est de rejeter vivement une espèce d'huile, produit de la digestion, et de la lancer, assez loin pour aveugler momentanément l'ennemi. C'est ce qui arrive aux matelots en quête des pétrels, surtout lorsque ceux-ci se trouvent sur leurs nids, et alors le matelot, lâchant prise pour porter la main à ses yeux, perd l'équilibre et tombe de rochers en rochers.

Amédée. — Je me souviens maintenant de ce nom de pétrel, et je me souviens aussi que, dans les relations de voyages sur mer, il est souvent question de frégates, de fous, de mouettes... et d'autres encore, mais dont je ne me souviens plus. A présent j'y ferai plus d'attention, afin de te demander, mon père, des explications sur leurs habitudes et leur instinct ; les voyageurs n'en parlent pas pour la plupart.

Cécile. — C'est qu'ils ont bien autre chose à faire que d'étudier l'histoire naturelle !

M. Derville. — Quelques-uns l'étudient pourtant, ma fille ; et pour peu qu'on veuille seulement se servir de ses yeux pendant un long voyage sur mer, on peut voir, par exemple, la frégate et le lable faire rendre gorge au fou et à la mouette ou au goéland.

Cécile. — Le fou ! quel drôle de nom !

M. Derville. — Celui de *stupide* conviendrait mieux à l'animal ainsi nommé. Il a beaucoup de rapport, pour la structure, avec la frégate, qui fend l'air avec tant d'aisance, de vitesse et de légèreté ; mais ces rapports se bornent à l'extérieur, car le fou est aussi lâche que la frégate est intrépide, aussi sot qu'elle est rusée. Le fou se pose sur les vergues, sur les mâts des vaisseaux comme en un lieu de sûreté ; il se laisse approcher et assommer, de même que se sont laissé approcher et assommer à ses yeux ses camarades. Paresseux et indolent, ce n'est point par fatigue qu'il vient si stupidement s'exposer à tant de dangers, car il nage très-bien, peut voler long-temps et se reposer sur les flots paisibles ou agités.

Amédée. — Et la frégate, mon père?

M. Derville. — La frégate est un oiseau qui gouverne son vol suivant la direction du vent, mieux encore que les oiseaux voyageurs au moment du départ, et, dans les temps orageux, elle échappe aux tourmentes en s'élevant au-dessus des nuages. Aussi ose-t-elle s'aventurer à trois ou quatre cents lieues en mer; mais il est probable que chaque jour elle revient sur les rivages hérissés de rochers, ses pieds n'étant pas assez larges pour qu'elle puisse nager avec avantage, et la longueur de ses ailes ne lui permettant de prendre son vol que du haut d'un arbre ou de la pointe des rochers.

Cécile. — Mon père, comment fait-elle la guerre au fou?

M. Derville. — Elle l'attaque à coups de bec, et le fou, au lieu de se défendre, rejette la proie qu'il vient de prendre; la frégate la saisit pour ainsi dire au vol; ainsi fait le lable avec la mouette ou avec le goéland, oiseaux aussi voraces et aussi lâches que le fou. Cependant, la frégate et le lable sachant fort bien pêcher pour leur propre compte, on peut croire que c'est seulement par passe-temps qu'ils poursuivent les fous, les mouettes, les goélands. Quant à ces derniers, tout leur est bon, poisson vivant ou mort; et ce qu'il y a de singulier, c'est que, dégoûtants par leurs habitudes, ils ont un vol plein de grâce, de légèreté et une robe éclatante de blancheur.

Cécile. — Mon père, qu'est-ce qu'il y a donc de dégoûtant dans leurs habitudes?

M. Derville. — Mais leur paresse d'abord qui les fait rester plusieurs heures à l'écart et dans une immobilité complète; leur goût pour les débris des animaux morts que la mer roule avec les flots ou qu'elle jette sur les rivages. Tantôt ils volent par bandes, mêlant leurs cris au bruit des tempêtes, tantôt ils suivent le cours des vagues , montent et descendent avec elles sans être jamais submergés , à cause de leur légèreté; ils semblent alors faire partie de l'écume soulevée par les flots et divisée par les vents. Tant que durent les tempêtes, leur misère est extrême; un vent impétueux les pousse à la côte que baignent les vagues sans y rien déposer, ou bien ce vent les en éloigne et les chasse en pleine mer, loin des lieux qui peuvent leur offrir une pâture abondante et facile à se procurer; car on dirait que les goélands surtout ont été destinés à nettoyer les rivages des animaux morts , de même que le vautour et le corbeau le sont à purger la terre ferme de ces misérables restes qui empoisonneraient l'air.

Amédée. — Ce sont de vilains oiseaux, mais ceux qui les obligent de rendre une telle curée pour en faire leur profit sont plus vilains encore. Mon père, j'ai regardé aujourd'hui pour la première fois , avec attention, nos canards; ils ont un beau plumage! Marguerite prétend qu'ils voyagent par bandes considérables , et qu'il y a des temps où l'on ne peut pas trouver au marché un seul canard sauvage, tandis que , dans d'autres saisons, on en a tout autant qu'on veut.

M. Derville. — Certainement, mon fils, le canard , au plumage brillant et chatoyant, est un bel oiseau, quoiqu'il marche en se dandinant comme l'oie et comme tous les palmipèdes, parce que ses pattes sont placées beaucoup plus en arrière que chez les gallinacés, par exemple.

Cécile. — Je m'en suis aperçue. Pourquoi sont-elles placées ainsi, mon père?

M. Derville. — Pour faciliter les exercices *nautiques* auxquels les palmipèdes sont particulièrement appelés. Quant à leurs voyages, ils ont lieu, comme les migrations de tous les oiseaux de passage, à des époques déterminées et pour les mêmes motifs, la nécessité d'aller chercher en d'autres climats ce que la rigueur de la saison leur enlève dans celui qu'ils habitent, une nourriture convenable à leurs besoins. Au nombre des différentes espèces de canards sauvages, et dont quelques-unes sont déjà réduites à l'état de domesticité, il y en a trois qui offrent des singularités assez curieuses ; l'eider auquel nous devons ce beau duvet gris si connu sous le nom *d'édredon* ; le *tadorne*, qui fournit un duvet presque aussi beau, et le canard musqué. Le tadorne niche sur le bord de la mer, dans le sable des dunes. Le mâle et la femelle, une fois unis, ne se quittent plus, et partagent les soins que demandent leurs petits. L'habitude du tadorne n'est point de construire un nid pour ses œufs ; la femelle les pond tout simplement sur le sable, sans autre préparatif ; mais la ponte terminée, elle forme à sa couvée une couverture bien moelleuse et bien chaude avec le duvet épais dont elle se dépouille pour l'envelopper.

Cécile. — La bonne mère!

M. Derville. — Presque toutes les cannes font ainsi, et c'est ce duvet si moelleux, dont l'eider se dépouille de la même manière et pour le même motif, que l'homme recueille avec avidité et qu'il vend au poids de l'or. Quant au canard musqué que l'on a commencé depuis long-temps à acclimater en Europe, il doit le parfum qu'il exhale à deux glandes remplies d'une liqueur jaunâtre, et qui sont placées près du croupion. A ce propos, je vous dirai que, chez tous les oiseaux se trouvent au même endroit deux mamelons que de temps en temps ils pressent avec le bec pour en extraire une partie de l'huile que ces mamelons contiennent, et qui leur sert à huiler leurs plumes.

CÉCILE. — Ah! j'ai vu bien des fois mes serins passer toutes leurs plumes, les unes après les autres, dans leur bec, surtout quand le temps était à la pluie : mais je croyais qu'ils se contentaient de les nettoyer en les humectant avec leur salive.

M. DERVILLE. — Les mouiller d'avance, ma fille, ne serait guère le moyen de les rendre imperméables à la pluie.

AMÉDÉE. — Mon père, c'est quelque chose de singulier que ce qu'on éprouve en étudiant l'histoire naturelle ! On reste confondu de tant de soins, de tant de prévoyance pour des animaux que nous dédaignons, que nous ne jugeons pas même dignes d'être regardés avec quelque attention !

M. DERVILLE. — Je suis bien aise, mon fils, que ces aperçus de l'histoire naturelle contribuent à élever tes pensées vers l'Auteur de toute chose et te fassent réfléchir sur notre indifférence pour tant de merveilles. L'homme ne se perfectionne, ne devient meilleur que par la réflexion, et la réflexion est surtout fructueuse pour celui qui commence à entrevoir les merveilles de cette puissance créatrice et prévoyante devant laquelle notre puissance et notre prévoyance ne sont que courte vue et impuissance. Oui, mes enfants, la grandeur sans bornes de Dieu, se fait reconnaître jusque dans le moindre insecte, et chaque atome organisé est, pour l'homme qui sait penser et sentir, une haute manifestation d'un Dieu créateur.

Cécile. — Mon père, je t'assure que moi aussi je sais penser et sentir, car rien ne m'intéresse davantage que d'étudier les mœurs des animaux, et que d'apprendre quel genre d'industrie Dieu a donné à chacun d'eux. Y a-t-il encore des palmipèdes curieux à observer ?

M. Derville. — Ma chère enfant, peux-tu me faire cette question lorsque je t'ai dit que les oiseaux sont au nombre de plus de quatre mille espèces ?

Cécile. — Est-ce que le cygne est aussi un palmipède ? C'est que je voudrais tant savoir son histoire ! Ils sont si beaux les cygnes !

Amédée. — Je ne conçois pas, puisque tu en as vu, ma sœur, que tu puisses demander s'ils sont palmipèdes. Tu sais bien que tous les palmipèdes ont les doigts unis les uns aux autres par une peau, et que leurs pattes sont ainsi faites afin qu'ils puissent nager. Eh bien ! tu as vu nager des cygnes, des cygnes qui sont des oiseaux : ils ne peuvent donc être, tu dois le sentir toi-même, que des palmipèdes.

M. Derville, *en riant*. — Quoique la *démonstration* soit un peu *embrouillée* dans son expression, elle est juste au fond, et je répète avec Amédée : *Le cygne est un palmipède*, et le plus beau, le plus magnifique, le plus élégant qui ait jamais attiré les regards de l'homme. On assure que le cygne est le premier, entre les oiseaux nageurs, qui ait servi de modèle pour la coupe à donner aux vaisseaux. C'est d'après la courbure élégante de son cou et de sa poitrine qu'ont été dessinées la proue et la quille ; la forme du ventre et de la queue a donné l'idée de la carène, de la poupe et du gouvernail. C'est possible, et il paraît que notre illustre Buffon l'a pensé ainsi, car il a dit en parlant du cygne : « La nature n'a répandu sur aucune espèce autant de ces grâces nobles et douces qui nous rappellent l'idée de ses plus charmants ouvrages : coupe de corps élégante, formes arrondies, gracieux contours, blancheur éclatante et pure, mouvements flexibles et ressentis; attitudes tantôt animées, tantôt laissées dans un mol abandon...Son cou élevé et sa poitrine arrondie semblent, en effet, figurer la proue du navire fendant l'onde; son large estomac en représente la carène; son corps, penchant en avant pour cingler, se redresse à l'arrière et se relève en poupe; la queue est un vrai gouvernail, les pieds sont de larges rames, et ses grandes ailes, demi-ouvertes au vent et doucement enflées, sont les voiles qui poussent ce vaisseau vivant, navire et pilote à la fois. »

CÉCILE. — Mon père, que c'est beau et que c'est vrai !

AMÉDÉE. — Oui, c'est bien vrai et bien beau. Mais quant au chant du cygne, je l'ai entendu une fois, et je ne voulais pas croire que c'était lui qui criait ainsi, lui dont le chant est si renommé.

M. DERVILLE. — Les Grecs, qui les premiers en ont parlé, et qui les premiers ont prétendu que le cygne, au moment de mourir, faisait entendre un chant mélodieux, se seront probablement laissés séduire par la beauté, par l'élégance de ce noble oiseau, élégant et beau entre tous, et auront préféré, à la réalité, les rêves de l'imagination qui devait douer richement, sous tous les rapports, l'oiseau consacré a Vénus. Mais, si le cygne, pas plus que tous les autres oiseaux, ne célèbre point en chantant mélodieusement sa dernière heure, il ne le cède du moins à aucun autre dans les tendres soins qu'il donne a sa femelle couveuse, et plus tard à ses petits. Le nid est construit tantôt sur une touffe d'herbes aquatiques, tantôt sur des roseaux abattus et flottants ; la couvée se compose de cinq à sept œufs que la femelle couve pendant six semaines. A leur naissance, les jeunes cygnes sont entièrement couverts de duvet gris, remplacé, dans leur deuxième année, par un duvet cendré grisâtre mêlé de blanc ; c'est seulement quand ils sont arrivés à l'âge de trois ans, que les jeunes cygnes revêtent le plumage moelleux et délicat qui offre aux regards une blancheur si éclatante.

Amédée. — Mon père, les jeunes cygnes vont sans doute à l'eau en naissant comme les jeunes canards?

M. Derville. — A en juger par la tendre attention de la mère à les soutenir sur l'eau, et à surveiller leurs mouvements, on doit croire que leur *éducation* demande plus de soins que celle des cannetons. En général, mes enfants, vous pourrez remarquer que, chez les animaux dont la vie doit être de peu de durée, le développement des petits est rapide, tandis qu'au contraire, chez ceux qui vivent long-temps, ce développement ne s'opère que lentement ; on assure que le cygne peut vivre jusqu'à quatre-vingts ans.

Cécile. — Autant qu'un homme !

M. Derville. — Après le cygne, l'oie se présente...

Cécile. — Oh ! la vilaine bête ! je ne peux pas

la souffrir avec ses cris perçants et sans relâche!...

M. Derville. — Tu lui rendras peut-être tes bonnes grâces après avoir lu le petit livre dont je t'ai déjà parlé, *La Basse-Cour de ma grand' tante* [1].

Amédée. — Mon père, est-ce aussi un oiseau de passage?

M. Derville. — Oui, mon fils. Écoutez, mes enfants, ce que l'admirable Buffon a dit de cet animal que vous regardez comme disgracié de la nature, et indigne de fixer un seul instant votre attention. « Éloignons pour un moment la trop noble image du cygne, nous trouverons que l'oie est encore, dans le peuple de la basse-cour, un habitant de distinction. Sa corpulence, son port droit, sa démarche grave, son plumage net et lustré, et son naturel social qui le rend susceptible d'un fort attachement et d'une longue reconnaissance : enfin, sa vigilance très-anciennement célébrée, tout concourt à nous présenter l'oie comme l'un des plus intéressants et même des plus utiles de nos animaux domestiques. »

Amédée. — C'est très-bien dit, mon père; mais je suis comme Cécile, je n'aime pas les oies. Quant à l'utilité je ne la nie pas...

M. Derville. — Tu ne la nies pas, mon fils! Mais sais-tu seulement en quoi elle consiste cette utilité que tu veux bien reconnaître?

Amédée, *en hésitant*. — J'avoue... Je n'y ai pas pensé....

M. Derville. — Buffon va te l'apprendre : « Indépendamment de la bonne qualité de la chair et de la graisse, dont aucun oiseau n'est plus abondam-

[1] V. *Jacquot*, etc., dans les *Contes aux jeunes Naturalistes*, 1 vol. in-12.

ment pourvu, l'oie nous fournit cette plume délicate sur laquelle la mollesse se plaît à reposer, et cette autre plume, instrument de nos pensées, avec laquelle nous écrivons ici son éloge. »

AMÉDÉE. — Mais, mon père, on se sert aussi de plumes d'aigle...

CÉCILE. — Et de plumes de corbeau... au moins pour dessiner.

M. DERVILLE. — Mes enfants, vous avez bien du chemin à faire avant d'arriver à cette véritable sagesse qui consiste à examiner les animaux, les objets en eux-mêmes et sans égard pour l'attrait ou pour la répugnance qu'ils inspirent. Cela viendra quelque jour, je l'espère, et j'espère aussi parvenir à vous faire comprendre qu'il faut encore savoir mettre de côté notre intérêt personnel, si nous voulons observer avec fruit les œuvres du Créateur.

AMÉDÉE. — C'est ce que je disais l'autre jour, ou à peu près, à ma sœur, qui ne comprend pas pourquoi il y a des mouches, des cousins... et d'autres petites bêtes fort piquantes....

CÉCILE. — C'est bon, c'est bon! Si tu étais juste, mon frère, tu reconnaîtrais que j'ai fait des *progrès*, puisque je m'intéresse aux mœurs du plus vilain, du plus odieux de tous les oiseaux, de la chauve-souris, en un mot, et puisque je veux demander à mon père de nous en dire quelque chose.

M. DERVILLE. — Cela m'est impossible, du moins à propos d'oiseaux.

CÉCILE. — Pourquoi donc pas, mon père? Est-ce que la chauve-souris ne vole pas?...

M. DERVILLE. — Elle vole très-haut, très-rapidement; ses bras, ses avant-bras, ses doigts, forment, avec la **membrane** qui en remplit les intervalles, de véritables ailes aussi étendues en surface que celles des oiseaux : mais ces ailes puissantes sont dépouillées de plumes ; cette membrane est nue, tandis que le corps de l'animal est velu, couvert de poils, comme celui de la souris ; mais la chauve-souris ne niche pas, attendu qu'elle met au monde des petits vivants et qu'elle les allaite.

Amédée. — C'est un mammifère, ma sœur, qui appartient à la première classe des vertébrés, tandis que les oiseaux sont de la seconde classe.

— La chauve souris n'est point un oiseau ! s'écria Cécile stupéfaite. Elle ne pond pas, elle allaite ses petits ! Voilà qui est bien extraordinaire !

M. Derville. — La chauve souris, qui vole dans l'air, n'est pas plus un oiseau, que la baleine, le dauphin, le marsouin et quelques autres, ne sont des poissons, quoiqu'ils vivent dans l'eau et qu'ils nagent.

Amédée. — Et le tout, parce que les femelles mettent au monde des petits vivants, et parce qu'elles ont des mamelles pour leur donner à téter, ce qui fait que ce sont aussi des mammifères, n'est-ce pas, mon père ?

M. Derville. — Oui, mon fils.

Cécile. — Il y a de quoi se perdre dans toutes ces distinctions-là !

M. Derville. — Au contraire, ma fille, *il y a de quoi s'y retrouver ;* tu viens d'en avoir la preuve par la simple énonciation des caractères parfaitement tranchés que présentent ces deux classes de vertébrés. Dans la première, une peau nue ou couverte de poils, des petits vivants, des mamelles et du lait pour les allaiter; dans la seconde, une peau emplumée, les petits sortant d'un œuf qu'il faut couver, point de mamelles ni de lait.

CÉCILE. — Mais au moins, mon père, on tient compte de la différence qu'il y a pourtant entre... une chauve-souris... et un cheval;... entre un chien... et une baleine?

M. DERVILLE. — Des caractères généraux des mammifères si nous passons aux caractères particuliers, nous reconnaissons la nécessité d'établir des subdivisions, et celles-ci ont reçu le nom d'*ordres*. Nous trouvons neuf *ordres* d'animaux dans la classe des mammifères. Le premier renferme les bimanes, ou animaux à deux mains, appelés *hommes*. Le second ordre renferme les quadrumanes, ou animaux à quatre mains, appelés singes; le troisième ordre renferme les carnassiers, ou animaux se nourrissant de proie vivante; le quatrième renferme les marsupiaux, ou animaux à bourse, c'est-à-dire les animaux dont la femelle porte sous le ventre une bourse dans laquelle elle renferme habituellement ses petits, et où elle les fait rentrer en cas d'alarme : tel est, entre autres, le sarigue ; le cinquième ordre est celui des rongeurs; le sixième est celui des édentés : ces deux mots s'expliquent d'eux-mêmes; le septième est celui des pachydermes, animaux à cuir épais; le huitième est celui des ruminants, et le neuvième enfin est celui des cétacés, mot qui vient du grec *kétos*, et qui signifie baleine.

CÉCILE. — A la bonne heure!

AMÉDÉE. — Ma sœur, si tu le veux, nous classerons nous-mêmes, dans chacun de ces ordres-là, tous les animaux dont mon père nous a déjà parlé, et ceux dont il nous parlera encore.

M. DERVILLE. — Ces subdivisions en ordres, bien établies sur des caractères tranchés, ont été subdivisées en *variétés* dans l'ordre des bimanes ; en *familles*, en *tribus*, en *genres*, en *espèces*, dans les ordres suivants. Dans la première famille de l'*ordre* des carnassiers, nous trouvons le chéiroptère, ou chauve-souris ; dans la seconde, celle des insectivores, le hérisson, la taupe ; dans la troisième, celle des carnivores, l'ours qui ne mange cependant de chair vivante que dans les cas d'absolue nécessité : mais il appartient à l'ordre des carnassiers et à la famille des carnivores, par une dent appelée carnassière. Le loup, le chien, le tigre, le renard, forment des tribus, des genres différents de cet ordre et de cette famille des carnivores ; ces tribus, ces genres résultent des différences que présentent les dents, les ongles, les pattes des animaux. Ainsi, par exemple, la première tribu de la famille des carnivores est formée des animaux qui marchent sur la plante entière du pied, ce qui leur donne plus de facilité à se dresser, et cette tribu a reçu la dénomination de *plantigrade* : l'ours est plantigrade.

AMÉDÉE. — Oui, certainement ; il marche sur la plante entière du pied. Mon père, et le chien ?

M. DERVILLE. — Le chien appartient à la seconde tribu des digitigrades, c'est-à-dire des animaux qui marchent sur le bout des doigts.

AMÉDÉE. — Vois-tu, Cécile, comme tout cela s'arrange, se classe clairement ! Mon père, quels sont, je te prie, les animaux qui appartiennent au cinquième ordre, celui des rongeurs ?

M. Derville. — L'écureuil d'abord, le rat, la souris. Je me borne à vous indiquer seulement quelques-uns de ceux que vous connaissez, sans les désigner dans le rang qu'ils occupent suivant la classification, ce qui m'entraînerait trop loin. Ainsi, dans le sixième ordre, celui des édentés, nous trouvons le tatou, le paresseux; dans le septième ordre, celui des pachydermes, nous trouvons l'éléphant, le rhinocéros, le cheval; dans le huitième ordre, celui des ruminants, nous trouvons le chameau, le bœuf, la chèvre, la giraffe; dans le neuvième ordre, celui des cétacés, nous trouvons la baleine, le dauphin, le marsouin.

Cécile. — Mon père, tu ne nous as point parlé de la baleine?

M. Derville. Le puis-je maintenant, que nous allons quitter la deuxième classe des vertébrés, celle des oiseaux, pour passer à la troisième classe des vertébrés, celle des reptiles? Si je vous en avais parlé lorsqu'il ne s'agissait pour vous que de quadrupèdes, vous vous seriez récriés tous les deux, et je doute que vous eussiez senti alors, comme vous le sentez aujourd'hui, le besoin d'une classification. Cécile surtout, qui a *peur* de la science, parce que la science exige quelqu'étude, se serait presqu'enfuie au premier des mots scientifiques que j'aurais prononcés. Elle voit aujourd'hui que la science n'est point ennuyeuse, que son utilité est réelle, et que c'est là le fil d'Ariane : s'il manquait, on parcourrait l'immense domaine de l'univers sans rapporter autre chose de ce voyage que des idées confuses, que de la fatigue, et peut-être du dégoût; car errer long-temps sans but dans ce qui n'a pas de bornes, c'est se dévouer au dégoût et bientôt à l'ennui.

» Je vous en ai dit assez, mes enfants, pour que vous puissiez placer dans l'ordre auquel ils appartiennent les mammifères, les oiseaux dont je vous ai parlé. Travaillez donc ; demain nous commencerons à nous occuper des reptiles. Ici encore vous puiserez de nouvelles preuves que jusqu'à l'animal réputé le plus *vil*, chacun a reçu sa part de cet instinct et de cette intelligence nécessaires à la conservation des espèces, et que l'exercice de l'un et de l'autre lui procure les mêmes jouissances qu'à l'animal richement doté des avantages extérieurs. La bonté, la sagesse de Dieu sont sans bornes ; partout elles se montrent, et tout a un but ici-bas. Parce que notre vue est trop courte pour le découvrir, nous osons le nier!... Mes enfants, l'homme vraiment éclairé et sage est celui qui observe, qui réfléchit, et qui, en reconnaissant les limites au-delà desquelles son esprit ne peut pénétrer, confesse son orgueil et admire une toute-puissance si visible partout, et si élevée au-dessus de son intelligence ! »

Serpent Boa — Dragon — Tortue franche — Crocodile.

Danse du Serpent à lunettes.

LES REPTILES

ET

LES POISSONS

CHAPITRE PREMIER.

Les reptiles. — La tortue de mer. — La tortue de terre. — Le crocodile. — Le lézard. — La salamandre. — Le dragon. — Le
basilic. — Le gecko. — Le caméléon.

— « Mais, ma sœur, disait Amédée à Cécile, comment veux-tu que je te nomme les reptiles? Est-ce
que je les connais? Maman vient de te dire que ce
sont les serpents, les couleuvres, les lézards, les
crapauds. Attends à ce soir pour en savoir davantage. »

Bien à contre-cœur Cécile se résigna, mais non
sans avoir adressé encore beaucoup de questions à sa
mère ; madame Derville répondait comme Amédée :
« Ma fille, attends à ce soir. Je ne sais, en fait d'histoire naturelle, que ce que vous me rapportez, mes
enfants, de vos entretiens avec votre père.

— Mais pourtant, maman, tu nous aides à tenir note de ce que mon père nous raconte !

— Sans doute, répliquait madame Derville. Lorsqu'il s'agit de faits, j'ai assez lu pour venir au secours de votre mémoire; quant à la classification, je n'y entends rien du tout. »

Le soir arriva enfin, et Cécile apprit que le premier ordre des reptiles se compose des chéloniens, plus connus sous le nom de tortues; le second ordre, des sauriens ou lézards : le troisième, des ophidiens ou serpents; enfin le quatrième, des batraciens, grenouilles, crapauds : « En un mot, ajouta M. Derville, de tous les animaux à peau nue et muqueuse qui ont, avec ces reptiles, des rapports plus ou moins intimes de forme et d'organisation.

AMÉDÉE. — Mon père, c'est sans doute à cause de la différence dans les organes de la respiration qu'on a ainsi classé les reptiles ?

M. DERVILLE. — Oui, mon fils. Chez eux la respiration est incomplète, et la circulation l'est aussi. Le sang veineux ne passe qu'en partie dans les artères pulmonaires, et cette partie vivifiée revient se mêler, dans le cœur, au sang veineux qui n'a pas respiré. Comme c'est la respiration complète qui donne au sang sa chaleur, vous vous en souvenez, et à la fibre la susceptibilité pour l'irritation nerveuse, les reptiles ont nécessairement le sang froid; nécessairement aussi les forces musculaires sont moins développées que chez les mammifères et beaucoup moins que chez les oiseaux : aussi les reptiles n'exécutent-ils guère d'autre mouvement que ceux du ramper et du nager.

CÉCILE. — Pourtant, mon père, les grenouilles

et les crapauds sautent très-haut, et coup sur coup ?
Je l'ai vu plus d'une fois depuis que nous habitons ce
pays.

M. Derville. — Et les serpents rampent très-vite ;
ils ont même des mouvements d'une grande rapidité ; mais il faut, pour qu'un reptile soit excité à
vaincre ses habitudes de paresse, que la frayeur le
domine ou que la faim le presse. La circulation du
sang, la digestion, tout est lent chez lui : il en résulte une intelligence fort bornée. Dans les pays
froids ou tempérés, les reptiles passent presque tout
l'hiver en léthargie.

Cécile. — Si j'osais, je dirais que leur histoire ne
doit pas offrir des choses bien amusantes.

M. Derville. — Peut-être bien, du moins dans
le sens où tu entends ce mot, ma fille.

Amédée. — Mon père, tu nous as dit qu'ils sont
ovipares. Comment font-ils pour couver leurs œufs ?

M. Derville. — Le but de l'incubation est d'entretenir une chaleur égale et constante qui sert à développer le germe renfermé dans l'œuf ; rien de plus facile pour les oiseaux, qui ont le sang chaud par l'effet
d'une respiration double, et une enveloppe faite
pour retenir la chaleur ; rien de plus difficile pour le
reptile, dont le sang est froid et qui est simplement
couvert d'écailles ou d'une peau nue tellement froide,
que le germe des œufs couvés par lui périrait au lieu
de se développer ; aucun ne couve donc ses œufs.
Les reptiles ovipares déposent les leurs dans les trous
creusés dans le sable, bien exposés au soleil ; les
reptiles ovovivipares [1] donnent le jour à de petits

___

[1] Ce mot signifie que les petits qui viennent au monde tout
vivants, étaient, dans le sein de la mère, renfermés dans un
œuf qui éclot au moment de leur naissance.

reptiles qui sont en état de se passer de leur mère dès le jour de leur naissance. Mais nous reviendrons là-dessus un peu plus tard.

» Ainsi donc, les reptiles, généralement ovipares, tiennent le milieu, par leur organisation intérieure, entre les oiseaux et les poissons. De même que les oiseaux ils respirent l'air par les poumons; mais la circulation n'étant point complète, une partie seulement du sang est poussée par le cœur dans les poumons, et ce sang vivifié revient se mêler dans le cœur au sang veineux qui n'a point respiré; ils sont donc, relativement aux oiseaux, des animaux à sang froid; mais relativement aux poissons, qui respirent l'air contenu dans l'eau et dont la circulation est encore plus incomplète, ils sont des animaux à sang chaud.

Amédée. — Ni chair ni poisson.

M. Derville. — Quant aux mœurs des reptiles, elles ne sont certainement pas aussi remarquables que celles d'une foule d'autres animaux; mais il ne faut pas cependant les passer sous silence. Presque tous vivent solitaires, et jamais, lorsqu'ils se réunissent, on ne les voit former entre eux de véritables associations. Ainsi, la tortue verte qui broute dans la mer les herbes marines, la grenouille qui coasse au bord des étangs, vivent en troupeaux nombreux, en bandes nombreuses, sans que jamais ni travaux, ni guerres soient faits en commun. Chacun pour soi, semble être la devise de ces animaux, dont l'industrie se borne à fort peu de chose; mais ils ont été doués de la ruse, seule arme du faible contre le fort parmi des êtres privés de raisonnement.

Cécile. — Alors, mon père, nous allons laisser là les reptiles, pour nous occuper des poissons.

AMÉDÉE. — Comme tu y vas, ma sœur ! Si tu avais vu comme moi des tortues, tu serais bien aise de savoir au moins de quelle manière elles vivent.

CÉCILE. — J'ai vu des lézards qui me font une peur affreuse. Il y en a au bout du jardin, auprès du puits, sur le vieux mur au plein soleil.

M. DERVILLE. — Voici la première fois que j'entends parler de *la crainte* inspirée par le lézard, petit animal si agile, si gracieux et si joli.

AMÉDÉE. — Mon père, on compte bien des espèces de tortues, n'est-ce pas ?

M. DERVILLE. — Oui, mon fils, et toutes sont recherchées pour leur chair autant que pour leur écaille. L'une des plus remarquables, parmi les tortues de mer, est la tortue franche ou tortue verte ; elle peut donner jusqu'à deux cents livres de chair, et pondre jusqu'à deux cent soixante œufs, très-appréciés des marins, qui trouvent, dans la tortue et dans ses œufs, un aliment salutaire et agréable, surtout après une longue traversée. Rien de plus paisible que cette espèce. Quand la mer est calme et le temps serein, on voit les tortues se promener sous l'eau, dans les espèces de prairies qui bordent, au fond de la mer, quelques-unes des îles de l'Amérique du sud. Leur présence est souvent trahie par l'herbe qu'elles coupent trop abondamment, en paissant, et qui monte sur les flots. C'est à l'embouchure des rivières qu'elles vont chercher de l'eau douce pour se désaltérer ; et, de temps en temps, elles viennent à la surface pour respirer.

CÉCILE. — Et leurs œufs, mon père ?

M. DERVILLE. — Comme l'autruche, elles creusent un trou dans le sable, et elles laissent au soleil le soin de les faire éclore. Les petites tortues qui en sortent vont à l'eau tout naturellement, ainsi que les canetons ; mais malheureusement pour elles, la lame les rejette sur le rivage, où un grand nombre sert de pâture aux oiseaux de proie...

CÉCILE. — Oh ! les pauvres petites tortues ! Cela n'arriverait certainement pas si elles avaient une mère pour les conduire et pour les défendre !

M. DERVILLE. — Je rappellerai ici une remarque déjà faite par Amédée : c'est que, dans le règne animal comme dans le règne végétal, les espèces que menacent une foule de dangers, ou, pour mieux dire, qui sont destinées à nourrir d'autres espèces, pullulent d'une manière à peine croyable.

AMÉDÉE. — Il faut bien que tout le monde vive !

CÉCILE. — La belle nécessité de faire naître plus de tortues qu'il n'est nécessaire, et de les faire abandonner, avant que de naître, par leur mère, pour que les oiseaux de proie s'en régalent !

AMÉDÉE. — Les hommes s'en régalent bien !

M. DERVILLE. — Crois-tu, ma fille, que les plantes aussi, si elles pouvaient parler, ne se récrieraient pas sur la quantité de graines qu'elles sont forcées de produire, et dont la plus grande partie est dévorée, même avant d'arriver à maturité ? sans compter les végétaux qui seront dévorés en herbes, en fleurs, par une foule d'animaux, l'homme non compris. Mes enfants, je vous le répéterai sans cesse : parce que nous ne pouvons pas voir le but de tout ce qui attire notre attention ou nos regards, il ne s'ensuit pas que ce qui n'est utile qu'à nous soit au fond utile, et que ce qui nous est nuisible le soit relativement à tout le reste. La sagesse, qui a fondé les lois auxquelles est soumis ce vaste univers, est tellement au-dessus de nos faibles conceptions, qu'il faut nous borner à l'admirer dans les œuvres dont nous croyons reconnaître la portée, et douter de nous-mêmes, quand nous prétendons la prendre en défaut, plutôt que de nous montrer assez orgueilleux pour l'accuser.

AMÉDÉE. — Mon père, on ne trouve pas de tortues de mer sur nos côtes, n'est-ce pas?

M. DERVILLE. — On en prit une, dans l'année 1754, au pertuis d'Antioche, à la hauteur de l'île Ré, et elle fut apportée vivante à l'abbaye de Lonvaux, près de Vannes. C'était *une belle bête*, comme dirait un chasseur; elle pesait *huit cents livres*; la tête comptait dans ce poids pour vingt-neuf, et chacune de ses nageoires pour cinquante-deux; le foie, dit-on, suffit pour donner à dîner à cent personnes.

CÉCILE. — Ah! quelle *belle bête*, en effet!

M. DERVILLE. — L'histoire de son arrivée dans nos parages est plus singulière encore et plus remarquable surtout que sa *beauté*.

AMÉDÉE. — Mais, mon père, comment a-t-on pu savoir cette histoire?

M. DERVILLE. — Un nommé M. Laborie, avocat au conseil supérieur du cap Français, île de Saint-Domingue, quitta cette île en 1742 pour venir faire un tour en France. Au nombre des approvisionnements à son usage, qu'il fit embarquer, était une tortue franche qui devait servir à lui donner de la *chair fraîche* à moitié de la traversée. Elle pesait alors environ vingt-cinq livres. On la mit dans un baquet avec de l'eau de mer que chaque jour on changeait, et on la nourrissait sans peine des débris de la cuisine, tels que les pampres d'herbes potagères et les tripes de volailles. Au bout de quinze jours, il fallut lui donner un autre logement, le baquet étant devenu trop petit pour la contenir; on scia en deux une tonne, où elle ne tarda pas à se trouver encore trop à l'étroit. Cette croissance rapide ayant intéressé la curiosité de M. Laborie, il voulut laisser le temps à la tortue de se développer encore, et décida qu'on ne la mangerait qu'à Bordeaux. Mais il fallait la loger plus grandement; on coupa une pièce à eau, c'est-à-dire une énorme barrique, où elle se trouva enfin à l'aise. Le navire devait relâcher à la Rochelle pour y déposer du fer. Lorsqu'on fut devant le pertuis d'Antioche, le temps devint mauvais, la mer très-grosse, et l'on songea à chercher un asile dans le golfe du Morbihan. L'inexpérience du pilote fit toucher le navire sur des écueils; il fut brisé, et la tortue trouva son salut dans la perte commune. M. Laborie et quelques passagers parvinrent à se sauver. Douze ans après, en apprenant par les feuilles publiques qu'une tortue franche avait été pêchée dans le pertuis d'Antioche, M. Laborie ne douta point que ce ne fût la sienne, et son fils adressa aux journaux le récit que je viens de vous faire, mes enfants.

AMÉDÉE. — Elle avait bien profité, cette tortue! C'est qu'apparemment elle avait trouvé sur nos côtes la nourriture qu'il lui fallait. Mais alors, mon père, ne pourrait-on pas apporter des tortues sur les côtes de France, et les y laisser tranquilles afin qu'elles fissent des petits?

M. DERVILLE. — Ce serait possible sans doute, surtout en choisissant les rivages de la Méditerranée, dont le climat plus chaud a quelque rapport avec celui des côtes de l'Amérique du sud. Mais une difficulté assez grande s'opposerait à la multiplication de ces animaux ; ce sont nos marées, qui font avancer les flots quelquefois à plusieurs lieues des côtes, tandis que, dans les contrées choisies par la tortue, le flux et le reflux étant presque insensibles , elles ne sont pas obligées d'aller déposer leurs œufs bien au loin dans le sable, et ce sable n'est pas constamment inondé par les vagues.

AMÉDÉE. — Eh bien! alors, on pourrait ordonner à tous les navires de rapporter chacun une ou deux petites tortues, on les jetterait à la mer en arrivant, et nos pêcheurs en pourraient prendre.

M. DERVILLE. — C'est ce que nous verrons peutêtre exécuter un jour; et Cécile ne se plaindra plus de ce que les tortues naissent en si grand nombre pour devenir la pâture des oiseaux de proie, puisque l'homme, et l'homme civilisé surtout, aura trouvé le moyen de les leur enlever et de les consacrer à de plus *nobles* banquets.

CÉCILE. — Mon père..., voilà que tu te moques de moi !

AMÉDÉE. — La belle découverte!... Mais, mon père, il y a aussi des tortues de terre, n'est-ce pas?

M. DERVILLE. — Oui, certainement, et de plusieurs espèces. C'est la tortue de terre qui a donné lieu au proverbe : *Marcher comme une tortue.* Rien n'est plus lent dans ses mouvements que ce singulier animal, doué de la faculté de retirer sa tête et ses pattes entre ses deux boucliers, quand il est effrayé.

CÉCILE. — Moi qui n'ai jamais vu de tortue, je ne me figure pas comment cet animal est fait.

AMÉDÉE. — Mais tu en as vu en gravure. La tortue a une petite tête au bout d'un cou tout ridé; des pattes ridées aussi, comme une espèce de bouclier en écaille sur le dos, et une queue.

M. Derville. — Toutes n'en ont pas; et l'écaille n'est pas de même contexture chez les unes et chez les autres. Celle de la tortue appelée *caret* est la plus belle et la plus recherchée pour les ouvrages de tabletterie.

Cécile. — Je voudrais bien savoir, mon père, comment vivent les tortues de terre?

M. Derville. Je compte m'en procurer une l'année prochaine, de l'espèce appelée *la grecque*, à cause des dessins dont est ornée sa carapace. Tu la verras donner la chasse aux insectes et aux limaçons dont elle se nourrit, s'enfoncer au mois d'octobre dans la terre, pour ne reparaître qu'au mois d'avril suivant. Elle est plus commune en Grèce, en Italie et en Sardaigne qu'en France. Comme elle ne coûte rien à nourrir, et comme sa chair est bonne, on aide à la propagation d'une espèce utile d'ailleurs, ainsi que je viens de te le dire, à cause de la chasse qu'elle fait aux limaçons surtout.

Amédée. — Mais il n'en est pas de même du crocodile, n'est-il pas vrai, mon père? C'est un animal redoutable et nuisible, à ce que rapportent les voyageurs?

M. Derville. — Il est redoutable à l'homme, sans doute, mais il ne lui est pas nuisible en ce sens que, vivant dans la vase limoneuse déposée sur les rives des grands fleuves sujets aux débordements, il se nourrit principalement des coquillages, des vers, des grenouilles, des lézards qui fourmillent en ces lieux; mais s'il est de grande taille, cette pâture ne **peut lui suffire**, et il fait la guerre aux tortues, aux poissons; car la terre et l'eau font également partie de son empire. Le bœuf même n'est point à l'abri de ses attaques. Tantôt couvert de boue et couché dans la vase comme un tronc d'arbre renversé, il attend en silence, et dans la plus complète immobilité, que quelque proie se présente; tantôt, à la nage, et suivant le cours d'un grand fleuve, il n'élève au-dessus de l'eau que le haut de sa tête, et ses yeux avides se portent tour-à-tour sur les deux rives; aperçoit-il un bélier, un bœuf, qui s'approche pour boire, il plonge, va jusqu'à cette proie en nageant entre deux eaux, la saisit par les jambes, l'entraîne au large, commence par la noyer, puis la dévore. Mais il n'attaque l'homme que lorsque la faim le presse.

Cécile. — Mon père, à quel animal ressemble le crocodile, je te prie?

M. Derville. — Au lézard.

Cécile. — Ainsi les lézards sont de petits crocodiles?

M. Derville. — Le crocodile et le lézard ont entre eux beaucoup de ressemblance sans doute, mais ils offrent aussi, sans parler de la taille, de nombreuses différences. Ainsi le lézard qui appartient, dans l'ordre des sauriens, à la seconde famille des lacertiens, du mot latin *lacerta*, lézard, ne va point à l'eau comme le crocodile; il n'est ni dangereux, ni venimeux; et lorsque la chaleur des rayons du soleil, auxquels il s'expose pendant des heures entières dans une immobilité complète, l'a ranimé, il se montre doué d'une grande vivacité dans ses mouvements. D'un naturel doux et paisible, le lézard est, de tous les reptiles, le plus inoffensif et le seul à peu près qui soit capable d'attachement.

Amédée. — Vois-tu, Cécile, quand je te disais que c'est un joli petit animal!

Cécile. — Oh! pour joli!...

M. Derville. — Ton frère a raison. Le lézard vert et même le lézard gris sont de jolis animaux, très-brillants. Les écailles qui les revêtent méritent d'être examinées avec soin, tant pour leur arrangement que pour leur éclat métallique. Il y a des lézards dont le manteau écailleux présente des desseins plus ou moins élégants, de couleurs variées et d'une parfaite régularité.

Cécile. — Mais, mon père, Marguerite m'a raconté l'autre jour l'histoire d'une pauvre fille qui fut bien malade pour avoir avalé un lézard en dormant sur l'herbe, et qui le rendit vivant!... Oh! cela fait frémir rien que d'y penser!

M. Derville. — Eh bien! moi je te raconterai l'histoire d'une poule qui, ayant trouvé un tout petit lézard, l'avala par la tête sans l'endommager; un moment après, on vit le lézard sortir par un chemin tout opposé. La poule, qui l'aperçut, l'avala de nouveau; le lézard s'échappa encore de la même manière. Ennuyée de ce badinage, la poule prit le parti de le couper en deux à coups de bec, l'avala pour la troisième fois, le digéra, et n'en fut nullement incommodée.

Cécile. — Ah! c'est une histoire pour rire que celle-là!

M. Derville. — Je trouve qu'elle en a tout l'air, quoiqu'elle ait été racontée fort sérieusement par un médecin célèbre du siècle dernier, M. Sauvage.

Amédée. — Il faut que j'en apprivoise un...

Cécile. — Un médecin?

AMÉDÉE. — Eh ! non, un lézard. Mon père, j'oubliais de te demander une chose ; qu'est-ce que c'est, je te prie, que la salamandre ? Est-il vrai que ce soit un animal qui vit dans le feu ?

M. DERVILLE. — La salamandre, tout au contraire, vit dans les lieux humides et frais, et ne sort de sa retraite que dans les temps de pluie ; ce qui est un peu différent de la faculté de vivre dans le feu qui dévore tout, y compris même la salamandre. Cette faculté singulière d'exister au sein de ce puissant destructeur, ne lui a sans doute été attribuée que parce qu'elle est froide comme la glace ; de la, cette devise choisie par François Ier, et servant d'exergue à une salamandre au milieu d'un feu flamboyant : *J'y vis et je l'éteins.*

CÉCILE. — Mon père, à quoi ressemble la salamandre, je te prie ?

M. DERVILLE. — Elle rappelle beaucoup le lézard, mais elle a de gros yeux comme le crapaud, et, de même, la tête aplatie. La salamandre est noire, piquetée de jaune ; de chaque côté, deux bandes jaunes s'étendent de la tête à la naissance de la queue, et sa peau, ordinairement sèche, est parfois enduite d'une espèce de rosée qui la fait paraître vernie.

AMÉDÉE. — On assure que c'est un animal venimeux.

M. DERVILLE. — Venimeux n'est pas le mot. La salamandre, lorsqu'on l'inquiète, fait jaillir d'un grand nombre d'ouvertures, une espèce de lait assez âcre pour faire élever la peau de la main comme le font les piquants de l'ortie ; mais là se bornent ses qualités venimeuses. C'est, du reste, un animal tout-à-fait inoffensif, d'un naturel triste, qui fuit le grand jour, et ne se défend qu'en lançant cette liqueur blanche dont je vous parlais tout-à-l'heure, ou son urine, à l'ennemi qui l'attaque, ou bien en contrefaisant le mort. Au genre des lézards appartient encore le dragon, qui a donné l'idée d'un être fantastique aux poètes et même aux historiens des temps passés.

CÉCILE. — Ah! il y a donc en effet des dragons?

M. DERVILLE. — La fable seule et les superstitions les ont rendus redoutables; car, en réalité, le dragon n'est pas autre chose qu'une variété parmi les petits lézards; ses ailes, qui rappellent beaucoup celles de la chauve-souris, ne peuvent lui servir que de parachute dans les sauts qu'il fait de branches en branches; il ne saurait voler. Il marche fort mal, mais il nage fort bien : aussi le trouve-t-on plutôt dans les eaux que partout ailleurs. Voilà quel est le très-modeste animal que les poètes anciens ont célébré et auquel les peintres ont prêté la tête et le corps du serpent, les pieds du lézard, les ailes de la chauve-souris. Il y a, vous le voyez, quelque chose de vrai dans ce portrait, toujours fait plus grand que nature. Mais une vérité incontestable et sur laquelle on a fondé aussi des fables d'un autre genre, c'est la propriété que possèdent assez généralement les reptiles, et en particulier les lézards et la salamandre, de reproduire leur queue et leurs pattes lorsque celles-ci ont été mutilées ou enlevées par quelque accident.

AMÉDÉE. — Je savais bien que j'avais entendu parler de quelque chose de ce genre-là, mais je croyais que c'était un conte.

M. DERVILLE. — Des expériences, répétées avec

soin, ont prouvé que le membre perdu repousse aussi parfait que précédemment ; et si vous aviez la moindre idée, mes enfants, du nombre des os qui composent seulement une patte de lézard, des muscles, des nerfs nécessaires aux mouvements, vous demeureriez confondus d'une reproduction si merveilleuse. Il arrive parfois que la queue d'un lézard se trouve accidentellement divisée dans toute sa longueur ; chaque partie devient alors une queue complète, et ainsi se montre une *variété* dans le *genre* du lézard, qui n'est au fond, vous le voyez, que le résultat d'une circonstance fortuite et de la faculté de reproduction partielle accordée à cet animal.

AMÉDÉE. — D'après ce que tu viens de nous dire, mon père, sur la salamandre, je présume que ce sont aussi des contes que l'on a faits au sujet du basilic, en l'accusant de tuer hommes et bêtes d'un seul regard ?

M. DERVILLE. — Oui, mon fils. Le basilic est un lézard bleuâtre ou d'un gris roussâtre marbré, et tout-à-fait inoffensif, de même que ses *confrères*. Mais comme il faut du merveilleux aux hommes, et comme le basilic porte sur la tête une espèce de capuchon qui le distingue et lui donne une forme bizarre, la superstition s'en est emparée pour en faire un être terrible. Nous en pourrions dire autant des lézards nocturnes, qui forment la quatrième famille des sauriens, celle des geckotiens. Il n'est sorte d'accusations dont on n'accable le malheureux gecko, assez semblable au lézard gris pour la forme, la couleur, mais dont les pattes, munies de pelottes à chaque doigt, sont tout-à-fait extraordinaires. On prétend que le gecko, dont certaines espèces vivent dans les trous des maisons, sous les pierres ; d'autres, dans les lieux sablonneux et déserts, d'autres encore sur les arbres, enveniment tout ce qu'ils touchent. L'attouchement seul des pattes du gecko, dit-on, empoisonne les viandes sur lesquelles il marche ; sa morsure est tellement venimeuse, que si la partie attaquée n'est pas retranchée ou brûlée, en très-peu d'heures on succombe ; son sang, sa salive fournissent les poisons actifs dans lesquels les Javanais trempent leurs flèches ; enfin on cite trois femmes du Caire qui ont été près de mourir pour avoir mangé d'un fromage sur lequel le gecko avait jeté son venin.

AMÉDÉE. — Et tout cela, ce sont autant de contes ?

M. DERVILLE. — Oui, mon fils. Le gecko est laid, il fuit la lumière ; ses pattes sont d'un aspect bizarre, la queue de quelques-uns ne l'est pas moins ; enfin ses yeux brillent dans l'obscurité comme ceux du chat : il n'en faut pas tant à quelque imagination malade pour transformer en animal venimeux et terrible une pauvre bête fort innocente, et pour répandre de proche en proche la terreur.

CÉCILE. — Mon père, et le caméléon ? à quelle classe, à quel ordre appartient-il, je te prie ? Je voudrais bien savoir si ce qu'on dit de son changement de couleur est vrai. J'ai peur que non.

M. DERVILLE. — Il ne faut jamais, ma fille, avoir *peur* de voir l'erreur disparaître devant la vérité. Le caméléon appartient à la classe des vertébrés, à l'ordre des sauriens et à la cinquième famille qui ne contient que ce genre, celui des caméléons. Voici ce qu'a dit Cuvier au sujet du changement de couleur observé dans ce reptile ; je me sou-

viens mot à mot du passage : « La grandeur de
leur poumon est probablement ce qui leur donne la
propriété de changer de couleur, non pas, comme
on l'a cru, selon les corps sur lesquels ils se trouvent,
mais selon leurs besoins et leurs passions. Leur poumon, en effet, les rend plus ou moins transparents,
contraint plus ou moins le sang à refluer vers la peau,
et colore même ce fluide plus ou moins vivement,
suivant qu'il se remplit ou qu'il se vide d'air. »

AMÉDÉE. — Comme c'est clair !... c'est-à-dire
quand on sait quelque chose sur la respiration, la
circulation et la coloration du sang par l'air.

CÉCILE. — Ainsi, l'on peut dire tout bonnement
que le caméléon rougit ou pâlit, et c'est tout. C'est
bien différent de ce qu'on raconte de sa coloration,
suivant qu'on le place sur du rouge, du vert, du
bleu... Mon père, je voulais te demander tout-à-
l'heure, à propos des membres coupés qui repoussent
aux lézards, s'il est vrai que les serpents coupés en
deux ne meurent pas, et que les deux parties se res-
soudent pour peu qu'elles puissent se rapprocher?

M. DERVILLE. — C'est ce que nous examinerons
une autre fois. »

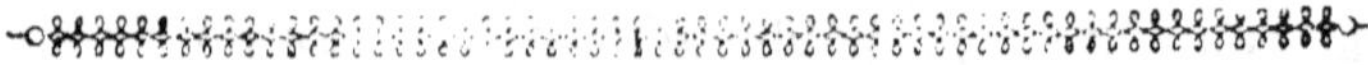

CHAPITRE II.

Le serpent. — Le boa. — La couleuvre. — Le serpent à lunettes.
Le têtard. — La grenouille. — Le crapaud.

— « Quel bonheur ! s'écria Cécile le lendemain soir en partant pour la promenade et en passant son bras sous celui de M. Derville, c'est aujourd'hui que tu vas nous parler des serpents, n'est-ce pas, mon petit père, et nous raconter à leur sujet une foule d'histoires effrayantes et amusantes ?

— Cécile n'aime que les histoires, dit Amédée, qui s'était emparé de l'autre bras de M. Derville ; moi, j'aime presque autant les détails sur la structure des animaux. Hier, je me suis amusé à examiner un ver de terre en marche, afin de deviner comment les serpents s'y prennent pour ramper.

M. DERVILLE. — Je suis bien aise, mon fils, que tu commences à observer les animaux à ta portée ; c'est le plus sûr moyen de parvenir à comprendre ce que j'aurai à dire soit de l'industrie, soit des moyens d'exécution donnés à ceux que tu ne peux voir encore. Le ver de terre rampe comme le serpent sans doute, mais non pas de la même manière. Sa peau est nue et simplement soutenue par des anneaux, tandis que celle du serpent est toute couverte d'écailles. Elles sont disposées, sous le ventre, autrement que sur la partie supérieure du corps. Les écailles du dessous du ventre peuvent être dressées et tirées d'arrière en avant, à la volonté du serpent, par l'effet des muscles qui y sont attachés, et, de telle façon, qu'elles se trouvent transformées en milliers de petites jambes, pour ainsi dire. Chacune de ces petites jambes improvisées se posant tour-à-tour sur la terre, aide à faire avancer l'animal dont les vertèbres forment une sorte de chaîne flexible, qui se prête aux mouvements plus ou moins onduleux que le serpent veut leur imprimer. Je tâcherai de me procurer quelque peau de couleuvre pour l'examiner avec vous à la loupe, et je vous expliquerai alors plus au long le mécanisme bien admirable auquel le serpent doit son agilité; agilité d'autant plus étrange que son sang est presque froid, vous le savez. Le serpent digère fort lentement. Il avale tout entier son gibier, quel qu'il soit, sans jamais le dépecer. Au bout de plusieurs jours, de plusieurs semaines, de plusieurs mois même, on trouve presque encore intact dans son estomac la souris, ou le poulet, ou le poulain que le reptile est venu à bout d'y faire entrer en obligeant ses mâchoires de se distendre. C'est à l'aide des crochets mobiles et si dangereux dont le fond de sa bouche est de chaque côté muni, qu'il retient sa proie qui se débat en vain.

CÉCILE. — Comment, mon père, il y a des serpents assez gros pour avaler un poulain tout entier?

M. DERVILLE. — Le serpent boa, par exemple. De tout l'ordre des ophidiens, le boa est le plus robuste, le plus glouton et le plus audacieux. Mais, quelque ouverture qu'il puisse donner à son énorme gueule, il est parfois obligé de faire subir une *petite préparation* aux pièces de gros gibier, telles qu'un buffle, un cheval, dont il ne vient pas à bout sans combat. Ceux-ci lui opposent même souvent une si vigoureuse résistance, que s'il ne se fortifiait pas en entourant de son énorme queue le tronc d'un gros arbre, il n'en triompherait peut-être pas.

Amédée. — Mon père, je croyais que les serpents se contentaient de fasciner leur gibier en le regardant, et qu'ils faisaient tomber ainsi les oiseaux dans leur gueule ouverte?

M. Derville. — Il est possible que le regard du serpent ait en effet la vertu magnétique qu'anciens et modernes se plaisent à lui accorder; mais si le regard du serpent peut suffire pour fasciner de petits oiseaux au point de les obliger à se précipiter eux-mêmes dans le gouffre béant ouvert devant eux, il ne suffit certainement pas pour lui livrer sans résistance des animaux robustes, courageux et munis de moyens de défense presque proportionnés aux moyens d'attaque du reptile; et la preuve, c'est que celui-ci s'élance sur eux, les enlace, les serre dans ses énormes replis, et, en les étouffant, les réduit à n'être plus qu'une masse informe.

Cécile. — Ah! les horribles bêtes!

M. Derville. — Alors, commence le *travail préparatoire* pour faire passer cette masse que le serpent doit avaler sans la mâcher. Il la lèche dans le sens du poil, l'enduit ainsi d'une espèce de vernis gluant, et saisissant sa proie par la tête...

Cécile. — Oh! mon père, assez, je t'en prie!

Amédée. — Que tu es donc enfant, ma sœur! au moment où le serpent avale sa proie, les souffrances du pauvre animal sont finies depuis long temps; mais c'est auparavant qu'il est à plaindre! Se sentir ainsi enlacé sans qu'il soit possible de s'échapper!... Ah! c'est cela qui fait frissonner! Mon père, tous les serpents sont venimeux, n'est-ce pas?

M. Derville. — Il est quelques espèces, telle que la couleuvre, par exemple, qui sont tout-à-fait inoffensives; elles ne portent point ces vésicules à venin dont certaines espèces, au contraire, se trouvent pourvues.

Amédée. — Je croyais que c'étaient leurs dents qui faisaient des blessures si dangereuses?

M. Derville. — Il faut entendre par le mot *dents* les crochets mobiles habituellement reployés en arrière contre la mâchoire supérieure et cachés par un repli de la gencive; ces crochets sont percés d'une sorte de canal; c'est par là que, de la vésicule ou glande à venin, s'écoule dans la plaie ce poison actif et souvent sans remède qui donne une mort presque instantanée; plus le serpent est irrité, plus les effets du poison sont terribles et prompts.

Amédée. — Mais alors, mon père, pourquoi le boa ne s'en sert-il pas pour venir à bout plus vite des gros animaux qui lui opposent de la résistance?

M. Derville. — Le genre des serpents boa n'est point venimeux. Quant au venin, pour qu'il agisse, il faut qu'il ait été absorbé par l'animal qui s'en trouve atteint, et porté dans le torrent de la circulation; ceci a lieu plus promptement, tu dois le concevoir, chez un animal de petite taille que chez un animal de grande taille; quelque chose encore en accélère les effets, c'est le plus ou moins d'activité de la circulation du sang: ainsi, proportion de taille gardée, un aigle mordu par un serpent succombera plus vite qu'un quadrupède, le sang, chez les oiseaux, circulant avec plus de rapidité que dans tout autre animal.

Amédée. — Mon père, Adolphe m'a raconté l'autre jour qu'il a vu à Paris des bateleurs jouer avec des serpents et s'en faire obéir au moindre commandement; moi je lui ai dit que ce n'est pas possible.

M. Derville. — Tu lui diras demain que ces prétendus *serpents* n'étaient assurément que des couleuvres. On peut sans crainte manier la couleuvre; elle ne mord pas à moins qu'on ne l'irrite, et sa morsure est peu dangereuse. Sa principale défense est un long sifflement et une vapeur fétide qu'elle exhale de sa bouche en même temps qu'elle laisse suinter, de dessous ses écailles, une liqueur blanche également infecte.

Cécile. — Il faut avouer que les reptiles sont de bien vilaines bêtes !

M. Derville. — Quant à l'obéissance au commandement, de la part des couleuvres, j'en ai vu dans mon jeune temps un exemple assez extraordinaire pour ne l'oublier de ma vie. Une de mes tantes s'était amusée, je ne sais par quelle fantaisie, à apprivoiser une jeune couleuvre. Celle-ci ne la quittait pour ainsi dire jamais, et se tenait cachée dans son sein. Habituée à la voix de sa maîtresse, la couleuvre l'entendait de loin dans le jardin, où elle allait le long des haies se promener quelquefois, et aussitôt elle arrivait. Cette couleuvre distinguait sa maîtresse entre toutes les femmes qui se trouvaient là, la reconnaissant à son rire, à sa manière d'éternuer, de tousser, de marcher, et ne se trompant jamais, quelles que fussent les embûches qu'on lui tendait pour la mettre dans l'embarras.

» Les serpents en général, mais les couleuvres surtout, nagent presqu'aussi bien que les anguilles. Un jour, ma tante faisait une partie sur l'eau avec quelques amis. On voulut essayer les talents *nautiques* de la couleuvre favorite, et bon gré mal gré, elle fut jetée à l'eau. Ma tante, très-contrariée, encourageait d'une voix caressante la couleuvre à suivre le bateau ; et celle-ci redoublait de zèle pour ne point perdre de vue sa maîtresse ; mais le vent s'étant soudainement élevé, la couleuvre voulut en vain lutter contre les vagues, elle fut vaincue et disparut. Ma tante la pleura ; et souvent elle m'a raconté, dans mon enfance, l'histoire de sa chère couleuvre qui, l'hiver, venait se réchauffer au coin du feu.

AMÉDÉE. — Si j'avais été à la place de ma grand'tante, j'en aurais apprivoisé une autre.

M. DERVILLE. — A ton âge, mon fils, on remplace, par un autre, l'objet de son affection d'un jour ; à l'âge que ma tante avait, lorsque sa couleuvre se noya à ses yeux, comme on s'attache plus sérieusement, on évite, parce qu'on est raisonnable, de multiplier les occasions de chagrins tout-à-fait superflus. Je vous ai cité ce fait pour vous prouver qu'il peut se trouver, parmi les reptiles, des individus doués d'intelligence et capables d'attachement ; peut-être le nombre en serait-il plus multiplié si l'on daignait tenter de nombreux essais en ce genre ; mais, comme les sujets offerts à ces expériences ne sont pas *engageants*, on préfère les repousser tous, et l'on se borne à en avoir peur.

CÉCILE. — Non, certainement, rien n'est moins entant que d'apprivoiser un serpent !

AMÉDÉE. — Dis donc une couleuvre !

M. Derville. — Et cependant on n'est pas fâché d'en voir d'apprivoisé. Quiconque a voyagé dans les Indes-Orientales sait que les bateleurs, qui apportent sur la place publique leurs najas dressés, ne manquent pas de spectateurs. Le naja n'est point l'inoffensive couleuvre; c'est le redoutable *serpent à lunettes*. On l'a ainsi nommé parce que, sur la partie supérieure du corps, celle qui tient immédiatement à la tête et qui offre un renflement très-prononcé, se trouve une tâche noire singulièrement dessinée; elle représente une paire de lunettes; de ces lunettes de corne et sans branches, telles que l'on en voit encore de posées à l'extrémité du nez de quelque vieil oracle de village, homme ou femme, assez savant dans le bel art de la lecture pour lire couramment le fameux almanach de Matthieu Lænsberg.

Cécile. — Voilà des lunettes singulièrement placées!

Amédée. — Un serpent n'en ayant pas besoin, ce qu'il y a de vraiment singulier, c'est qu'il en ait de dessinées sur le dos.

M. Derville. — Une chose plus curieuse et plus intéressante surtout, c'est la danse exécutée par le naja. Le bateleur, tenant à la main une racine dont il ne dit pas le nom, et dont il a une provision au service des amateurs qui croient à la vertu des *amulettes* pour soumettre les serpents, annonce qu'il va prouver qu'à l'aide de cette racine, qui a la propriété de guérir les blessures faites par le naja, il peut l'obliger d'exécuter des danses pour l'amusement de l'honorable assemblée. Aussitôt il fait sortir du vase dans lequel il le tient enfermé, le redoutable serpent à lunettes, dont la morsure est presque toujours suivie d'une mort prompte, si l'on n'est pas à portée des secours donnés dans le pays pour combattre, par des antidotes, ce terrible poison. Le bateleur frappe le naja d'un coup de baguette, et l'agace en lui présentant la main droite armée de la toute puissante racine. Le naja, se soutenant sur sa queue, se dresse, se tourne vers l'agresseur, siffle en dardant sa langue, et, la bouche béante, l'œil enflammé, il se renfle et regarde fixement le poing fermé qui lui présente le talisman.

» Le bateleur commence son chant, tantôt plus lent, tantôt plus vif, et agite son poing en cadence, de droite, de gauche, de haut, de bas; le serpent imite, avec une attention soutenue, les mouvements qu'il voit faire. Toujours dressé sur sa queue qui demeure immobile, il varie sans cesse les positions de sa tête et du haut du corps, et exécute en effet une espèce de danse assez plaisante. Un demi-quart d'heure suffit pour le lasser; aussi le bateleur a-t-il soin d'interrompre sa chanson et les mouvements imprimés à son poing, au moment où il prévoit que le reptile fatigué va retomber subitement, et les spectateurs, émerveillés de la *docilité* de l'animal, le voient s'affaisser lentement vers la terre, puis rentrer dans le vase qui lui sert de retraite.

AMÉDÉE. — Mon père, je voudrais bien savoir comment le bateleur, sans être jamais mordu, à ce qu'il paraît, parvient à se faire obéir pourtant, car enfin le naja obéit?

M. DERVILLE. — Ne t'ai-je pas dit que le bateleur possède une racine merveilleuse?

AMÉDÉE. — Je ne suis pas assez simple pour croire ce que dit un bateleur.

M. Derville. — Sa chanson est encore un *charme* tout puissant.

Amédée. — Mon père, je t'en prie, dis-moi la vérité plutôt que tous ces contes !

M. Derville. — Eh bien ! mon fils, la vérité, la voici. Quelques brachmanes font métier de dresser des najas pour les vendre aux bateleurs ; ce serait une industrie assez dangereuse à exercer, si, dès l'enfance, ils ne connaissaient pas les mœurs de ces reptiles. Un voyageur, Kampfer, rapporte avoir vu un brachmane au milieu de vingt-deux élèves de cette espèce, qu'il tenait habituellement renfermés dans des vases de terre. A l'heure de la *leçon*, qui avait toujours lieu le matin ou le soir, car le brach-mane évitait soigneusement d'exciter ses serpents quand le soleil inonde la terre de ses feux, il en fai-sait sortir un pour l'exercer ; puis un autre, et en-core un autre, les obligeant de *travailler* plus ou moins long-temps, suivant le degré auquel chacun d'eux était déjà parvenu. A la sortie du vase, le naja cherchait à fuir ; mais le maître, avec le secours d'une petite baguette, l'obligeait de tourner la tête vers lui. Au moment où le reptile irrité allait s'élan-cer pour attaquer, il lui présentait le vase dont il se servait comme d'un bouclier pour parer les coups, et l'animal, s'épuisant en efforts inutiles, avançait et reculait presque en même temps. Pendant un quart d'heure que durait cette lutte, le serpent, la peau du cou renflée, les yeux étincelants, la langue dar-dée vers le vase, suivait sans relâche les mouve-ments du *bouclier* qui lui était opposé, et prenait l'habitude de se dresser dès que ce *bouclier* se pré-sentait à sa vue ; peu à peu, le brachmane arrivait à ne se servir que de son poing fermé ; l'animal, croyant le poing aussi inattaquable que le vase contre lequel il s'était plus d'une fois heurté, se tenait à distance, et ne perdait pas de vue ce poing qu'il suivait dans tous ses mouvements.

Cécile. — Mais, mon père, et la racine ?

M. Derville. — La racine, tu dois le deviner, n'ajoute rien du tout au prétendu *charme* qui consiste dans la frayeur imprimée au serpent par cet obstacle qu'il croit être toujours le même, et sur lequel ses crochets sont venus s'émousser. Cependant il arrive quelquefois au bateleur d'être mordu, sans qu'il paraisse s'en mettre en peine ; et cette indifférence augmente la foi des gens crédules dans la vertu magique de la racine inconnue ; le bateleur seul peut savoir que s'il ne prenait pas quelques précautions, sa vie courrait de grands dangers.

Amédée. — Et quelles sont ces précautions, mon père, je te prie ?

M. Derville. — C'est d'ôter à l'animal son venin.

Amédée. — Mais comment est-ce possible ?

M. Derville. — Il suffit de présenter au serpent un morceau d'étoffe et de l'exciter, en l'irritant, à se jeter dessus à plusieurs reprises. A chaque morsure, il fait couler son venin, et ainsi s'épuise tout celui que contiennent les vésicules dont je vous ai déjà parlé. Le bateleur recommence le lendemain, en ayant soin que le serpent ne mange pas, autrement le venin se reproduirait dans l'espace de quelques heures. C'est donc à jeun et désarmé que le naja devient le jouet du bateleur, qui accompagne les gestes de sa main d'une petite chanson, pour mieux faire croire que le serpent danse en effet.

13.

Cécile. — Pauvre animal !

Amédée. — Comment, tu plains un serpent !

M. Derville. — Ta sœur, par cette compassion qui paraît t'étonner, mon fils, donne une preuve de la bonté de son cœur et de la justesse de son esprit. L'homme use de son droit en détruisant l'animal nuisible ; il abuse de sa puissance en lui faisant de la vie un supplice. Tâche de ne jamais l'oublier, mon enfant, et sache bien que l'animal le plus repoussant par son extérieur, par ses habitudes, a été doué comme les autres de la faculté de souffrir. Le torturer à plaisir c'est donc abuser de la supériorité que nous donne quelquefois la seule force physique, et c'est en même temps nous montrer inférieurs sous le rapport moral ; car notre méchanceté est réfléchie : souvent elle a pour objet la satisfaction d'une passion honteuse, la cupidité, et, pour moyens, la ruse et la fraude.

Amédée. — Mon père, et le serpent à sonnettes ?

M. Derville. —Nous y reviendrons quelque jour mon fils.

Cécile. — Mon père, il faut, pendant que j'y pense, que je te demande une chose : est-ce que les serpents pondent aussi des œufs ?

M. Derville. —Je crois vous avoir déjà dit que quelques espèces, parmi les ophidiens, pondent, en effet, des œufs dans le sable et que d'autres mettent au jour des vipereaux tout vivants ; mais ces vipereaux étaient aussi, eux, renfermés dans des œufs ; de là le surnom d'animaux *ovipares* ou *ovovivipares*, donné aux reptiles, suivant que les œufs éclosent dans le sable ou dans le sein de la mère. La grenouille est un reptile ovipare ; elle pond dans l'eau un grand nombre d'œufs qui tombent au fond ; peu de jours après ils s'élèvent à la surface, et il en sort un ver qui, après avoir subi une première métamorphose ou changement de forme, prend le nom de *têtard*. Ce têtard n'offre absolument aucune ressemblance avec l'animal que tous deux vous connaissez, au moins par des gravures, la grenouille. Environ deux mois après que le ver est devenu têtard, c'est-à-dire à la mi-juin, il change de peau. Jusqu'alors il n'avait présenté à la vue qu'une grosse tête, d'où lui est venu son nom ; cette tête était munie d'une queue à l'aide de laquelle le têtard nageait dans l'eau avec une promptitude merveilleuse ; jusqu'alors aussi, pour saisir sa proie à la surface de l'eau, le têtard avait été obligé de se renverser sur le dos, parce que, chez lui, la bouche se trouve placée presque sur la poitrine.....

CÉCILE. — Pourquoi cela, mon père ?

M. DERVILLE. — Le pourquoi, je l'ignore ; le fait, je le sais, et vous pouvez vous en assurer par vos propres yeux ; mais j'ajouterai que nous trouverons une foule de singularités de ce genre dans l'*histoire des insectes*. Le têtard, qui n'est point un insecte, mais un reptile soumis à la métamorphose, commence donc, comme je vous le disais, à se défaire de sa vieille peau pour devenir grenouille. Cette peau se fend près de la tête du têtard, et la tête de la grenouille paraît ; les jambes de devant commencent à se déployer au dehors, elles aident à pousser la dépouille en arrière ; peu à peu se montrent le corps, les jambes de derrière, enfin la queue.

Amédée. — Moi qui croyais que les grenouilles n'en avaient pas!

M. Derville. — Elles en ont une au moment dont je te parle; mais cette queue tarde peu à disparaître totalement.

Amédée. — Alors, mon père, pourquoi leur en donner une?

Cécile. — Mon père ne vient-il pas de nous dire que le têtard en a besoin? que c'est pour lui comme une nageoire?

M. Derville. — Quiconque observe avec attention les animaux, leur instinct, et réfléchit ensuite, tarde peu, mes enfants, à s'assurer que les armes, les formes bizarres, les ornements même en apparence superflus, que nous découvrons chez eux, leur sont d'une utilité réelle. Lors donc qu'à votre tour vous répéterez des observations faites bien longtemps avant vous, attendez, pour vous récrier avec un superbe dédain sur ce qui vous paraîtra au moins inutile, que vous ayez pu suivre tel ou tel animal, soit dans les habitudes de sa vie, soit dans les métamorphoses si diverses qu'il est destiné à subir. Ainsi seulement on est parvenu à détruire quelques-uns des préjugés, fruits de l'ignorance, et à poser les bases d'une véritable instruction ; et ainsi seulement l'homme arrive à reconnaître, autant que le lui permettent ses faibles lumières, que rien au monde n'a été fait sans but.

Amédée. — Mon père, j'ai lu quelque part, je ne me rappelle plus trop dans quel livre, que le crapaud est extrêmement venimeux. Je n'en crois rien à présent, et désormais je me tiendrai en garde contre des assertions de ce genre.

M. Derville. — L'aspect du crapaud est dégoûtant ; c'est un animal hideux de laideur, il n'en faut pas davantage, tu le sais, pour que sur-le-champ on le croie venimeux. Le crapaud ne l'est pas plus que la salamandre, le gecko ou tout autre animal dont l'extérieur inspire une forte répugnance ou une horreur irréfléchie ; on parle beaucoup de sa morsure, et il n'a point de dents ; sa défense se borne à lancer, contre l'ennemi qui l'attaque, une urine infecte, ou bien à se gonfler comme un ballon. C'est vainement alors qu'on prétendrait l'écraser ou l'assommer. Il rebondit, de même qu'une balle, sous le bâton ou sous les pierres qu'on lui lance et n'offre aucune prise aux assaillants.

Amédée. — J'ai entendu raconter, au collége, qu'on a trouvé des crapauds vivants renfermés dans des pierres depuis des siècles.

M. Derville. — Je voudrais d'abord qu'on pût me dire de quelle manière on s'était assuré de l'*âge* de ces pierres, et ensuite à quelle époque de l'année cette trouvaille avait été faite. Tout le monde sait que la grenouille, le crapaud sont du nombre des animaux qui passent l'hiver loin de la lumière du jour et dans un état d'engourdissement complet, soit sous terre, soit sous des pierres ; mais au printemps ils se raniment, et la faim se fait sentir à ce moment où leur pâture ordinaire, les vers, les insectes qui vivent dans la terre et dans l'eau, éclosent par milliers. Comme il n'est pas un animal qui puisse vivre absolument sans manger, quoique tous aient été doués plus ou moins de la faculté de supporter des jeûnes prolongés au-delà de ce que nous pouvons nous imaginer, les *siècles* d'emprisonnement prêtés aux crapauds qu'on a trouvés quelquefois vivants dans des pierres, peuvent se réduire à quelques mois d'un engourdissement naturel, suivis de quelques autres mois de jeûne forcé.

, AMÉDÉE. — Mais, mon père, une autre chose encore que m'a racontée Léon, c'est que les savants eux-mêmes ne concevaient pas comment de si gros crapauds avaient pu entrer dans l'endroit où on les découvrait.

M. DERVILLE. — Les amateurs du merveilleux ne manquent pas de s'emparer de ces sortes d'histoires pour donner naissance à des *monstres fabuleux ;* d'ailleurs il me semble qu'en vous parlant tout à l'heure de la manière dont le crapaud se gonfle dès qu'il se sent en danger, je vous ai mis à même de deviner que le crapaud, ainsi renfermé, peut, par l'effet de la peur, devenir *monstrueux* relativement au lieu qu'il occupe, et dans lequel une circonstance fortuite l'aura poussé à se réfugier en s'amincissant, au contraire, le plus possible, afin d'y pénétrer. En outre, comment vivraient-ils *des siècles* sans manger ? Pendant l'hiver la plupart de ces animaux s'engourdissent ; mais au retour de la chaleur, ils se réveillent ; je viens de le dire. En voulez-vous une preuve ? Je vais vous la donner.

» Au siècle dernier, dans la Silésie, au jardin botanique de la ville de Trebnitz, les coassements d'une grenouille se faisaient entendre le matin, le soir, et quelquefois la nuit auprès de la serre ; ceci avait lieu au mois de décembre, époque à laquelle grenouilles et crapauds sont engourdis, et ne donnent point signe de vie. Mais on conjectura que la chaleur de la serre, secondée par un hiver fort doux, avait réveillé la grenouille avant la saison, et l'on crut que, ne trouvant rien à manger, elle tarderait peu à se rendormir ou à mourir. Cependant les coassements devenaient, au contraire, plus forts chaque jour. Cette même chaleur, et cette même température, plus douce que de coutume, ayant fait éclore des œufs de sauterelles, la grenouille trouvait de quoi se nourrir. Elle seule débarrassa les jeunes plantes de ces insectes qui les dévoraient, et contre lesquels on employait vainement les moyens connus. Dès que tous eurent disparu, la grenouille disparut à son tour. On était persuadé qu'elle se ferait entendre de nouveau au printemps ; il n'en fut rien, et l'on dut présumer qu'elle avait péri soit faute de nourriture, soit parce que ses habitudes *hibernantes* avaient été troublées par l'effet d'une chaleur factice réveillant à l'époque des froidures.

CÉCILE. — Mon père, il faut que ce soit cette dernière raison ; car, bien sûr, il avait éclos de nouveaux insectes.

AMÉDÉE. — Comment cela, ma sœur, si d'autres sauterelles et d'autres insectes n'étaient pas venus faire de nouvelles pontes ?

CÉCILE. — Ah ! c'est vrai... mais la grenouille avait peut-être trouvé moyen de s'en aller. Ainsi, c'est à détruire les insectes nuisibles que les grenouilles travaillent !

M. DERVILLE. — Je vous répéterai sans cesse, à ous les deux, que jusqu'au plus petit des atomes organisés n'a point été jeté sans but sur la terre. »

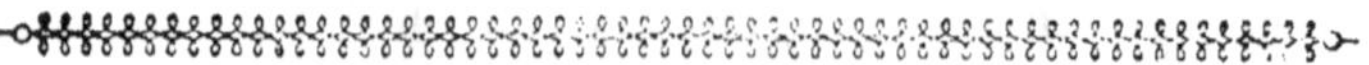

CHAPITRE III.

Les poissons. — Les ouïes. — Les écailles. — Le poisson doré de la Chine. — Les œufs. — Le chien de mer. — La chimère. — Le hareng. — La morue.

Cécile, désireuse d'obtenir les éloges donnés la veille par M. Derville à Amédée, au sujet de l'examen que ce dernier avait imaginé de faire des *allures* d'un ver de terre, afin d'arriver a deviner de quelle manière les serpents s'y prennent pour ramper, passa ce jour-là une grande partie de ses heures de récréations à obliger ses poissons rouges, captifs dans un bocal de verre blanc, de *parader*, pour ainsi dire, sous ses yeux. Jamais encore elle n'avait aussi bien remarqué leur légèreté à monter, à descendre dans l'eau, le mouvement de leurs nageoires, de leur queue, celui si régulier de leurs ouïes, et l'éclat de l'or se dessinant sur leurs écailles écarlates, celui de l'argent sur la partie inférieure du corps, suivant les effets de la lumière qui les éclairait en totalité ou en partie; aussi, le soir se trouva-t-elle en état de dire qu'elle avait *vu*, bien *vu*, et de faire des questions un peu moins à l'étourdie; mais, comme de coutume, elle en adressait à son père une foule à la fois.

— « Prenons le temps de penser avant que de parler, répondit M. Derville en riant. Il m'est impossible de passer, comme tu le fais, ma fille, d'une chose à l'autre. Tu vas de tes poissons rouges aux anguilles, aux merlans, aux requins, aux soles, aux harengs, en un mot au peu que tu connais de ce peuple *muet*, si difficile à observer dans les profondeurs des mers où il est impossible de le suivre, et dont les mœurs sont dignes pourtant d'exciter notre curiosité, tout autant que celles des animaux terrestres.

Cécile. — Comment, mon père, les poissons ont des mœurs..... Je veux dire des.... de l'instinct, de l'industrie ?

Amédée. — Tu pouvais faire cette question-là, ma sœur, dans le commencement, mais à présent !..

M. Derville. — Je te répète pour la dernière fois, ma fille, que, jusqu'à l'insecte dont il faut des milliers pour former, à nos yeux, la grosseur d'un *grain de sable*, possède un instinct, une industrie qui lui sont propres, et les moyens d'exécuter, soit les volontés que cet instinct lui inspire, soit les travaux dont cette industrie lui suggère l'idée. Maintenant revenons aux poissons, et apprenez tous les deux qu'afin d'en faciliter la classification, et par conséquent l'étude, les naturalistes les ont divisés en deux ordres bien distincts, les *poissons osseux* et les poissons *cartilagineux*.

Cécile. — Je n'ai jamais vu des uns ni des autres, mon père ?

M. Derville. — Les arêtes du maquereau, dont tu es si friande, et celles de la raie, que tu n'aimes guère, sont-elles également dures, solides ?

Amédée. — Oh ! pour cela non ! On peut croquer

les longues arêtes de la raie, mais non pas celles du maquereau, ni celles du merlan, de la sole...

M. Derville. — Ni d'une foule d'autres que tu ne pourrais nommer quand tu le voudrais.

Cécile. — Et la baleine, mon père? Oh! il doit être osseux ce poisson-là!

Amédée. — Comment peux-tu oublier ce que mon père nous a dit pourtant, que la baleine est un mammifère et non pas un poisson, parce qu'elle a des mamelles, et parce qu'elle nourrit de lait ses petits qui viennent au jour tout vivants!

M. Derville. — Les deux exemples de poissons osseux et de poissons cartilagineux que je viens de vous donner, suffisent, je pense, pour vous faire comprendre ce que les naturalistes entendent par cette grande division d'*osseux* et de *cartilagineux;* mais ce dont vous êtes loin de vous douter, c'est du nombre si grand des arêtes cartilagineuses ou osseuses qui composent le *squelette* du poisson. Chez la carpe, par exemple, les parties osseuses sont au nombre de quatre mille trois cent quatre-vingt-six.

Cécile. — Quatre mille trois cent quatre-vingt-six! Mais, mon père, à quoi bon lui avoir donné tant d'arêtes pour nous étrangler?

Amédée. — Moi, ce qui m'étonne, c'est qu'on ait pu venir à bout de les compter.

M. Derville. — Je ne sais si vous avez fait quelqu'attention à ce qu'on appelle assez improprement les ouïes des poissons?

Amédée. — Non, mon père.

Cécile. — J'en ai vu, un jour que maman m'a envoyée au marché avec ma bonne, mais je ne les ai pas trop regardées.

M. Derville. — Vous savez du moins l'un et l'autre qu'on appelle ainsi *quelque chose* qui se trouve placé de chaque côté de la tête ?

Cécile. — Oh ! oui, mon père, c'est tout rouge ; et je me souviens à présent que tu nous as dit que ce sont là les poumons des poissons.

M. Derville. — Ce *quelque chose*, ces poumons se composent d'un appareil nommé *branchies* ; les *ouïes* sont seulement les ouvertures par lesquelles s'échappe l'eau que le poisson a avalée. Les branchies se composent des feuillets ou espèces de peignes formés d'une grande quantité de lames cartilagineuses ou membraneuses. L'eau que le poisson *avale* ou *respire* par la bouche, agit, au moyen de l'air qu'elle contient, sur le sang continuellement envoyé aux branchies par le cœur, qui n'est point composé de deux ventricules et de deux oreillettes ; ce cœur ne représente que l'oreillette et le ventricule droits des animaux à sang chaud.

« Le sang, après avoir respiré, se rend dans un tronc artériel situé sous l'épine du dos, et qui, remplissant les fonctions du ventricule gauche, l'envoie par tout le corps ; puis il revient au cœur par les veines.

» Tels sont, mes enfants, et l'appareil respiratoire et l'appareil circulatoire chez les poissons.

Amédée. — Plus nous avançons, mon père, plus je vois combien sont importants ces deux appareils, et comment, des changements, des modifications qu'ils éprouvent, résultent d'autres modifications très-importantes ; car elles font que l'animal peut vivre soit sur la terre, soit dans l'air, soit dans l'eau.

M. Derville. J'ajouterai à ce que je viens de vous dire que soixante-neuf muscles et que des nerfs aussi nombreux que les artères capillaires, donnent au poisson les moyens de faire agir ses nageoires, sa queue à volonté, en un mot d'exécuter tous les mouvements qu'il lui plaît, et auxquels son corps se prête avec une flexibilité merveilleuse. Nous nous arrêterons là pour cette fois, en ce qui touche les autres merveilles de l'organisation intérieure sur laquelle nous reviendrons un jour ; cependant je vous dirai un mot de la vessie natatoire, placée sous l'épine du dos. C'est un sac membraneux rempli d'air, et à l'aide duquel le poisson se soutient dans l'eau. Cette vessie, composée de deux tuniques, s'enfle à sa volonté quand il veut s'élancer sur l'eau, se resserre, ou, si vous l'aimez mieux, se vide d'air quand il veut aller à fond.

AMÉDÉE. — Que tout cela est admirable ! Et les nageoires, mon père ?

M. DERVILLE. — Je vous ai dit déjà qu'elles peuvent être comparées à des rames, et la queue au gouvernail, ou mieux encore à un aviron vigoureux, qui frappe alternativement l'eau à droite et à gauche ; tandis que les branchies poussant en arrière l'eau qui leur parvient par la bouche, contribuent encore à augmenter la rapidité de la marche du poisson. Si vous songez à examiner les différents poissons, en bien petit nombre, qui figurent tour-à-tour sur notre table, vous reconnaîtrez, mes enfants, qu'après avoir établi la grande division des poissons osseux et des poissons cartilagineux, il a été possible d'établir encore des subdivisions par le nombre des membres. Ainsi, les uns ont des nageoires *pectorales* et abdominales ou *ventrales*, qui correspondent aux parties antérieures et postérieures du corps ;

des nageoires supérieures *dorsales*, des nageoires inférieures *anales*, et des nageoires *caudales*, qui forment le bout de la queue; d'autres n'ont qu'une partie de ces divers caractères. Ce n'est pas tout: la membrane des nageoires est soutenue par des rayons plus ou moins nombreux, qui représentent grossièrement les doigts des pieds et des mains. Il y a de ces doigts qui sont *épineux*; d'autres se composent d'un grand nombre de petites articulations, et se divisent en rameaux à leur extrémité : on les désigne par les épithètes de *mous*, d'*articulés* ou de *branchus*. Vous reconnaîtrez donc, après quelques observations faites avec attention, que si tous les poissons ont reçu les membres nécessaires à la natation, ces membres ne sont pas les mêmes pour tous; que ces caractères ont dû concourir à établir des distinctions entre les familles, les tribus, les genres; et que l'organisation n'étant pas la même, les instincts, les industries doivent être différents: vérité qui ressort de chaque observation, loi générale à laquelle animaux ni végétaux ne peuvent se soustraire.

CÉCILE. — Mon père, une chose que je ne conçois pas, c'est comment les poissons peuvent tenir leurs yeux ouverts dans l'eau !

M. DERVILLE. — Je te dirai d'abord, ma fille, que les bons nageurs, comme les plongeurs, savent fort bien tenir dans l'eau les yeux ouverts. Il suffit de les fermer au moment où l'on plonge, et de ne les ouvrir que lorsqu'on est sous l'eau ; puis j'ajouterai qu'un moment de réflexion aurait dû suffire pour t'amener à te dire à toi-même que, puisque l'Auteur de toutes choses a donné à chaque animal les organes propres à entretenir son existence dans le milieu que chacun d'eux devait habiter, il a dû donner aussi à un organe très-important pour le poisson, comme il l'est pour tout autre animal, tout ce qui était nécessaire, afin que cet œil, non-seulement ne se fermât pas dans l'eau, mais encore qu'il pût *voir* jusque dans les plus grandes profondeurs de la mer.

AMÉDÉE. — Une chose qui est bien belle, mon père, et à laquelle on ne prend pas garde pourtant, ce sont les écailles des poissons !

M. DERVILLE.— Je ne connais personne qui soit capable de *ne point prendre garde* à la parure si riche et si brillamment nuancée, qui attire au contraire tous les regards. L'éclat des émaux, des métaux se reproduit sur les écailles des poissons et les rend l'objet d'une admiration générale ; mais ce à quoi l'on ne prend pas garde, c'est que leur position et leur quantité varient suivant la forme et les différentes manières de vivre de chaque espèce. Dans quelques-unes, les écailles couvrent toute la peau ; dans d'autres, c'est au contraire la peau qui les recouvre en partie ; il y en a de rondes, de carrées, de crénelées, d'osseuses, de flexibles. Plus les poissons sont destinés à s'approcher des rivages, plus les écailles, proportionnellement à leur taille, sont grandes et épaisses ; il leur fallait une cuirasse pour les préserver des chocs auxquels les expose le voisinage des rochers ; plus, au contraire, le poisson est destiné à vivre dans la vase, plus les écailles sont petites et recouvertes par la peau. Partout, mes enfants, et jusque dans les moindres détails, vous retrouverez à la fois cette puissance sans bornes, cette sagesse et cette bonté infinies qui donnent à tous les êtres animés ce qu'il leur faut, et comme il faut pour vivre, pour exercer leur industrie et pour jouir, selon leurs facultés, du plaisir d'exister.

CÉCILE. — Mon père, je voudrais bien savoir si c'est réellement de la Chine que viennent mes poissons rouges et dorés?

M. DERVILLE. — Les tiens, ma fille, ne sont *chinois* que par leurs *ancêtres*. Il y a un siècle à peine qu'on a naturalisé en France ce genre de cyprins, mais la race primitive appartient à la province de Fokien, dans le *céleste* empire. En Chine, les cyprins sont élevés avec le plus grand soin, dans des étangs en miniature, au-dessus desquels se balancent des plantes aquatiques en miniature, qui donnent de l'ombre en miniature; c'est la manie des Chinois. Un coup de sifflet avertit les cyprins que le maître est là. La bande dorée accourt aussitôt pour se disputer, à la surface de l'eau, la nourriture qu'on lui jette. Ce sont des joutes, des combats, pendant lesquels étincèlent au soleil ces jolis animaux si sveltes, si élégants, si vifs dans leurs mouvements, et qui semblent communiquer à l'eau leur couleur écarlate, rehaussée d'or et d'argent.

CÉCILE. — Il faudra que j'essaie de faire venir les miens à la surface de l'eau quand il me plaît.

M. DERVILLE. — Rien de plus facile que d'obtenir des animaux apprivoisés, ou de ceux à demi sauvages, une obéissance dont s'étonnent les personnes qui ne savent rien de leurs habitudes. Offre tous les jours, *à la même heure*, à tes poissons la nourriture qu'ils préfèrent, annonce-la par un bruit *constamment le même;* dociles à ce bruit, ils se montreront à la surface de l'eau; s'ils habitaient un espace moins resserré, tu les verrais accourir de fort loin.

Amédée. — Alors, mon père, les poissons entendent donc?

M. Derville. — Il me semble que je viens de faire d'avance la réponse à ta question. Oui, mon fils, les poissons entendent, et les pêcheurs le savent si bien, que, pour les surprendre, ils observent le plus grand silence.

Amédée. — Mais les poissons ne parlent pas, mon père?

M. Derville. — On ne connaît aucun poisson qui ait une *voix* proprement dite : mais il en est quelques-uns, le grondin entre autres, qui font entendre un bruit singulier, assez long-temps même après avoir été tirés de l'eau; et l'on ne peut douter que toutes les espèces d'animaux, quelles qu'elles soient, n'aient un langage, un moyen de se communiquer le petit nombre d'idées qui peuvent éclore dans leur cerveau, et qui sont nécessaires au salut de tous, pour les espèces vivant en société; cependant il semble difficile que des animaux tels que les poissons, dont la langue n'a point de mouvement possible, puisqu'elle tient d'un bout à l'autre à la partie inférieure de la bouche, puissent *articuler* des sons, et ceux dont le gosier est *pavé*, c'est-à-dire chargé de protubérances osseuses et carrées, ne le pourraient pas davantage. Mais quelques observations nouvelles ont fait penser que ces animaux ont peut-être un langage, ou du moins la possibilité de se communiquer entre eux.

Cécile. — Ce n'est donc point *par figure* qu'on dit **un** *palais* pavé? Que c'est singulier! Mon père, les poissons ne font pas de nid, par exemple, n'est-ce pas?

M. Derville. — Non, ma fille; mais quelques-uns creusent le sable avec leur queue, pour y déposer leurs œufs à l'abri de l'agitation trop grande des vagues; et tous choisissent, sur les rivages, la place la plus convenable à la conservation de leur postérité, ils remontent même assez haut les fleuves, les rivières, pour faire leur ponte dans les lieux où abondent les insectes aquatiques qui doivent servir plus tard à la nourriture des petits, tandis que les poissons de la haute mer, qui se trouvent à une trop grande distance des côtes et de l'embouchure des fleuves pour s'y rendre au temps du frai, abandonnent leurs œufs aux flots. Cette nécessité ayant été prévue, comme toutes les autres, les œufs des poissons de haute mer sont autant de petits globes plus légers que l'eau, et faits pour s'élever sans effort à la surface; c'est là qu'ils éclosent. D'autres poissons gardent leurs œufs, et les portent sur le dos jusqu'à ce que les petits en soient sortis; tel est, entre autres, l'hippocampe ou cheval marin.

Cécile. — Je me rappelle maintenant avoir mangé, l'année dernière, une matelotte de carpe *œuvée*, comme disait Marguerite. Mais c'est qu'il y avait des œufs, mais des œufs en quantité!

M. Derville. — Les œufs de poisson sont innombrables. C'est par milliers, par millions que ces animaux fraient. A la Chine, l'un des pays qui offrent la plus grande abondance de poissons, jusqu'aux fossés creusés pour conserver l'eau dans les rizières, sont remplis de frai.

Amédée. — Comment fait-on, mon père, pour se débarrasser de tous ces œufs?

I.   1

M. Derville. — S'en *débarrasser*, c'est les vendre pour être transportés dans les provinces et au dehors même; le peuple surtout s'en nourrit. Je vous parlerai, à propos de l'esturgeon, du véritable *caviar*, dont les Russes font beaucoup de cas. La consommation du frai de poisson est si grande en Chine, que ce genre de commerce enrichit les propriétaires d'étangs ou seulement de fossés dans les rizières. Aussi, les habitants des bords de la rivière si poissonneuse de Yang-the-Kyang travaillent-ils tous, au mois de mai, à placer, de dix en dix lieues, des claies et des nattes, afin d'arrêter au passage le frai qu'ils savent distinguer au fond de l'eau au premier coup d'œil, et ils en emplissent des tonneaux.

Amédée. — Les hommes tirent parti de tout! Mon père, dans une rivière où il n'y a pas de poisson, on peut *en semer de la graine?*

M. Derville. — Sans aucun doute, et si le lieu est convenable, la rivière sera, l'année d'ensuite, très-poissonneuse. C'est ainsi qu'on s'y prend pour *empoissonner* les étangs, les rivières. Mais vous comprenez bien, mes enfants, qu'il s'agit ici de poisson d'eau douce; si le frai que vous avez pris dans quelque grand fleuve est du frai de saumon ou d'alose, par exemple, les jeunes saumons, les jeunes aloses descendront la rivière quand ils seront devenus assez forts pour gagner la mer, et vous n'en conserverez pas un seul. Si vous les enfermez dans une rivière, ils périront.

Cécile. — Mon père, est-ce qu'il n'est pas possible de distinguer, entre eux, les œufs des poissons de diverses espèces?

M. Derville. — Rien de plus facile pour les connaisseurs; j'entends par-là les pêcheurs plutôt que les savants. Au premier aspect, tous ces œufs se ressemblent beaucoup; mais le lieu où on les trouve, la manière dont ils sont réunis les uns aux autres suffisent aux pêcheurs pour ne point s'y méprendre. Certaines espèces, telles que la raie, la chimère produisent des œufs tout-à-fait différents de ceux des poissons en général. Ceux de la raie sont très-grands et revêtus d'une coquille de substance fibreuse semblable à de la corne. A l'extérieur ils sont enveloppés, et à l'intérieur ils sont doublés de membranes épaisses et glutineuses. Leur forme aplatie, carrée, avec les angles prolongés en pointes, suffirait seule à les faire distinguer de tous les œufs qui sont en général ovales et globuleux. On les appelle *coussinets* ou *souris de mer*. Ceux des squales, de couleur jaune, oblongs et de substance également cornée, offrent une autre singularité; les coins se prolongent en espèce de longs cordons de cornes repliés sur eux-mêmes; enfin les œufs de chimères, assez gros, ont pour enveloppe une coquille plate, cornée et velue.

AMÉDÉE. — Mais, mon père, comment les petits font-ils pour sortir de ces coquilles si solides?

M. DERVILLE. — A l'un des bouts est une ouverture dont il leur suffit d'écarter les bords pour quitter leur coquille quand ils ont acquis leur développement.

CÉCILE. — Mon père, qu'est-ce que c'est donc, je te prie, que les squales et les chimères?

M. DERVILLE. — Les squales, vulgairement appelés *chiens de mer*, sont des poissons cartilagineux, fort gros, très-voraces et qui attaquent les autres à coups de dents et à coups de queue ; ils vivent en bandes assez nombreuses. Leur chair est dure, de mauvais goût ; mais ils donnent de l'huile et leur peau desséchée sert à polir quelques ouvrages d'ébénisterie et de marqueterie. Quant à la chimère, son nom seul vous dit qu'elle offre aux regards un aspect singulier ; et en effet il semble que ce doit être ce poisson extraordinaire qui a donné jadis, aux Anciens, l'idée de l'étrange ensemble de la chimère, à laquelle ils prêtaient une tête de lion et une queue de serpent. L'agilité, et en même temps la bizarrerie de ses mouvements, la mobilité de sa queue très-longue et très-déliée, le jeu des différentes parties de son mufle, la distinguent tout-à-fait des poissons les plus remarquables et en font un être véritablement *chimérique*. On n'en connaît encore que deux espèces, c'est la chimère arctique et la chimère antarctique ; leur **nom** vous dit assez qu'elles se sont en quelque sorte partagé les mers glaciales et qu'elles habitent les deux pôles opposés. Toutes deux ne se plaisent qu'au milieu des montagnes de glace et des tempêtes qui bouleversent souvent les plaines polaires. Jamais la chimère ne paraît en plein jour à la surface des flots ; ses yeux grands et faibles ne peuvent supporter une vive lumière ; aussi est-ce la nuit qu'elle vient se prendre dans les filets des pêcheurs ; ils la voient cependant quelquefois attaquer de jour les légions de harengs que la morue met en fuite.

CÉCILE. — Mon père, tu nous montreras en gravures, n'est-ce pas, les animaux dont tu nous racontes l'histoire ?

M. DERVILLE. — Oui, ma fille, et ton frère et toi vous verrez que l'imagination humaine ne saurait inventer rien de plus bizarre que ce qui existe réellement.

AMÉDÉE. — Pourquoi donc la morue chasse-t-elle les harengs vers la mer du Nord? C'est une chose que je ne comprends pas, mon père.

M. DERVILLE. — Les morues leur donnent la chasse pour leur propre compte, et les légions de harengs fuient devant cet ennemi commun, pour venir tomber dans les filets des pêcheurs, non-seulement sur les côtes de l'Europe, mais aussi sur celles de l'Amérique. Les morues, au reste, ne sont qu'une des causes secondaires des voyages des harengs qui cherchent les côtes pour déposer leur frai. Quand ils abandonnent la mer Glaciale, qui paraît être leur point de réunion, ils se divisent en deux bancs ou flots, de force à peu près égale, et qui occupent en longueur et en largeur plusieurs lieues. L'une des immenses colonnes cherche les côtes d'Irlande, le banc de Terre-Neuve, les golfes, les baies du continent américain; l'autre descend le long de la Norwège, passe dans la Baltique, fait le tour des Orcades, de l'Irlande, gagne les côtes méridionales de l'Angleterre, se répand sur celles de la France, de l'Espagne et disparaît ensuite. Ce qu'il y a de remarquable, c'est que des *éclaireurs* se montrent un peu d'avance; ou peut-être sont-ce des *maréchaux des logis* chargés de *faire les logements*. Malheureusement, leur apparition est le signal attendu des pêcheurs pour se mettre en mer, et c'est dans les filets de ces derniers que les harengs viennent finir leurs voyages.

AMÉDÉE.—Et tous les ans les harengs recommencent le même tour?

M. Derville.—Tous les ans, mon fils, à la même époque, arrive cette véritable manne qui, non-seulement fournit aux besoins des habitants des côtes, mais leur donne les moyens d'exercer une industrie productive, et de livrer au commerce une denrée recherchée par toute la terre.

Cécile. — Et la morue aussi, mon père?

M. Derville. — La morue aussi. Le nombre des morues qui se rassemblent à l'île Saint-Pierre, à l'île de Sable, dans la baie du Canada, et surtout au banc de Terre-Neuve, est si considérable, que les pêcheurs de toutes les nations, que ce genre de pêche y attire, trouvent à s'occuper pendant trois ou quatre mois de l'année.

Amédée. — Elles sont bien bêtes de revenir toujours dans un lieu où on les détruit par milliers?

M. Derville. — Celles qu'on prend ne peuvent avertir les autres, et les autres obéissent, l'année suivante, à l'instinct qui les porte à se rassembler dans les lieux où les harengs abondent. Je vous ai parlé tout à l'heure de l'énorme quantité d'œufs que donnent les poissons; une morue ordinaire dépose à elle seule un frai de neuf millions trois cent quarante-quatre mille œufs.

Cécile. — Ah! mon Dieu!

Amédée. — C'est vraiment effrayant!

Cécile. — Mon père, est-ce un beau poisson que la morue? est-elle grande?

M. Derville. — La morue est longue de trois à quatre pieds, large de neuf à dix pouces; le dos et les côtés sont d'une couleur olivâtre sale, mouchetée de taches jaunâtres. La peau du ventre est d'un gris blanc, c'est-à-dire d'une teinte assez semblable à celle de l'âne, ce qui a fait nommer la morue *asellus* par les Anciens. Elle a de gros yeux avec lesquels elle ne voit guère, et plusieurs rangées de dents aux mâchoires, dont elle fait bon usage, car c'est un poisson vorace qui donne la chasse aux merlans comme aux harengs, et qui ne craint pas d'avaler de gros crabes. L'estomac est, chez elle, doué de forces digestives telles, que peu d'heures suffisent à la réduction en bouillie de l'écaille de ces énormes crustacés, qui devient aussi rouge que si on les avait fait cuire. La morue possède en outre, du moins on le dit, une faculté singulière, celle de pouvoir vomir son estomac, de le retourner en devant de sa bouche, et, après l'avoir lavé à grande eau et débarrassé de ce qu'il contenait, comme des morceaux de bois, des bouts de cordages, car la morue avale tout ce qu'elle découvre à la surface des flots, de le faire rentrer à sa place ; puis elle se remet à le remplir de poisson frais.

CÉCILE. — La vilaine bête !

M. DERVILLE. — Il est probable que les morues se dévorent entre elles faute d'autre gibier; aussi est-ce avec les entrailles de celles dont ils se sont déjà emparés, que les pêcheurs amorcent leurs hameçons.

« Mais au moment où la pêche commence, la quantité de ces poissons est si prodigieuse, et ils sont tellement avides, qu'un simple hameçon de fer, qu'un hareng de fer-blanc suffisent pour exciter leur gloutonnerie et pour en faire une proie facile.

AMÉDÉE. — Mon père, est-ce qu'il y a plusieurs espèce de morues?

M. DERVILLE. — Oui, mon fils; et une chose

remarquable, c'est que toutes ces espèces montent toujours contre le courant de l'eau.

AMÉDÉE. — Et pourquoi cela, mon père?

M. DERVILLE. — Il me semble que le *pourquoi* est facile à deviner ; elles vont ainsi au-devant de la proie que le courant leur amène.

« Les saumons, les aloses marchent aussi contre le courant, mais c'est pour aller déposer leur frai sur les bords des fleuves et des rivières, comme je vous l'ai déjà dit. Je vous raconterai demain leurs voyages et de quelle manière on les pêche.

» Pour peu que vous apportiez une attention soutenue à nos entretiens, mes enfants, il vous sera facile de découvrir des rapports entre les mœurs et le caractère des divers animaux que nous passons un peu légèrement en revue ; de cette manière, vous acquerrez une instruction plus solide, plus ineffaçable, et vous cesserez de vous récrier à chaque chose *nouvelle* que je pourrais vous dire ; car cette chose *nouvelle* ne l'est pas absolument pour vous.

CÉCILE. — Comment cela, mon père ?

M. DERVILLE. — Les carnassiers chez les quadrupèdes, les rapaces chez les oiseaux, le crocodile chez les lézards, le boa chez les serpents, n'ont-ils pas les mêmes mœurs, et par conséquent le même caractère de gloutonnerie et de férocité que nous retrouvons aussi chez les poissons voraces ?

AMÉDÉE. — Je n'y avais pas encore pensé ; mais c'est vrai.

M. DERVILLE. — Eh bien ! mes enfants, pensez-y désormais ; comparez les habitudes des animaux que vous connaissez avec celles des animaux dont vous faites la connaissance ; et vous arriverez ainsi à

comprendre qu'il y a des lois générales auxquelles
tout ce qui respire est soumis. L'ignorer, c'est ne
rien savoir, et c'est aussi se condamner à passer
sans but et sans utilité d'étonnement en étonnement.
Travaillez donc par la réflexion, autant que par l'observation, au développement de vos facultés intellectuelles, et ouvrez-vous ainsi, pour tous les âges de
la vie, les sources inépuisables des jouissances les
plus vraies et les plus pures. »

CHAPITRE IV.

Le saumon. — L'alose. — Le maquereau. — L'espadon.—
Le rouget.

Le lendemain, Cécile, tout en travaillant avec sa mère, lui demanda de l'aider à découvrir quelqu'une de ces lois générales dont M. Derville avait parlé la veille, et à comparer entre elles les habitudes des animaux de *leur connaissance*, et celles des animaux dont il racontait des choses si intéressantes.

Au retour d'Amédée du collége, vers l'heure du dîner, elle fut enchantée de pouvoir lui dire que madame Derville et elle avaient découvert qu'il y a trois sortes d'animaux bien distinctes, indépendamment de leur forme extérieure, ceux qui mettent au jour des petits tout vivants, et qui les allaitent; ceux qui pondent des œufs et qui les couvent, ou bien les laissent couver par le soleil, ou bien éclore d'eux-mêmes sur l'eau et dans l'eau; et enfin ceux dont les œufs éclosent dans le sein de la mère elle-même. — « Ce qui fait, ajouta-t-elle, des animaux *vivipares, ovipares* et *ovovivipares.*

— « Voilà une belle découverte! s'écria Amédée d'un air dédaigneux. C'est tout bonnement ce que mon père nous a dit ces jours passés. »

Pêche du Saumon.

Pêche des Anguilles électriques.

Cécile, toute déconcertée, regarda son frère et demeura muette. Après un moment de silence, elle lui dit : « Tu es bien heureux d'avoir compris cela tout de suite ! Moi, sans le secours de maman, je n'en serais jamais venue à bout.

— Pourtant c'était assez clair, reprit Amédée d'un ton capable : *vivipare, ovipare* et *ovoriвipare*.

— Alors, répliqua Cécile découragée, je n'oserai pas dire ce soir à mon père que mes poissons rouges, s'ils ne dorment point comme les marmottes, les grenouilles et tant d'autres espèces d'animaux le font pendant la mauvaise saison, ne mangent pas du moins de tout l'hiver.

— Dis-le toujours, s'écria Amédée; tu verras bien ce que mon père te répondra; » et il alla étudier jusqu'à l'heure de se mettre à table.

Comme il pleuvait ce jour-là, on resta à la maison, et madame Derville se trouva présente à l'entretien, ce qui arrivait rarement.

Cécile n'aurait rien dit des *découvertes* de la matinée, tant les airs de supériorité de son frère lui avaient fait douter de leur valeur, si madame Derville elle-même n'en avait parlé.

— « Je suis bien aise, répondit M. Derville après avoir attentivement écouté, que Cécile se montre disposée à suivre mes conseils. Elle voit qu'avec de la réflexion, ce qui d'abord n'avait pas été compris devient parfaitement clair à l'esprit. Je t'engage, ma fille, à continuer et à recourir à la complaisance de ta mère, puisqu'elle veut bien se prêter au désir de t'instruire que tu as montré aujourd'hui. J'espère qu'il ne s'éteindra pas si tôt, et que ton frère et toi, pressés de la même émulation, vous ferez assez de

progrès comme observateurs, pour que, l'année prochaine, il me soit possible de vous initier plus sérieusement à l'étude de l'histoire naturelle. »

Ce fut au tour d'Amédée à se sentir confus ; mais
sa sœur eut la générosité de ne rien dire de la petite
scène qui avait eu lieu entre eux avant le dîner ; la
seule vengeance qu'elle en tira, se borna à un sou-
rire de satisfaction et à un regard en dessous qu'A-
médée comprit fort bien sans être obligé d'en demander l'explication.

— « Quant au jeûne observé pendant l'hiver par
les poissons de la Chine, reprit M. Derville, il n'est
pas aussi complet que tu te l'imagines, ma fille. L'eau
nouvelle que tu leur donnes tous les huit jours,
contient des milliers d'animalcules qui leur fournissent une nourriture *réelle* quoiqu'*invisible* à tes
yeux. Tu ne les ferais jeûner complètement que si
tu remplaçais cette eau courante par de l'eau filtrée
ou par les eaux vives d'une source ; alors ils périraient.

CÉCILE. — Comment ! mon père, quand je bois de
l'eau qui n'est pas filtrée, j'avale des milliers d'insectes ?

M. DERVILLE. — Et tu n'en meurs pas cependant.
Sachez bien, mes enfants, que partout où des êtres
animés peuvent trouver à vivre, il y a des êtres animés ; que partout où les plantes peuvent pousser, il
y a des plantes, et que chaque plante a ses insectes
particuliers ; il en est de même des eaux, de la terre,
du sable, de l'écorce des arbres, d'un brin d'herbe,
de la moisissure ; en un mot de tout ce qui, sous des
formes différentes, compose notre globe.

CÉCILE. — Ainsi, dans le sable de rivière que je

mets au fond du bocal avec de jolis petits cailloux, il y a aussi des animalcules?

M. Derville. — Sans nul doute; et si nous n'en découvrions pas avec le secours d'une forte loupe, un microscope nous ferait apercevoir au moins des œufs d'animalcules.

Cécile. — Est-ce que tu n'as pas un microscope, mon petit père?

M. Derville. — Non, mais j'en ai demandé un à Paris, parce que j'ai prévu que nous pourrons bien en avoir besoin.

Cécile. — Oh! quel bonheur!

M. Derville. — En attendant qu'il arrive, revenons à notre entretien d'hier soir. N'ai-je pas promis de vous parler aujourd'hui des saumons?

Cécile. — Oui, mon père, et aussi de nous raconter de quelle manière on les pêche.

Madame Derville. — Amédée et Cécile m'ont appris ce que j'ignorais, la raison qui fait remonter les fleuves et les rivières aux saumons et aux aloses; et j'en ai été charmée, car, jusqu'à ce jour, j'avais complètement ignoré pourquoi et comment l'on pouvait pêcher en eau douce des poissons de mer. Grâces à mes enfants, je deviens chaque jour moins ignorante en histoire naturelle.

Cécile. — Oh! maman, c'est pour rire que tu dis cela, car sans toi nous ne pourrions, Amédée et moi, nous rappeler ce que mon père nous raconte.

M. Derville. — Il paraît qu'Amédée a pris la résolution de ne point se mêler à l'entretien ce soir.

Amédée. —Je te demande pardon, mon père, et je serai bien content quand tu commenceras à nous parler du saumon. Je ne connais ce poisson que pour

en avoir mangé, chez mon oncle, une ou deux fois.
Est-ce qu'il est naturellement rouge, ou bien est-ce
en cuisant qu'il prend de la couleur, ainsi qu'il ar—
rive aux écrevisses?

M. DERVILLE. — Je crois qu'on ignore encore ce
qui produit ce changement de couleur dans l'écaille
de l'écrevisse qui a subi la cuisson; mais on pense
en connaître la cause chez le saumon. Un naturaliste,
nommé Deslande, a trouvé dans l'estomac un petit
corps rouge semblable à une grappe de groseilles,
et qui cédait facilement sous le doigt. En ayant
mis un peu dans un verre d'eau tiède, l'eau se co-
lora aussitôt en rouge; il est probable qu'à la cuisson, cette espèce de grappe se dissout et communique, par une sorte de transfusion insensible, sa
couleur à toutes les parties du poisson.

MADAME DERVILLE. — Le saumon crû a souvent cette même couleur, tantôt plus vive, tantôt
plus pâle.

M. DERVILLE. — C'est que probablement, ma
chère amie, une cause accidentelle amène le même
résultat; du moment que le liquide coloré contenu
dans cette espèce de réservoir s'échappe, il doit se
répandre dans tout le corps et le colorer en entier.
Mais ce qui est plus intéressant et plus important
surtout à connaître, ce sont les mœurs des saumons
et les époques auxquelles ils viennent fournir de
l'occupation aux habitants des bords des fleuves ou
des rivières qu'ils fréquentent. C'est toujours dans
le temps où les eaux sont grossies et troublées par
les pluies, que les saumons s'y élancent, remontent
contre le courant, et ne s'arrêtent que lorsqu'ils ont
trouvé un lieu commode pour y déposer leur frai.

Ils ne se montrent pas un à un, mais par bandes, par compagnies, marchant en bon ordre sur deux rangs qui forment, par leur disposition, les deux côtés d'un triangle. Le plus gros de tous, et c'est ordinairement une femelle, ouvre la marche.

AMÉDÉE. — Ah! voilà qui est singulier!

CÉCILE. — Cela te fâche, n'est-ce pas, Monsieur le *masculin*, qui veux toujours que le *féminin* vienne en dernier?

MADAME DERVILLE. — Il me semble que rien n'est plus *raisonnable*. Puisqu'il s'agit de déposer le frai ou les œufs en lieu de sûreté, l'instinct de la mère doit être plus certain que celui du père, et il est tout naturel que ce soit elle qui aille en avant, qui choisisse en un mot.

M. DERVILLE. — Quand les saumons ont trouvé la place qui leur convient, ils creusent, à l'aide des nageoires *abdominales* et *caudales*, ou du ventre et de la queue, des sillons longs de trois à quatre pas, et larges de quelques pouces. Le mâle et la femelle travaillent de concert. Mais leurs travaux ne se bornent point là. Comme c'est toujours à l'endroit où la rivière coule le plus rapidement qu'ils creusent ainsi leurs nids, les eaux pourraient emporter le frai; afin de le mettre à l'abri de ce danger, les saumons le recouvrent de sable, et l'entourent même, assure-t-on, d'une espèce de rempart composé de petites pierres.

CÉCILE. — Je n'aurais pas attendu cela des saumons, surtout d'après ce que tu nous as dit, mon père, de l'indifférence des poissons pour leurs œufs et pour leurs petits. Alors, quand ceux-ci sortent de la coquille, ils se mettent tout de suite à manger et à nager comme les poussins et les canetons?

Amédée. — Moi, j'aurais dit, comme les tortues, car les poussins et les canetons ont leur mère qui prend soin d'eux.

Cécile. — Ah! c'est vrai! les petites tortues sont aussi *orphelines* en venant au monde.

M. Derville. — En dépit des précautions prises par les saumons, bien des causes contribuent à la destruction du frai. Les crues des rivières agitent l'eau des fosses, renversent les digues et dispersent les œufs; d'autres fois, au contraire, les eaux sont si basses que les fosses demeurent à sec; pourvu que cette sécheresse ne dure pas trop long-temps, les œufs peuvent encore éclore; il leur faut de l'eau comme il faut du soleil à ceux de la tortue : ces deux dangers évités, reste la gloutonnerie des autres poissons et celle des oiseaux. Le frai donne cependant, chaque année, un grand nombre de petits saumons qui se sont développés dans l'œuf et qui s'y sont nourris, à peu de différence près, à la manière de tous les animaux ovipares; vous avez pu en prendre tous les deux une idée par la lecture du petit livre qui porte pour titre : *La basse-cour de ma grand'tante*. En sortant de l'œuf, le saumonneau présente la forme que toute sa vie il doit avoir, et aussitôt, comme tu l'as deviné, ma fille, il se met à manger les insectes aquatiques ou à nager. Dès que les saumonneaux ont quatre à cinq pouces de longueur, ils descendent les fleuves, les rivières, et vont gagner l'Océan; là seulement ils acquièrent tout leur développement, et trois ou quatre ans plus tard, ils reviennent à leur tour creuser un berceau pour leurs œufs, aux lieux mêmes où fut creusé le leur.

Madame Derville. — Est-ce que les mêmes saumons reviennent en effet dans les mêmes rivières, sur les mêmes bords où ils sont nés?

M. DERVILLE. — Pour ceci, ma chère amie, je ne saurais l'attester; cependant il a été prouvé, par des expériences plusieurs fois répétées, que quelques-uns des saumons, qui ont pu échapper aux pêcheurs lors de leur premier voyage dans telle ou telle rivière, sont revenus au même endroit l'année d'ensuite et pendant plusieurs années.

AMÉDÉE. — Je serais bien curieux de savoir quel moyen on a pris pour s'en assurer!

M. DERVILLE. — Un moyen fort simple. Le naturaliste M. Deslande, dont je vous ai déjà parlé, eut l'idée de charger les pêcheurs de la petite ville de Châteaulin, en Bretagne, où se fait annuellement une des meilleures pêches de saumons, d'attacher à la queue de quelques-uns de ces poissons un petit cercle de cuivre, et de les rejeter à l'eau. L'année suivante, les pêcheurs reprirent quelques-uns des saumons ainsi marqués; ils les rendirent de nouveau à la liberté, et deux années encore de suite les mêmes saumons reparurent, mais toujours en nombre moins grand; il en était mort probablement dans l'intervalle, ou bien il s'en était trouvé de moins constants.

CÉCILE. — C'est absolument comme les hirondelles de fenêtre.

M. DERVILLE. — Ce n'est pas seulement de nos jours que ce genre d'expérience a été tenté. Les princes d'Asie, qui aiment la pêche avec passion, ont pris parfois plaisir à faire attacher de petites chaînes d'or ou d'argent aux poissons extraordinaires qui avaient eu l'*honneur* de se prendre dans leurs filets ou à leur hameçon, et il est souvent arrivé que les mêmes poissons sont revenus, l'année d'ensuite, se faire prendre à la même époque et aux mêmes lieux. On va jusqu'à prétendre que c'est par des poissons ainsi marqués qu'on a reconnu la communication de la mer Caspienne avec la mer Noire, et même avec le golfe Persique.

MADAME DERVILLE. — Voilà un amusement qui du moins a été bon à quelque chose.

M. DERVILLE. — C'est au mois d'octobre que la pêche du saumon s'ouvre à Châteaulin ; alors, le saumon, comme disent les pêcheurs, commence *à goûter la rivière*. Pour le recevoir, on a préparé d'avance une espèce de grand coffre avec des pieux placés fort près les uns des autres et unis entre eux par de longues traverses. Une entrée a été ménagée à ce coffre du côté par lequel les saumons arrivent en remontant contre le courant ; cette entrée est garnie en dedans de lames de fer flexibles et pointues, qui s'ouvrent sous l'effort que fait le saumon pour passer et se referment derrière lui.

AMÉDÉE. — Je comprends, mon père ; c'est une grande souricière dans le genre de celles qui sont faites avec des fils de fer ; le saumon une fois entré ne peut plus sortir ; s'il l'essayait, il se piquerait le nez contre les lames de fer qui ne peuvent s'ouvrir que par dehors.

MADAME DERVILLE. — Ce qu'on appelle *nasse* est fait, je crois, de la même manière.

M. DERVILLE. — Oui, ma chère amie, et ce coffre n'est en effet qu'une immense *nasse* d'où le saumon passe dans un réservoir ; c'est de là que les pêcheurs le retirent par le moyen d'un filet attaché au bout d'une perche, et avec une telle sûreté de coup

d'œil, que jamais ils ne manquent celui qu'ils ont
choisi du regard. Ce genre de pêche dure depuis le
mois d'octobre jusqu'en avril. Vers la mi-mai, on
commence à voir la rivière fourmiller de saumonneaux très-impatients de se rendre à la mer; de ce
moment la pêche diminue, et, au mois de juillet, elle
est tout-à-fait finie.

AMÉDÉE. — On doit en prendre des quantités pendant sept mois! Que fait-on de tout ce poisson, mon
père?

M. DERVILLE. — On en expédie de frais dans
beaucoup de grandes villes, on en sale, on en fume,
et ces divers apprêts occupent une foule de gens et
leur fournissent des moyens d'existence.

CÉCILE. — Et les aloses, mon père?

M. DERVILLE. — C'est, de même, pour déposer
leurs œufs dans les lieux qui abondent en nourriture
pour leurs petits, que les aloses remontent les rivières
au printemps, dans l'automne ou en hiver, suivant
les climats. Les aloses forment des colonnes plus nombreuses que les saumons, qui ne se montrent que par
troupes de dix-sept à trente-un individus. En Russie,
ce poisson, si recherché des gourmets, est regardé
comme malfaisant; en Arabie, au contraire, on le
fait sécher pour le conserver et pour le manger avec
des dattes. La Seine inférieure est, de toutes nos rivières, la plus abondante en aloses. Il y a des années
où l'on y pêche de treize à quatorze mille aloses. D'autres fois ce nombre énorme se réduit seulement à
quinze cents ou deux mille. Les pêcheurs se servent
de filets, et comme ils savent que si le bruit du tonnerre met en fuite les aloses, celui des clochettes les
attire, ils garnissent de clochettes ces filets où l'alose

accourt avec empressement pour perdre d'abord la liberté, puis la vie.

CÉCILE. — Mon père, et les maquereaux que j'aime tant, c'est aussi au printemps qu'ils viennent déposer leur frai dans les rivières, n'est-ce pas?

M. DERVILLE. — *Tous* les poissons de mer ne fraient pas en eau douce; la plupart se bornent à se rapprocher des côtes au printemps ou en automne. Les maquereaux appartiennent au grand nombre de ceux dont les petits n'auront pas besoin, pour nourriture, des insectes de rivière.

CÉCILE. — Le maquereau vivant et dans l'eau doit être bien beau! Il a une robe d'argent rayée de bleu et de noir si brillante!....

M. DERVILLE. — C'est en effet l'un des plus beaux poissons de ceux qui visitent nos côtes; mais la mort le dépouille en partie de sa riche parure. Ce poisson que tu *aimes tant,* comme tu dis, moins pour sa beauté que pour son goût, perdrait, je crois, beaucoup dans tes bonnes grâces, de *gourmette* au moins, si tu savais qu'on le croit anthropophage.

CÉCILE. — Comment?

AMÉDÉE. — Mais oui, mangeur de chair humaine.

CÉCILE. — Ah! quelle horreur!

MADAME DERVILLE. — J'avoue que cette seule idée suffirait pour m'en dégoûter.

M. DERVILLE. — Le fait n'est pas positivement avéré; mais l'histoire *ancienne* nous rapporte qu'un homme qui se baignait, fut *jadis* attaqué et dévoré par des maquereaux.

MADAME DERVILLE. — Il faut croire qu'ils se seront *civilisés* depuis lors.

M. Derville. — C'est possible, mais, cependant, le maquereau est resté très-vorace, dévorant sans examen toutes les proies qu'il peut saisir; aussi, se laisse-t-il prendre à n'importe quel appât.

Madame Derville. — A propos de maquereaux, je me souviens d'une chose assez singulière qui m'arriva un jour chez ma mère lorsque j'étais encore bien enfant. Nous avions eu du monde à dîner et l'on avait servi des maquereaux cuits au court bouillon, manière de les apprêter peu en usage, mais que chacun approuva en trouvant exquis ces poissons, qu'on déclara être des *monstres* dans leur espèce. Après le dîner, profitant de ce que personne ne prenait garde à moi, j'allai faire un tour à la cuisine. Il faisait nuit; en passant auprès de la porte de la cour, mon pied heurta violemment contre quelque chose que je ne voyais pas, la lumière autour de laquelle les domestiques étaient assemblés ne répandant point ses clartés jusque là... A l'instant je me trouve les pieds dans l'eau et entourée pourtant d'un torrent de feu....

Cécile. — Ah! mon Dieu!

Madame Derville. — A mes cris, on accourt, on m'enlève... le bord de ma robe, ma chaussure, tout brûlait... ou du moins *paraissait* brûler, et le pavé de la cuisine brillait d'une lueur assez vive, qui s'effaça lorsqu'on se fut approché avec la lumière. On vit alors la poissonnière renversée et le court bouillon répandu; il en avait jailli sur la porte, sur une chaise, sur la muraille, et tout cela faisait également l'effet d'être en feu. Le cuisinier se mit à rire, expliqua à sa manière un effet que je ne comprenais pas, pas plus que je ne compris l'explication qu'il en donnait, et ma bonne m'emmena pour me faire changer de tout, car j'étais fort singulièrement *parfumée.*

CÉCILE. — Et voilà tout ? Mais, maman, qu'est-ce qu'il y avait donc dans la poissonnière ?

MADAME DERVILLE. — Prie ton père de te l'expliquer.

M. DERVILLE. — Un court bouillon, et pas autre chose ; c'est-à-dire l'eau mêlée de sel dans laquelle on avait fait cuire des maquereaux. Le maquereau est l'un des poissons qui produit le plus de lumière phosphorique.

AMÉDÉE. — Je l'avais deviné ; mais, mon père, je croyais que les poissons n'étaient phosphorescents que de leur vivant ?

M. DERVILLE. — C'est tout le contraire, mon fils ; et les savants sont arrivés à reconnaître que si une foule d'animaux phosphorescents donnent, pendant leur vie, un grand éclat à l'eau de la mer, les débris des poissons morts lui en communiquent un encore plus grand.

CÉCILE. — Il faudra que je prie Marguerite de préparer un maquereau au court bouillon, et de me garder l'eau qui aura servi à le faire cuire, pour voir par moi-même cette chose singulière ; tu le veux bien, n'est-ce pas, maman ?

MADAME DERVILLE. — Je veux, mes enfants, tout ce qui peut contribuer à votre instruction comme à vos plaisirs.

AMÉDÉE. — Le bois pourri donne aussi du phosphore ; tu verras, Cécile, je t'en apporterai un de ces jours.... Mon père, j'ai vu au Jardin-des-Plantes un poisson armé d'un long nez, nommé espadon, et qui m'a paru bien extraordinaire ; celui dont je parle était aussi gros qu'une petite baleine ; est-il bon à manger ?

M. Derville. — Oui, mon fils , et l'un des meilleurs entre les espèces excellentes que nous fournit la Méditerranée ; car il y abonde plus que dans l'Océan. L'espadon, qui atteint quelquefois jusqu'à quinze pieds de longueur, est le redoutable ennemi de la baleine. Son bec ou la longue pointe qui termine chez lui la mâchoire supérieure , est une épée dont il sait se servir pour la blesser, sinon mortellement, du moins assez pour l'obliger de céder la victoire à un ennemi beaucoup plus agile qu'elle ne peut l'être , et qui esquive adroitement les coups de son énorme queue. Quelquefois il attaque les vaisseaux ; mais il lui en coûte la vie, car son épée, qu'il fait pénétrer assez avant dans le bordage, n'en sort pas facilement comme du corps de la baleine. Celle-ci doit a l'épaisseur de la graisse dont elle est chargée, de ne point périr des suites des blessures sans nombre que lui fait l'espadon.

Madame Derville. — Ainsi, chez les poissons comme chez les hommes, les spadassins, les bretteurs trouvent tôt ou tard leur maitre, et ce que tant de fois ils ont donné , la mort !

Cécile. — Mais aussi, s'attaquer aux vaisseaux !..

M. Derville. — C'est qu'apparemment les *spadassins* poissons les prennent pour des baleines, et ils savent pouvoir venir à bout de celles-ci; la comparaison de ta mère est donc fort juste ; l'espadon est un véritable spadassin.

Madame Derville. — Je me rappelle avoir mangé des rougets, dans un voyage que je fis, bien jeune, en Bretagne; j'en ai cherché depuis à Paris, mais on n'y connait d'autre rouget que le grondin, qui ne le vaut sous aucun rapport.

M. Derville. — Et qui ne lui ressemble nullement avec sa tête monstrueuse. Le grondin d'ailleurs n'a point d'écailles, tandis que le rouget en est couvert. C'est seulement lorsqu'on les lui a enlevées, qu'on voit sans obstacle la belle couleur rouge de sa robe, dont les teintes pâlissent peu à peu, à mesure que la vie le quitte. Les Romains, du temps de l'empire, ne savaient à quelles recherches recourir pour doubler la somme de leurs plaisirs; au nombre de ces plaisirs, étaient pour eux les jeux du cirque, où combattaient tour à tour les gladiateurs et les bêtes féroces; à table, les dernières souffrances du rouget. Afin de s'en repaître, ils faisaient servir le rouget tout vivant dans des vases de verre, et les convives attentifs jouissaient du spectacle que leur offrait cette dégradation de couleur, s'opérant lentement pendant que le rouget expirait; on assure même qu'ils aimaient à le faire nager dans de petit ruisseaux d'eau chaude...

Cécile. — Oh! les monstres!

M. Derville.— Le mot est fort; mais il est juste. Oui, l'homme qui peut se repaître des souffrances d'un animal, se repaîtra un jour de celles de ses semblables; Tibère, Néron, Caligula et tant d'autres l'ont prouvé. Sénèque osa élever la voix contre le supplice imposé à ces malheureux poissons, mais ce fut en vain; les Romains les achetaient au poids de l'or, et leur orgueil se trouvait intéressé à entretenir une *mode* à laquelle les plus riches seuls pouvaient se conformer.

MADAME DERVILLE. — Sans que nous y prenions garde, mes enfants, nous sommes au fond aussi cruels, aussi barbares que les Romains.

AMÉDÉE. — Comment cela, maman?

MADAME DERVILLE. — Ignorez-vous donc que la carpe est dépouillée de ses écailles toute vivante; que, toute vivante, elle est dépecée et que dans la poèle elle s'agite encore?

CÉCILE. — En ce cas je ne veux plus manger de carpe frite.

MADAME DERVILLE. — Frite ou non, elle ne meurt qu'après avoir été soumise à cet affreux supplice. Et l'anguille, elle est vivante aussi quand on l'écorche...

CÉCILE. — Mais c'est une horreur que toutes ces inventions!

AMÉDÉE. — Nous ne sommes pourtant pas aussi *monstres* que les Romains, maman; car enfin nous ne prenons pas plaisir à voir ces choses-là...

M. DERVILLE. — Mais nous souffrons que ces choses-là se passent dans nos cuisines; cela ne revient-il pas à peu près au même?

CÉCILE. — Oh! maman, je t'en prie, recommande à Marguerite de tuer d'abord les carpes et les anguilles avant que de les dépecer!

M. DERVILLE. — Marguerite te répondra que le poisson est bien meilleur...

CÉCILE. — Oh! mon père!... maman, je t'en prie!

MADAME DERVILLE. — Crois-tu donc, ma fille, que j'aie attendu jusqu'à ce jour pour veiller à ce que chez moi, les animaux, dont nous faisons notre nourriture, ne fussent pas soumis du moins à des tortures inutiles?

—Ah ! j'aurais dû le deviner ! » s'écria Cécile en s'élançant au cou de sa mère, qui l'embrassa tendrement.

CHAPITRE V.

Le brochet. — La carpe. — L'anguille. —La murène. — L'esturgeon. — Caviar. — Colle de poisson. — Le remore. — La lamproie. — Les lernées.

Amédée avait certainement le cœur aussi bon que Cécile; mais il croyait devoir à *sa dignité d'homme* de ne point montrer une pitié tout-a-fait *féminine*, selon lui, pour les souffrances auxquelles, sans y penser, on condamne journellement les animaux. Il prenait pour du stoïcisme ce qui n'était au fond qu'un travers de l'esprit, dont le temps le corrigerait, du moins M. et madame Derville l'espéraient; c'est pourquoi aucun d'eux ne parut s'apercevoir du silence qu'il avait gardé au sujet des jeux barbares des Romains, silence qui pouvait passer pour une approbation tacite.

— « Puisque nous sommes sur le compte des habitants des eaux douces et salées, dit madame Derville, je voudrais bien savoir si le brochet est réellement aussi redoutable à tous ses confrères qu'on me l'a assuré, et quelle est en général la durée de la vie chez les poissons?

Cécile. — Oh! quel bonheur! Maman fait justement une des questions que je voulais faire! L'autre jour, Marguerite m'a raconté l'histoire d'un poisson qui avait plus de cent cinquante ans, est-ce possible, mon père?

M. Derville. — Tu trouveras bon, ma fille, que je réponde à ta mère d'abord, et à sa première question relativement à la voracité dont on accuse le brochet; voracité tellement reconnue, qu'on se garde bien, lorsqu'on empoissonne un étang, d'y jeter du brocheton. Le héron, quand il y viendra pêcher, apportera assez tôt du frai de ce poisson attaché à ses pattes; et si ce n'est pas le héron, ce sera quelqu'autre oiseau palmipède, dont la fiente, contenant de ce frai, tombera dans l'étang; c'est fort souvent de ces deux manières que se répandent les diverses espèces de poissons dans les diverses contrées du globe.

Amédée. — Mon père, il doit en être à peu près de même pour les graines?

M. Derville. — Oui, mon fils. Le gésier des oiseaux ne les digère pas toutes également bien; quelques-unes sont rendues telles qu'elles ont été avalées, mais dans un pays fort éloigné de celui où l'oiseau les a trouvées; et si le sol leur convient, ce pays s'enrichit de plantes jusqu'alors étrangères.

Madame Derville, *en riant.* — Voilà une explication qui *explique* bien des prodiges, et qui montre en même temps et notre orgueil et la vanité de notre sagesse humaine.

M. Derville. — Tu as bien raison, ma chère amie. L'homme, dans son orgueil, croit plutôt aux prodiges qu'à la simplicité des moyens employés par la nature, œuvre de Dieu, pour renouveler les animaux et les plantes sur la surface de la terre.

Cécile. — Le brochet est donc bien méchant, mon père, puisqu'on redoute tant d'en avoir dans les étangs ?

M. Derville. — Tu oublies, ma fille, les réflexions que nous avons faites dernièrement encore au sujet des carnassiers chez les quadrupèdes, des rapaces chez les oiseaux, des crocodiles et des serpents chez les reptiles.

Cécile. — Ah ! c'est vrai ; ils ne sont pas positivement méchants, mais ils doivent vivre de proie vivante, ce qui les rend féroces sans qu'il y ait de leur faute.

M. Derville. — La voracité des brochets est si grande, qu'on est réduit, quand on veut en élever pour la table, à les enfermer dans des caisses de bois qu'on laisse flotter sur les eaux et dans lesquelles on les nourrit.

Amédée. — Voilà une idée ingénieuse !

M. Derville. — Ce n'est pas tout ; il faut avoir soin de les pêcher avant l'époque du frai, autrement l'année d'ensuite l'étang sera tellement *empoissonné*, et en même temps *empoisonné* de brochets, que toutes les autres espèces disparaîtront, car une seule femelle peut déposer un frai de cent quarante huit mille œufs.

Madame Derville. — Je ne vois pas, je l'avoue, la nécessité de donner une si nombreuse postérité au brochet, puisqu'il est si nuisible à tous les poissons.

M. Derville. — S'il dévore parmi ceux-ci tout ce qui ne peut lui résister, il est dévoré à son tour par d'autres, et son frai nourrit les oiseaux de rivage et les petits poissons. Ainsi, chacun vit aux dépens du voisin ; ainsi, des obstacles naturels se trouvent opposés à la trop grande multiplication des espèces, ainsi, aucune ne peut être complètement détruite ; ainsi chacune a de la pâture, et ainsi enfin la balance est maintenue entre toutes. Quant à la longévité des poissons, on n'aurait à ce sujet que des données bien incertaines, si quelques amateurs, nos ancêtres, n'avaient pris le soin de nous envoyer, à travers les siècles, l'acte de naissance de quelques-uns.

CÉCILE. — Et comment cela, mon père?

M. DERVILLE. —Auprès de Manheim, dans l'année 1497, fut pris un brochet du poids de trois cent cinquante livres, et de la longueur de dix-neuf pieds.

AMÉDÉE. — Oh ! quelle bête !

M. DERVILLE. — Ceux qui eurent la queue en partage trouvèrent, sur les derniers vertèbres, un anneau de cuivre devenu beaucoup trop petit, et qui avait été presque entièrement recouvert par les deux bourrelets que formait de chaque côté la chair de l'animal ; sur cet anneau, ces mots, encore bien lisibles, étaient gravés : « *Je suis le poisson qui a été jeté le premier dans cet étang par les mains de l'empereur François II, le 5 octobre* 1262. » Comptez, mes enfants, combien ce *maître* brochet avait vécu d'années.

AMÉDÉE. — Cela fait.... Mais non, ce n'est pas possible... Cependant, de 1262 à 1497, cela fait bien...

CÉCILE. — Deux cent trente-cinq ans, n'est-ce pas, maman?

MADAME DERVILLE. — Oui, ma fille.

AMÉDÉE. — C'est un bel âge! Que de pauvres poissons ce brochet a dû dévorer pour prospérer de la sorte et pendant une si longue vie !

CÉCILE. — Je voudrais bien qu'il y eût ici près un étang, nous irions à la pêche ; je ferais faire un anneau de cuivre sur lequel serait gravé mon nom, et dans deux cent trente-cinq ans d'ici...

M. DERVILLE. — On saurait que *ceci est le premier poisson que mademoiselle Cécile Derville a pêché et rejeté dans cet étang en l'année* 1832 ; ce qui serait fort intéressant pour la postérité.

CÉCILE. — Mais oui, sûrement, mon père, parce que ce serait comme un nouveau renseignement du temps que peut durer la vie d'un poisson.

M. DERVILLE. — Si tu l'entends ainsi, et sans nul retour orgueilleux sur toi-même, sans nulle prétention de faire connaître ton nom *aux siècles à venir*, je n'ai que des applaudissements à te donner.

MADAME DERVILLE. — J'ai ouï dire que la carpe vit aussi très-long-temps, et qu'elle atteint même l'âge de cent ans.

M. DERVILLE. — Ce nombre d'années me paraît un peu exagéré ; cependant, comme nous ne possédons aucune preuve du contraire, et que nous en avons même de la longue durée de sa vie, nous passerons condamnation, et nous supposerons qu'il est, parmi les poissons, quelques individus assez fortement constitués pour dépasser la durée de l'existence moyenne qui leur est accordée à tous.

CÉCILE. — Mon père, la carpe a-t-elle des mœurs singulières ?

M. DERVILLE. — On se borne à parler de sa finesse et de sa défiance, qui rendent la pêche de ce poisson assez difficile. Lorsque la carpe sent l'approche du filet, elle se plonge la tête dans la vase et le filet glisse sur sa queue ; ce n'est que lorsqu'elle n'entend plus le moindre bruit, et lorsqu'elle ne sent plus la moindre agitation autour d'elle, que la carpe quitte sa cachette.

AMÉDÉE. — De quoi se nourrit-elle, mon père, je te prie?

M. DERVILLE. — D'herbes, d'insectes, de frai d'autres poissons. Quoique défiante, elle s'apprivoise facilement; de même que le brochet et les poissons dorés de la Chine, elle entend le signal auquel on l'accoutume assez vite, et elle vient à la surface de l'eau chercher de la mie de pain dont elle est très-friande.

CÉCILE. — Quel dommage ! oh ! quel dommage qu'il n'y ait pas ici près un étang !

M. DERVILLE. — Les véritables amateurs de carpe, en Hollande et en Angleterre, les font engraisser avant que de leur accorder *l'honneur* de figurer sur la table. On les suspend, à la cave, dans un petit filet, au fond duquel se trouve de la mousse humide ; la tête sort seule de cette cage d'un nouveau genre, et la carpe ne cesse de manger de la mie de pain et du lait pour adoucir les ennuis de la captivité. En très-peu de temps elle acquiert ainsi beaucoup d'embonpoint et un goût exquis.

AMÉDÉE. — Quelle invention !

MADAME DERVILLE. — Je ne peux m'empêcher de hausser les épaules de pitié, ou de frissonner d'épouvante quand je songe à tout ce que les hommes imaginent pour satisfaire leur sensualité aux dépens des malheureux animaux sur lesquels s'exerce leur cruelle puissance !

CÉCILE. — Ah ! oui, les foies gras, par exemple ! Et les anguilles, mon père?

M. Derville.— Les anguilles se contentent, pour
leur nourriture, d'insectes et de petits poissons ; on
les accuse pourtant d'aimer la chair des cannetons,
de s'en emparer en les saisissant par les pattes et
de les noyer pour les dévorer ensuite. Du reste, elles
sont fort bonnes personnes, très-vives, très-promptes
dans leurs mouvements, et aussi habiles à ramper
sur terre que les serpents. On en a vu abandonner
les eaux où elles vivaient habituellement, pour aller,
par terre, en chercher d'autres à des distances considérables. La murène est une espèce d'anguille fort
estimée en Italie, et particulièrement celle à laquelle
on donne le surnom d'*Hélène*. Pour celle-là, elle est
tellement vorace, que Védius Pollio, de hideuse mémoire, condamnait à être dévorés par celles qu'il
entretenait dans ses viviers, les esclaves pris en faute
grave.

Cécile. — Est-il possible qu'il y ait dans le monde
des hommes si méchants !

Madame Derville. — Pour combler la mesure,
il ne manquait plus que de faire servir à des convives dignes de Védius Pollio, ces murènes engraissées
de sang humain !

M. Derville. — L'histoire se tait là-dessus, et
la charité chrétienne nous défend de le croire cou-
pable de ce crime.

Amédée. — Les pêcheurs doivent redouter la
morsure de cette espèce d'anguilles ?

M. Derville. — Autant que les coups de queue
de l'esturgeon.

Cécile. — A propos, mon père, n'est-ce pas l'esturgeon qui donne le caviar ? Tu nous as dit de t'en
faire souvenir.

M. Derville. — L'esturgeon ne *donne point* de caviar, mon enfant, mais avec son frai, nous faisons ce qu'on appelle du *caviar*, espèce de mets dont les Russes en particulier font grand usage, surtout pendant les trois carêmes qu'ils observent scrupuleusement. La préparation en est bien simple ; on lave le frai dans du vin blanc ; après avoir débarrassé les œufs des ligaments qui les tiennent réunis en masse et de la pellicule qui enveloppe le tout, on les met à macérer dans une sorte de passoire, avec du sel, et on les écrase. Lorsque toute l'humidité est bien dissipée, on pétrit le caviar en galettes larges comme la main, épaisses d'un doigt, et on en remplit des tonnes qu'on expédie dans toutes les parties du monde.

Cécile. — Voilà un mets qui ne me tenterait guère !

Madame Derville. — Peut-être ; mais la pêche du frai d'esturgeon est, sans aucun doute, une source de prospérité pour le pays où elle a lieu, et c'est ce dont je suis le plus frappée.

M. Derville. — En effet, les esturgeons et leurs œufs donnent à l'État un grand revenu. On les pêche en France dans la Garonne, du côté de Bordeaux ; en Asie, au Pont-Euxin et à l'embouchure du Don, dans la mer d'Azof.

Madame Derville. — L'esturgeon est donc un poisson de mer qui vient frayer dans l'eau douce comme le saumon et l'alose ?

M. Derville. — Oui, ma chère amie.

Cécile. — Maman qui a tout de suite deviné cela !

M. Derville. — Tu l'aurais deviné également, ma fille, si tu avais accordé seulement une seconde à la réflexion, ou bien si tu t'étais souvenue de ce que je t'ai dit il n'y a pas une heure des mœurs de l'alose et du saumon. Jusqu'à présent je ne vous ai guère parlé que des poissons voraces. L'esturgeon ne doit pas être confondu avec eux. Quelle que soit sa grande taille, il est tellement renommé pour sa sobriété, que les Allemands ont un proverbe qui dit, *sobre comme un esturgeon*. Jamais on ne trouve, dans son estomac, des poissons gros ou petits : l'esturgeon se nourrit, assure-t-on, en fouillant la vase avec l'extrémité de son museau pour en faire sortir les vermisseaux qu'elle contient ; ce qui me paraît peu probable ; car, pour un animal qui pèse parfois jusqu'à quatre cents livres et qui a de dix-sept à dix-huit pieds de long quand il parvient à toute sa croissance, une nourriture plus substantielle est certainement nécessaire. Dans l'eau, c'est un animal redoutable, à cause des coups de queue qu'il donne et qui ont une telle force, que l'homme le plus robuste est renversé du choc ; à terre, il perd toute sa vigueur. On assure qu'il est très-timide, qu'il fuit devant le plus petit poisson : mais il n'en aime pas moins le son de la trompette, et c'est en sonnant de cet instrument si bruyant que les pêcheurs l'attirent et le font tomber dans les filets.

CÉCILE.— D'après ce que tu nous as dit, mon père, au sujet des poissons dorés de la Chine et de la carpe, je pense qu'il serait possible d'apprivoiser les poissons par le moyen de la musique?

M. DERVILLE. — Et même par le moyen des sons que la voix humaine peut articuler. Au temps de Charles IX d'exécrable mémoire, les brochets qui peuplaient le vivier du Louvre se montraient dès qu'on criait : *Lupule! lupule!* et ils venaient prendre le pain qu'on leur jetait.

AMÉDÉE. — Je trouve que passer son temps à apprivoiser des poissons, ce serait du temps perdu. Le chien, du moins, s'il sait entendre, sait aussi répondre, et son regard seul vous dit qu'il comprend.

M. DERVILLE. — Il me semble, mon fils, qu'il ne s'agit point ici d'établir une comparaison entre les poissons et le chien, mais de la faculté dont presque tous les animaux sont doués, à un dégré plus ou moins élevé, de comprendre le langage des sons ; il s'agit aussi de remarquer que dès que l'homme le veut et s'en occupe, il trouve le secret de parler à leur intelligence plus ou moins développée suivant les espèces, et d'y exciter des idées, c'est-à-dire de faire naître par certains sons l'espoir, le souvenir d'un repas friand par exemple, devant venir ou étant déjà venu à la suite de ces sons tout particuliers et qui acquièrent ainsi une signification ; même pour le poisson, l'une des espèces d'animaux en apparence la moins bien partagée, la moins intelligente parmi les êtres créés. Ne trouves-tu pas qu'il y a là de quoi penser et admirer?

MADAME DERVILLE. — Je crains qu'Amédée et Cécile ne soient encore trop jeunes de caractère pour sentir qu'en effet rien n'est plus digne d'attention ; et cependant ces observations, souvent répétées dans la jeunesse, rendraient, plus tard, les hommes meilleurs en les conduisant à tenter d'obtenir, par des traitements moins barbares, une obéissance qu'il semble que les animaux sont tout disposés à montrer, dès qu'ils ont pu comprendre ce qu'on exige d'eux.

CÉCILE. — Entends-tu, monsieur le dédaigneux,

monsieur l'amoureux de Médor, absorbé par la *ca-
ninomanie ?*

M. Derville. — Qui vous a appris ce grand mot-
là, mademoiselle la railleuse?

Cécile. — Je l'ai composé, mon père, du mot
italien *canino, petit chien,* et de celui de *manie.*
Oh ! je mourais d'envie de trouver une occasion de
le dire !... C'est qu'il est joli, n'est-ce pas ?

Amédée. — Tu n'as toujours pas le mérite de
l'*invention*, ma sœur, ma pauvre sœur malade de
la *chatomanie !*

Madame Derville. — Toujours des querelles,
toujours des mots piquants ! toujours Cécile prête à
railler, et Amédée prêt à se fâcher ! Et au milieu de
ces vains débats, on perd de vue l'objet principal ;
on oublie de demander à un père trop complaisant ce
qu'on était bien curieux de savoir, pourtant, avec
quelle partie du poisson se fabrique la colle qui sert
à clarifier le vin.

M. Derville. — A la première raillerie que j'en-
tendrai, à la première *fâcherie* que je verrai, je cesserai des entretiens qui devraient être une source
constante de plaisir et de bon accord. Ne m'inter-
rompez pas aussi souvent, si vous voulez apprendre ce soir encore quelque chose sur les poissons,
car la soirée avance.

» C'est l'esturgeon, renommé de tout temps pour
la délicatesse de sa chair, et tellement en honneur
chez les Anciens, qu'il était apporté dans les festins
par des esclaves couronnés de fleurs ; c'est l'esturgeon dont le frai nourrit un si grand nombre de
familles pauvres et riches dans presque toutes les
contrées du monde connu ; c'est enfin ce poisson,

si utile et si célèbre à tant de titres, qui fournit en énorme quantité la matière première de ce qu'on appelle *colle de poisson*, ou *ichthyocolle;* nom que quelques auteurs donnent au poisson lui-même. Les poissons d'eau douce en fournissent aussi, mais avec moins d'abondance que l'ichthyocolle auquel l'homme fait partout la guerre avec tant d'ardeur, à cause du profit qu'il en tire. Cette matière première n'est autre chose que la tunique intérieure de la vessie natatoire ou aérienne dont je vous ai parlé, ce me semble.

Cécile. — Ah! je me souviens! cette vessie qui sert à soutenir les poissons dans l'eau.

M. Derville. — Quant à la colle de poisson ordinaire, elle est faite avec les entrailles de ces animaux. La tunique intérieure de la vessie natatoire, après avoir subi diverses préparations qu'il serait trop long de décrire, est séchée et livrée au commerce en petits rouleaux, que l'on coupe ensuite par morceaux. L'effet produit par la colle de poisson est fort singulier. Elle se dissout en partie, s'étend, forme comme un réseau sur la liqueur dans laquelle on l'a jetée, puis ce réseau se précipite en entraînant avec lui toutes les impuretés qu'il trouve sur sa route; ainsi l'on peut dire qu'ici ce n'est point la liqueur qui passe à travers le filtre, mais bien le filtre qui passe à travers la liqueur.

Madame Derville. — Je me sers de colle de poisson pour clarifier le marc de café; il faudra que dès demain je voie par mes yeux cet effet réellement fort singulier.

Amédée. — Dimanche prochain tu me le feras voir aussi, n'est-ce pas, maman?

CÉCILE. — Maman, et à moi aussi ?

MADAME DERVILLE. — Oui, mes enfants. Il me semble avoir entendu dire que des œufs avec leurs coquilles produisent le même effet ?

M. DERVILLE. — Oui, ma chère amie, mais pas d'une manière aussi parfaite.

AMÉDÉE. — Je ne m'étonne plus maintenant des honneurs que les Anciens rendaient à l'esturgeon si bon à manger, et si utile de toutes les façons ! Mais je voudrais bien savoir au juste si ce que j'ai lu l'autre jour dans l'histoire ancienne est vrai, et quel était le poisson qui empêcha d'avancer le vaisseau amiral sur lequel se trouvait Caligula, qui revenait d'Asture à Antium ?

M. DERVILLE. — Je crois me rappeler ce fait. Les gens de l'équipage ne sautèrent-ils pas dans la mer pour tâcher de découvrir ce qui retenait le navire captif, et ne rapportèrent-ils pas à Caïus Caligula un petit poisson dont ils avaient trouvé une quantité innombrable attachée au gouvernail ? Caligula ne s'indigna-t-il pas de ce qu'un si mince obstacle eût pu l'arrêter dans sa course ?

AMÉDÉE. — Oui, mon père, c'est cela.

M. DERVILLE. — Il me semble encore que la même aventure arriva à Périandre, ou plutôt au vaisseau qu'il envoyait avec l'ordre de mutiler trois cents enfants nobles de Corcyre ?

AMÉDÉE. — Oui, oui ! Le vaisseau ne put avancer quoique le vent fût favorable, et l'on honora depuis à Gnide, dans le temple de Vénus, les coquillages qui avaient opéré ce prodige.

M. DERVILLE. Les Anciens confondaient les poissons avec les coquillages, ainsi que le fait encore

aujourd'hui le vulgaire. Nous , nous savons déjà
que les uns et les autres forment deux classes différentes. Je me borne pour l'instant à vous le rappeler.
Voyons maintenant quelles furent les causes de ces
prodiges prétendus. Lorsque la carène d'un vaisseau
depuis long-temps à la mer , est garnie d'un très-
grand nombre de coquillages, sa surface devient ra-
boteuse , d'unie qu'elle était , et glisse par conséquent plus difficilement sur l'eau ; mais la multitude
de ces petits animaux , quelqu'énorme qu'on la suppose, ne saurait arrêter un navire dans sa marche.
Quant au remore ou sucet , appelé encore *sangsue de
mer* ou bien *arrête-nef*, aux Indes et sur les côtes
d'Afrique , c'est un petit poisson qui n'a guère que
six à sept pouces de longueur, et environ un pouce
d'épaisseur. La partie supérieure de sa tête est aplatie ; là , se trouve un espace ovale très-gluant, contenant dix-neuf lames membraneuses tranchantes et
dentelées par leurs bords , qui servent au remore à
se coller , soit contre le gouvernail ou la carène des
vaisseaux, soit contre un requin ou un goulu de mer,
ce qu'il fait quand il se croit poursuivi. Vous voyez
bien , mes enfants , qu'un animal si faible , si petit,
ne saurait arrêter un navire dans sa marche , ainsi
qu'on l'en accuse. Les historiens grecs et romains ,
en racontant l'aventure arrivée aux vaisseaux de Caligula et de Périandre , ont donc cédé à la manie de
l'époque , de voir partout des prodiges ; manie con-
tinuée, de nos jours, par les pêcheurs et les gens
ignorants. Les poètes embellissent tout et ils ne respectent pas plus l'histoire naturelle que l'histoire
proprement dite.

AMÉDÉE. — Alors , mon père , le remore n'est

pas non plus une sangsue de mer, puisqu'il ne s'attache au requin et au goulu que pour se sauver, et non pas pour les sucer!

M. Derville. — Non, mon fils, et il pourrait répondre, quand on l'appelle *arrête-nef* ou *sangsue*,

Ah! je n'ai mérité
Ni cet excès d'honneur, ni cette indignité!

» Une autre espèce de sucet, également surnommé *sangsue de mer*, mais beaucoup plus grand et plus gros, c'est la lamproie. Cet animal singulier tient le milieu entre les poissons et le ver, avec lequel on l'a long-temps confondu. La lamproie, en latin *lampetra*, ainsi nommée parce qu'elle paraît lécher autant que sucer les rochers auxquels elle s'attache, est un poisson fort recherché des gourmets. Elle se nourrit de vers marins, de poisson très-jeune. De même que le serpent, elle peut être partagée en deux, en trois morceaux, et ne pas perdre à l'instant la vie. Ainsi mutilée, la lamproie colle encore sa bouche avec force, aux objets qu'on lui présente, et y demeure plusieurs heures attachée. C'est sur la lamproie que, pour la première fois, on a découvert des animaux singuliers qui sont comme la vermine des poissons; vermine redoutable puisqu'elle parvient à les aveugler.

Cécile. — Les poissons ont de la vermine!

M. Derville. — Chaque espèce d'animaux nourrit, à l'intérieur comme à l'extérieur, une foule de parasites ; ainsi, les uns sont attaqués à l'intérieur par le solitaire, ou *ténia*, les autres le sont à l'extérieur par les *lernées* qui s'attachent aux yeux, aux ouïes, aveuglent les uns et font périr les autres.

AMÉDÉE. — Mon père, à quoi ressemblent les lernées, je te prie ?

M. DERVILLE. — Je serais fort embarrassé de te le dire, mon fils. L'imagination la plus fantasque ne pourrait se figurer des formes plus bizarres, plus extravagantes que celles présentées par ces animaux, constamment gorgés des sucs nutritifs de la partie à laquelle ils s'attachent. D'apparence assez régulière au moment où elles sortent de l'œuf, les lernées changent d'aspect du moment qu'elles ont commencé à *entrer en fonctions*, et alors leur corps se développe, soit en long, soit en large ; les unes présentent comme des espèces de feuilles, d'autres des corps tortus, bossus, avec ou sans pieds, ornés de panaches, de cornes, de queues plus ou moins longues. Rien de plus bizarre, je vous le répète, mes enfants, et rien de plus redoutable, pour les poissons, que ces parasites...... Mais en voilà assez pour ce soir. Nous avons beaucoup prolongé la veillée ; demain soir nous achèverons de passer en revue une partie des poissons, et la semaine prochaine nous nous occuperons des coquillages. »

CHAPITRE VI.

Les nageoires. — Le poisson-volant. — La torpille. — La gymnote. — Le pilote. — Le requin. — L'anchois. — Le thon.

—•—

— « Oh ! quel bonheur, il pleut à verse encore aujourd'hui ! » s'écria Cécile le lendemain en se levant. Elle courut embrasser sa mère et répéta : « Quel bonheur ! il pleut à verse ! Nous resterons à la maison, et tu prendras part à l'entretien, maman ! Je suis sûre que l'histoire naturelle t'amuse bien plus quand c'est mon père qui la raconte que lorsque c'est nous ; et puis tu racontes aussi, ce qui augmente le plaisir.

— « As-tu vraiment songé à mes plaisirs, indépendamment de ceux que mes récits peuvent te donner ainsi qu'à ton frère ? demanda madame Derville en souriant.

— « Oui, maman, je t'assure ! j'ai songé à tout cela à la fois, et mon frère aussi. Mais, maman, c'est que tu sais une foule de choses de l'histoire naturelle !

— « Cela t'étonne, n'est-ce pas ? Tu me croyais tout-à-fait ignorante ?

— « Oh ! non, maman.

— « Je le suis cependant, ma fille, en tout ce qui

est science. Mais, comme tout le monde, j'ai des yeux pour voir, des oreilles pour entendre, un esprit pour observer, pour réfléchir, pour comparer entre elles les choses que je vois, que j'entends; il en résulte que j'apprends journellement ce que chacun journellement peut apprendre en se servant de même que moi de ses yeux, de ses oreilles et de son intelligence. Je t'engage à en faire autant, non-seulement pour l'histoire naturelle, mais pour tout, sans aucune exception. Tes études en deviendront meilleures, plus profitables, et tu acquerras ainsi une instruction plus solide. Me le promets-tu?

—« Oui, maman. Oh! que nous allons nous amuser encore ce soir!... Et la semaine prochaine avec les coquillages!.... Que je suis heureuse!» Et Cécile embrassa de nouveau sa mère.

Lorsque, le soir, on fut réuni, Amédée dit à son père qu'il le priait, avant de passer aux coquillages, de lui donner quelques explications au sujet des poissons volants, dont il est si souvent parlé dans les récits des voyageurs, et de la torpille qui produit des commotions électriques.

— « Mon intention était de vous en parler, mes enfants, répondit M. Derville. J'ai soin de ne passer sous silence, pour le moment, que les poissons qui vous sont tout-à-fait inconnus, même de nom; j'en ai agi à peu près ainsi pour les quadrupèdes et les oiseaux.

CÉCILE. — Pourtant, mon père, tu ne nous as point parlé de *tous* les oiseaux absolument que nous connaissons au moins de nom, le chardonneret, le pinson, le bouvreuil...

M. DERVILLE, *en riant*. — Ce reproche m'étant

très-*sensible*, je tiens à me *justifier*. Parmi les quadrupèdes et les oiseaux de *votre connaissance*, j'ai choisi les espèces dont les habitudes, les mœurs offrent assez de singularités pour exciter et votre curiosité et votre désir d'étudier par vous-mêmes les mœurs et les habitudes de tous les autres; j'ai fait de même pour ceux que vous ne connaissez pas du tout. Nos entretiens, mes enfants, n'ont pour but que de vous montrer qu'on trouve à la fois du plaisir et de l'instruction dans l'histoire naturelle ; l'ai-je atteint, ce but?

CÉCILE. — Oui certainement!

AMÉDÉE. — Jamais rien ne m'a autant intéressé que cela.

M. DERVILLE. — En ce cas, poursuivons comme nous avons commencé, et remettons à l'année prochaine une foule de choses que, pour le moment, il faut laisser en arrière. La source de nos plaisirs n'est pas à la veille de se tarir, je vous en réponds.

« Si vous vous rappelez ce que je vous ai dit, et des ailes membraneuses de la chauve-souris, et des nageoires des poissons, vous pouvez aisément vous figurer ce que doivent être ces prétendues ailes du poisson volant, ou exocet. C'est à l'excessive grandeur de ses pectorales qu'il doit de pouvoir se soutenir quelques instants en l'air. Mais il ne *vole* réellement pas. Poursuivi par quelqu'ennemi, il s'élance hors de l'eau à la manière des saumons, des carpes en pliant en cercle son corps qui se débande aussitôt, et il se trouve ainsi lancé à une très-grande hauteur; c'est alors que ses nageoires se déploient dans toute leur grandeur et lui servent de parachute.

Cécile. — Je m'étais fait une autre idée du poisson volant.

Amédée. — Et moi aussi. Et la torpille, mon père?

M. Derville. — La torpille, comme tous les poissons plats, vit sur le sable ou sur la vase. On en distingue plusieurs espèces; l'une produit un tremblement suivi d'engourdissement chez les animaux qu'elle frappe, l'autre les paralyse du premier coup.

Amédée. — Mon père, j'ai entendu dire cela bien des fois, et je l'ai lu aussi dans bien des livres; mais comment s'y prend-elle, et avec quoi frappe-t-elle ses ennemis?

M. Derville. — Tu te rappelles les coups de queue de l'esturgeon, et tu t'imagines peut-être que ceux de la torpille sont plus redoutables encore? Non, mon fils. Pour se garantir de sa batterie électrique, c'est par la queue que les pêcheurs la saisissent, et ils échappent ainsi au danger. A la partie antérieure de la torpille, se trouve un appareil composé d'une multitude de corps membraneux serrés les uns contre les autres et divisés intérieurement et horizontalement par des cloisons, en petites cellules. Les savants ne sont pas d'accord sur la *qualité* de l'électricité qui se forme dans cet appareil, ni sur les causes qui la produisent; mais ils le sont du moins en ceci, c'est que cette réunion de cellules membraneuses est la véritable batterie électrique dont je te parlais tout-à-l'heure. Jusqu'à un certain point, l'animal la charge et la décharge à volonté, et frappe ainsi la proie qu'il veut saisir ou l'animal auquel il veut échapper. La commotion qu'il donne est faible d'abord; celle qui lui succède a plus de force, et enfin

les décharges devenant de plus en plus énergiques,
foudroient l'ennemi.

Amédée. — Que c'est donc singulier ! Mon père,
avons-nous des torpilles en France ?

M. Derville. — On en pêche quelques espèces
dans le midi, sur les côtes de la Méditerranée.

Madame Derville. — Il me semble, si je ne me
trompe, avoir lu que dans l'Amérique du Sud, quelques rivières et même des mares sont habitées par
des anguilles également électriques, et tout aussi redoutables aux pêcheurs que la torpille.

M. Derville. — Tu ne te trompes pas, ma chère
amie. La gymnote, ou anguille électrique, n'est
point un être chimérique. Un appareil, dans le genre
de celui de la torpille, règne le long de son immense
queue, et produit un fluide dont l'effet suffit à para-
lyser un homme.

Cécile. — Les terribles bêtes !

M. Derville. — Il paraîtrait que ce fluide s'épuise
dans l'une et dans l'autre, après un certain nombre
de décharges ; alors on peut les manier impunément ;
et c'est ce que savent sans doute les jongleurs indiens qui se vantent de posséder des charmes pour
se mettre à l'abri de tout danger. Peut-être encore
ces hommes connaissent-ils par expérience ce que les
savants connaissent par la science, les qualités de
certains corps qui repoussent l'électricité.

Amédée. — Et peut-être aussi, mon père, se con-
tentent-ils d'obliger l'anguille électrique et la torpille
à se décharger par des moyens presque semblables à
ceux que les bateleurs emploient pour enlever tout
son venin au naja.

M. Derville. — Cette dernière supposition me

paraît plus vraisemblable que la première ; et ce qui la confirmerait, je pense, c'est le récit fait par Humboldt d'une pêche de gymnotes, exécutée sous ses yeux en Amérique, dans le bassin d'eau bourbeuse de Canô de Bera.

Cécile. — Oh ! mon petit père, raconte-nous cette pêche, veux-tu ?

M. Derville. — Je vous en lirais le récit tout entier si j'avais encore le volume ; mais je pense pouvoir me souvenir des faits principaux. Humboldt éprouvait le plus grand désir d'avoir des gymnotes vivantes, pour répéter les expériences dont cette espèce a déjà été plus d'une fois le sujet, et pour en tenter de nouvelles ; mais il ne pouvait réussir à s'en procurer. Un jour enfin, on le conduisit au Canô de Bera, en lui annonçant qu'on allait *enivrer* les gymnotes, dont ce bassin fourmille, par *le moyen des chevaux*, et qu'ensuite on les harponnerait sans danger. Humboldt ignorait complètement comment on pouvait *enivrer, par le moyen des chevaux*, quelque poisson que ce fût ; il savait seulement que des chevaux chassés çà et là dans une mare, épouvantent le poisson et l'étourdissent au point qu'il monte comme hébété à la surface de l'eau.

» Les Indiens qu'on avait envoyés dans les environs pour rabattre sur le bassin des chevaux et des mulets sauvages, revinrent en chassant devant eux ces pauvres animaux, qu'ils obligèrent par leurs cris et leurs mauvais traitements d'entrer dans l'eau bourbeuse. On entoura le bassin afin de repousser les chevaux qui voudraient s'échapper, et alors s'entama *l'action*. Les gymnotes, troublées dans leur retraite, commencèrent à faire jouer leurs batteries électriques. Plus elles étaient épouvantées, plus les décharges devenaient violentes, et l'on peut dire que les chevaux, les mulets furent *enivrés* avant elles et par elles. La crinière hérissée, l'œil rempli d'épouvante, les naseaux ouverts, ils ne songeaient qu'à fuir ces eaux terribles, dans lesquelles on voyait courir avec rapidité de grands serpents jaunâtres, longs de plus de cinq pieds, et qui, se glissant sous le ventre de l'ennemi, lançaient coup sur coup leurs décharges formidables à bout portant, pour ainsi dire. Chevaux et mulets tombaient comme frappés de la foudre, et disparaissaient dans l'eau d'où ils ne pouvaient se relever. Humboldt croyait que tous ceux qu'on avait amenés périraient; mais on le rassura en lui disant que le premier assaut était seul redoutable pour ces animaux; que les gymnotes seraient bientôt épuisées, et que les commotions qu'elles pouvaient donner encore iraient désormais en s'affaiblissant; ce qui se vérifia en effet. Les chevaux et les mulets, qui avaient résisté au premier *feu*, se montrèrent dès-lors moins effrayés, et ce fut au tour des gymnotes à se trouver *enivrées*, ainsi que les Indiens l'avaient prédit. Alors elles commencèrent à fuir les chevaux et à gagner d'elles-mêmes les rivages; c'était ce moment qu'on attendait pour les harponner, ce qu'on exécuta avec une grande facilité.

Madame Derville. — Voilà une manière de pêcher tout-à-fait nouvelle et bien curieuse!

Amédée. — Et M. Humboldt eut-il des gymnotes vivantes?

M. Derville. — Oui, mon fils.

Amédée. — Mon père, quelles expériences voulait-il donc faire?

M. Derville. — Je t'ai dit que son désir était de répéter celles qui ont été déjà tentées pour découvrir le genre de l'électricité que donnent la gymnote et la torpille. Il voulait aussi examiner, avec toute l'attention que méritent des animaux doués d'une faculté si singulière, l'appareil qui produit cette électricité. Nous reviendrons plus tard sur ce sujet comme sur tous les autres, et alors nous tâcherons d'arriver, avec le secours de bonnes planches, à comprendre le jeu des onze cent quatre-vingt-deux colonnes ou prisme, dont se compose l'appareil électrique de la torpille.

Madame Derville. — Je crois, d'après le peu que j'ai entendu dire, que tous les appareils dont se compose le corps d'un poisson, d'un oiseau, d'un quadrupède, d'un être organisé enfin, méritent également notre attention et notre admiration.

M. Derville. — C'est ce que nos enfants diront, je l'espère, quand nous aurons commencé à comprendre les phénomènes de l'organisation. Pour le moment, c'est bien assez de nous occuper des phénomènes, déjà bien étonnants, offerts par un ensemble dont chaque détail est calculé de manière à produire telle et telle action nécessaire soit à la vie, soit à la défense, et qui s'exécute sans que l'animal y songe, ou bien par le seul effet de sa volonté.

Cécile. — Mon père, j'ai aussi une question à te faire, si tu veux bien. Il y a un petit poisson dont tous les voyageurs parlent, et qui a bien de l'intelligence, quoiqu'il l'emploie mal à propos, je trouve; c'est le pilote. Est-il vrai qu'il va toujours devant le requin pour lui chercher sa proie d'avance?

M. Derville. — Attendu, n'est-ce pas, que le requin est aveugle? Vieux contes de matelots que tout cela, mon enfant. Le pilote accompagne le requin pour avoir sa part des restes des innombrables victimes que ce tyran des mers immole à sa voracité; de même, il suit les navires pour s'emparer avidement de ce qu'on jette à la mer. Le pilote est un poisson rusé, long d'un pied, orné, sur sa peau brune, de reflets et de bandes dorées, et qui ne s'élance pas avidement sur l'hameçon le mieux amorcé. Les matelots s'amusent beaucoup de ses ruses pour enlever l'amorce sans avaler l'hameçon. Son agilité seule le sauve des deux cents dents de celui auquel on prétend qu'il sert de guide. Se tenant toujours à la hauteur d'un pied au-dessus du terrible museau, il suit et imite tous les mouvements du requin. Au moment où celui-ci se retourne pour saisir sa proie, mouvement que le requin est obligé de faire, parce que sa gueule est en dessous, le pilote fait un écart de manière à se trouver hors de sa portée.

Cécile. — Deux cents dents! Et pourquoi ce monstre de requin a-t-il deux cents dents?

M. Derville. — Ce sont des *dents de rechange*. S'il en tombe une du rang extérieur, celle du rang suivant se dégage des liens qui la retenaient, et prend la place devenue vacante; de cette façon, le râtelier *agissant* est toujours au complet.

Amédée. — Mon père, on raconte une foule d'histoires relativement au requin; sont-elles vraies?

M. Derville. — Il est probable que l'imagination les amplifie; mais ce qui est certain, c'est que le requin joint, à la férocité du tigre, la force du

crocodile. Il coupe un bras, une jambe, aussi nettement que le pourrait faire un chirurgien, et sa voracité n'a point de bornes. La chair humaine est
celle qu'il préfère; peu lui importe qu'elle soit vivante ou morte. Les tempêtes le trouvent rôdant
vers les côtes, comme s'il devinait que quelque nau-
frage s'apprête et va lui livrer de nombreuses victimes. L'éclat phosphorique qu'il répand au milieu
des ténèbres, permet de suivre la rapidité de ses
mouvements, et l'homme le plus intrépide se sent
glacé d'épouvante à la seule pensée de cette gueule
prête à l'engloutir tout entier. Le cheval, le bœuf
même peuvent disparaître à l'instant dans ce gouffre
toujours béant.

Cécile. — Ah! d'en entendre parler seulement,
cela vous donne la chair de poule!

Amédée. — Le requin est donc bien grand, mon
père?

M. Derville. — Sa taille est d'à peu près vingt-
cinq pieds.

Cécile. — Je crois bien qu'il faut du gibier à foi-
son pour nourrir un monstre pareil! Fait-il beaucoup de petits, mon père?

M. Derville. — Vous savez, mes enfants, ce
que je vous ai dit au sujet des espèces les plus nuisibles en général; elles multiplient peu. Il est probable que le requin n'a qu'un petit à la fois; mais
je ne crois pas qu'un seul naturaliste ait eu le courage de tenter de suivre l'histoire naturelle du requin
dans toutes ses phases; c'est sans doute sur des
animaux morts qu'on a pu deviner, par l'inspection
des dents, dont le requin ne se sert que pour rom-
pre et non pour mâcher, dans quel but un si grand

nombre de ces dents tranchantes, dentelées en scie, lui a été donné, et de quelle manière, par quel mécanisme celles de l'intérieur viennent remplacer celles du premier rang.

CÉCILE. — Mon père, on lui fait la chasse, n'est-ce pas?

M. DERVILLE. — Quand un requin mord à l'hameçon, énorme croc attaché à une chaîne en fer, c'est une grande joie pour le navire. Les matelots prennent alors plaisir à le martyriser pour venger ceux de leurs compagnons dévorés par quelqu'un de ces monstres; mais ce plaisir barbare n'est pas sans danger; l'animal agonisant fait encore trembler le vaisseau sous les coups de sa queue, et une seule de ses morsures coupe un membre.

CÉCILE. — L'horrible bête!

AMÉDÉE. — Il n'y a pas un seul animal capable de lui tenir tête, n'est-il pas vrai, mon père?

M. DERVILLE. — Si fait, mon fils. Le mular, espèce de cachalot, lui fait une guerre à mort, et, sur les côtes, les jeunes requins sont poursuivis avec acharnement par les pêcheurs amateurs de leur chair...

CÉCILE. — Est-il possible! Comment! ils mangent de la chair de requin?

M. DERVILLE. — Oui, ma fille; mais c'est surtout pour son foie, qui donne beaucoup d'huile à brûler, qu'on le pêche, et aussi pour sa peau à l'épreuve des balles. Les Groenlandais construisent des nacelles avec la peau du requin.

MADAME DERVILLE. — S'il était permis de passer sans transition du tyran des mers à un joli petit poisson tout-à-fait inoffensif, et qui paraît fort intéressant aux gourmets, je témoignerais le très-vif désir que j'éprouve de savoir où et comment se pêchent... l'oserai-je dire? les anchois.

Cécile. — Et moi aussi, et nous aussi mon père, n'est-ce pas, Amédée?

M. Derville. — Je ne sais, ma chère amie, pourquoi tu n'aurais pas *osé* parler des anchois qui m'inspirent beaucoup d'*estime* ainsi que la sardine, les harengs, le thon. Tous me paraissent mériter une mention *honorable* dans l'histoire des poissons, car tous sont une source d'aisance pour les laborieux habitants des côtes, et les uns et les autres jouissent d'ailleurs de l'honneur d'être admis sur la table des rois eux-mêmes.

Cécile, *en riant*. — Quelle gloire!

M. Derville. — Les Grecs et les Romains rendaient *justice* aux anchois. Après les avoir fait fondre, pour ainsi dire, sur le feu dans leur saumure, ils ajoutaient du vinaigre, des épices, et formaient ainsi une sauce piquante appelée *garum*, très-célèbre dans l'antiquité : les entrailles du thon, employées de la même manière, donnaient un autre genre de garum plus célèbre encore.

Madame Derville, *en riant*. — Je ne rougis plus d'avoir témoigné de la curiosité pour des poissons que les Grecs et les Romains ont illustrés, et je te demanderai hardiment, mon ami, pourquoi les anchois ne se montrent jamais avec leurs têtes dans les barils où ils sont rangés comme l'est la sardine; ce qui fait supposer à une foule de gens qu'ils n'en ont jamais eu.

Cécile. — Ah! par exemple! est-ce qu'il peut y avoir des animaux sans tête?

M. Derville. — C'est ce que la suite nous apprendra. Quant aux anchois, ils en ont une qui se prolonge en un petit museau pointu divisé par une bouche armée d'une infinité de petites dents très-pointues, et laquelle est fendue jusqu'au-delà des ouïes. Les anchois se montrent par milliards, pendant le printemps et une grande partie de l'année, sur les côtes de la Méditerrannée, sur celles de la Hollande et de la Bretagne, où on les pêche avec le plus d'activité. Un grand nombre d'hommes et de femmes y sont employés. Les hommes partent par une nuit obscure; les barques vont trois par trois et gagnent la mer jusqu'à une lieue de distance du rivage. L'une est munie à l'avant d'un réchaud dans lequel on fait brûler sans cesse de petites branches d'arbres résineux. Les anchois, attirés par la lueur du feu, quelquefois très-vive, arrivent en foule autour de cette première barque. Les deux autres se tiennent à distance. A un signal convenu, les hommes qui les montent jettent sans bruit le filet et le traînent en silence vers la barque éclairée. Soudain, le feu s'éteint; les pêcheurs agitent l'eau avec leurs rames : les anchois, épouvantés, se précipitent d'eux-mêmes au devant du filet qui s'avance pour les envelopper. C'est ainsi que chaque nuit on en prend par milliers. A mesure que les barques arrivent au rivage pesamment chargées, les femmes, les enfants travaillent à enlever la tête, les entrailles, à laver les anchois dans plusieurs eaux, et quand ils sont bien égouttés, à les placer par lits dans des tonneaux, de même qu'on y place les harengs et les sardines; un lit de poisson, un lit de sel. Afin de *parer* la *marchandise*, on mêle au sel employé pour cet usage, de l'argile rougeâtre en poudre, ce qui donne aux anchois une couleur moins agréable que ne le serait celle de leur robe brillante et argentée ; mais c'est la *mode* depuis des siècles.

Cécile. — Il me semble que les anchois tout frais doivent être bien jolis et bien bons surtout?

M. Derville. — Probablement que non, puisqu'ils ne sont estimés qu'après avoir séjourné dans la saumure ; tandis que la sardine, le hareng nouvellement pêchés offrent au contraire un mets renommé partout, et dont les habitants des côtes se montrent très-friands. De même que les anchois, le thon, qui donne une chair huileuse et lourde, a besoin d'être salé ou confit à l'huile pour offrir un manger agréable. L'arrivée du maquereau est l'annonce sur nos côtes de celle du thon, qui marche aussi en troupes nombreuses. C'est un poisson du genre des scombres, qui atteint quelquefois jusqu'à sept pieds de longueur ; il est vorace, et poursuit le maquereau avec acharnement. Le petit port de Collioure, dans le département des Pyrénées-Orientales, est, de tous ceux des côtes de France, le lieu où la pêche du thon est le mieux organisée et offre une véritable source de richesses pour le pays. Vers le mois de juin, une vedette est placée sur le haut de chacun des deux promontoires, d'où la vue s'étend au loin et qui dominent la ville. Dès que les védettes aperçoivent les bandes de thons, composées de deux ou trois mille individus, elles déploient un pavillon blanc. Aussitôt la grève retentit de cris de joie, et les enfants parcourent les rues de la ville en annonçant bruyamment l'arrivée des thons. Tous les habitants, hommes, femmes, enfants, courent à la marine pour prendre les filets préparés de manière à former à l'instant une *thonnaire*, c'est-à-dire une enceinte en filet; les bateaux se remplissent de monde; car il faut du monde, et beaucoup, pour la grande entreprise qui absorbe toutes les pensées et qui fait abandonner tous les autres travaux. On arrive bientôt à portée des thons; les pièces des filets sont lestées, jetées à l'eau, et promptement se forme l'enceinte demi-circulaire dans laquelle le poisson, de toute part enveloppé, est poussé bon gré mal gré vers la côte, sans se douter encore qu'il est pris; mais, avec des filets de réserve, on resserre l'enceinte, et quand on n'a plus que deux ou trois brasses d'eau, on amène le filet sur le rivage à force de bras, et la pêche est faite. Je ne vous ai parlé, mes enfants, que de Collioure; mais, sur toutes les côtes de la Provence, les pêcheries de thon, surnommées *madragues*, occupent beaucoup de pêcheurs. A l'époque où cette pêche a lieu, une foule d'étrangers viennent admirer l'adresse de ces hommes qui déploient une activité et une présence d'esprit vraiment remarquables. Les travaux de la salaison donnent de l'occupation à la population entière, et répandent une certaine aisance dans le pays. Rien n'est perdu de ce que le thon peut donner. Les parties dépouillées de graisse servent à la nourriture des pauvres gens: on les appelle *thonnins communs*. La *panse du thon* est cuite avant d'être confite à l'huile; la chair du dos est salée, elle donne ce qu'on appelle le *thon mariné*. Mis dans des tonneaux, le thon mariné est expédié à Cadix, à Marseille; enfin les femmes recueillent soigneusement jusqu'à l'huile qui flotte sur l'eau, dans laquelle on a lavé les thons avant que de les découper pour les saler. Cette huile est

17.

achetée par les tanneurs. Voilà, mes enfants, comment les recherches du luxe répandent l'aisance dans la cabane du pauvre, et comment les productions de la mer apportent de véritables richesses aux habitants de ses rivages.

MADAME DERVILLE. — Mais à la condition qu'ils travailleront pour se les rendre profitables.

M. DERVILLE. — Telle est la condition, telle est la loi générale à laquelle non-seulement l'espèce humaine, mais tous les êtres animés sont soumis. Je vous l'ai fait remarquer, mes enfants, à propos de tout ce que je vous ai déjà raconté. Le travail est la seule source inépuisable de bonheur et de plaisir : sans travail, point de vraies jouissances. Aussi, pour quiconque veut réfléchir, le sort du riche oisif est-il moins désirable que celui de l'homme qui doit à l'emploi journalier de ses forces physiques ou intellectuelles, leur développement et l'aisance qui règne autour de lui. Vous êtes bien jeunes encore pour sentir la vérité de ce que je vous dis là ; mais examinez-vous bien, et dites-moi si, après avoir travaillé selon vos forces et votre âge, vos jeux ne vous paraissent pas plus agréables et plus amusants que les jours où vous regardez comme un grand bien la permission de ne rien faire ? »

Cécile tourna les yeux vers son frère, et répondit la première, non sans hésiter un peu : « Oui, mon père, c'est vrai ; mais pourtant, des jours de congé sont nécessaires.

— Cela n'empêche pas qu'ils ne me semblent quelquefois un peu longs, dit à son tour Amédée avec franchise.

— Je vous ai fourni un moyen de les remplir

agréablement, reprit M. Derville; c'est d'étudier, d'observer les animaux, les plantes, qui, de toute part, s'offrent à vos regards, et de donner ainsi à votre pensée de quoi s'occuper sans fatigue. Quand la pensée est doucement occupée, mes enfants, les heures, les jours passent rapidement, la vie est pleine, l'humeur est égale ; en étant heureux nous-mêmes, nous donnons le bonheur aux êtres chéris qui nous entourent ; et plus nous procurons d'aliments à cette pensée, plus s'augmente en nous la passion du savoir, source de tant de jouissances. Ne l'éprouvez-vous pas depuis que nous nous occupons d'histoire naturelle ?

— Oh! certainement! s'écrièrent le frère et la sœur.

— Et cela est si vrai, ajouta Amédée, que je veux te prier, mon père, de nous donner le moyen de classer ceux des poissons que tu nous as nommés, dans l'ordre qui leur appartient, comme tu l'as fait déjà pour les mammifères, les oiseaux et les reptiles.

M. Derville. — Ce désir est louable, mon fils, mais il est difficile à satisfaire. La classification et l'histoire des poissons, l'un des plus beaux monuments que Cuvier ait élevés à sa propre gloire et à celle de son pays, présente des proportions trop gigantesques pour qu'il soit possible de la réduire à votre taille. Contentons-nous donc de la grande division en poissons osseux, et en poissons cartilagineux de cette quatrième classe des vertébrés, et bornons-nous pour le moment à savoir que la première de ces grandes divisions renferme cinq ordres de poissons chez lesquels on trouve des mâchoires complètes et libres, c'est-à-dire une mâchoire supérieure et une mâchoire inférieure mobile, telles que nous en offrent les maquereaux, les merlans, les soles, les anguilles, etc.; et un sixième ordre chez lequel les mâchoires imparfaites sont immobiles: tels sont, par exemple, les moles, ou lunes de mer, poisson énorme, car il arrive quelquefois à une grandeur de plus de quatre pieds, et il doit ce nom de lune à sa forme autant qu'à son éclat phosphorique; aussi la lune de mer brille-t-elle la nuit dans les flots, de telle manière que le matelot trompé croit voir l'image réfléchie de la *véritable* lune; mais vainement il cherche à la découvrir dans le firmament. D'autres poissons non moins extraordinaires appartiennent à ce sixième ordre; les diodons, par exemple, genre qui précède les moles. Le diodon a la peau armée de toute part de gros aiguillons pointus, et il possède la faculté de se bouffir à volonté; ainsi boursouflé, il dresse ses aiguillons; on le prendrait alors pour un marron enveloppé de son écorce hérissée de piquants.

Amédée. — Que d'animaux singuliers!

M. Derville. —Je vous citerai encore les ostracions ou coffres. Ces poissons présentent, au lieu d'écailles, des compartiments osseux et réguliers, soudés entre eux et formant une espèce de cuirasse inflexible qui leur revêt la tête et le corps, en sorte qu'ils n'ont de mobiles que la queue et les nageoires; le plus grand nombre de leurs vertèbres sont soudés de même ensemble. Je vous ferai voir quelque jour des coffres de plusieurs formes, et vous serez tentés de croire à un déguisement de carnaval.

» Passons maintenant à la seconde grande division, celle des poissons cartilagineux. Elle a été sub-divisée en deux ordres, d'après la disposition des branchies ; car toujours la forme, l'arrangement des organes respiratoires est l'un des principaux carac-tères à observer dans la classification des êtres orga-nisés.

» Dans le premier ordre des cartilagineux, le sep-tième par conséquent de la classe des poissons, nous trouverons deux *personnes* de connaissance, con-naissance de nom du moins, l'esturgeon et la chi-mère ; dans le deuxième ordre, qui est le huitième de la classe des poissons, nous trouverons entre au-tres le requin.

Amédée. — Comment ! le requin est un poisson cartilagineux ? Moi qui croyais qu'il avait les os durs comme du fer.

M. Derville. — Nous y trouverons aussi le *mar-teau*, qui joint, aux caractères du requin, (ce mot de caractères est au pluriel, faites-y attention, mes enfants), une forme de tête dont le règne animal n'offre point d'autre exemple. Aplatie horizontale-ment, tronquée en avant, ses côtés se prolongent en deux branches qui la font ressembler à la tête d'un marteau. Les yeux sont placés aux extrémités des branches.

Cécile. — Ah ! mon Dieu ! que de choses cu-rieuses, et dont on ne se doute pas quand on ne sait rien !

M. Derville. — Un autre poisson que vous con-naissez bien, la raie, forme un genre nombreux dans le second ordre des cartilagineux ; et ce genre com-prend, entre autres espèces remarquables, la tor-pille. Enfin nous y trouverons la lamproie et le trop

LES
COQUILLAGES

CHAPITRE PREMIER.

Les mollusques. — Formation des Coquillages. — L'escargot.
— L'huître. — La Moule. — Pêches de moules. — Le Pourpre.
— Le Buccin.

— « N'est-ce pas, mon père, dit Cécile le jour
suivant, lorsque la famille fut réunie dans le jardin
après le dîner, que les limaçons, comme les limaces,
sont des mollusques ?

— D'abord, ma fille, qu'est-ce que c'est que des
mollusques ? demanda M. Derville à son tour.

— Des mollusques ! s'écria Amédée, ce sont des
animaux mous, et qui n'ont point de squelette.

CÉCILE. — Mon père, et les coquillages ?

AMÉDÉE. — Ce sont des mollusques testacés. Oh !
je n'ai rien oublié, moi !

M. DERVILLE. — Si ce n'est la politesse, qui
défend de répondre pour la personne à laquelle la
question est adressée.

CÉCILE. — Tu vois bien, mon frère, que tu dis

Poulpe commun. — Seiche. — Calmar.

Pourpre natté. — Pinne marine. — Porcelaine. — Harpe.

ce soir le contraire de ce que tu disais ce matin ; le limaçon est un coquillage, puisqu'il a un *test*, une coquille.

M. Derville. — La dénomination de coquillages est plus généralement attribuée aux mollusques testacés marins, très-nombreux, qu'aux mollusques testacés terrestres ou fluviatiles.

» Remarquez avant tout, mes enfants, que nous voici arrivés à la seconde grande division du règne animal, celle des invertébrés. Ici, il n'y a point de squelette ; mais nous trouvons un système complet de veines et d'artères, c'est-à-dire une circulation complète ; et, pour organes respiratoires, un poumon ou des branchies, suivant que l'animal doit respirer l'air ou l'eau ; mais le sang, très-aqueux, est sans couleur ou légèrement coloré en bleu, et, chez les invertébrés, comme chez les vertébrés, l'appareil respiratoire, qu'il soit placé à l'intérieur ou à l'extérieur, a été soigneusement garanti contre tout ce qui pourrait contribuer à l'endommager ou à le troubler dans ses fonctions.

« Naturalistes amateurs, sans nous arrêter à des détails anatomiques fort curieux cependant, nous nous bornerons à remarquer que la forme générale des mollusques, relative en quelque sorte à la complication de leur organisation intérieure, a fourni les bases de leur division en classes ; mais entendons-nous bien sur le mot de *forme :* il s'agit ici *du corps* du mollusque et non pas seulement de sa coquille. Tous les mollusques, nus ou testacés, ont un manteau ; on désigne par ce nom un développement de la peau qui couvre leur corps. Tantôt cette peau ressemble plus ou moins à un manteau, comme chez le coquillage appelé *porcelaine,* qui enveloppe en effet sa coquille entière de son manteau ; tantôt elle se rétrécit en un disque charnu, muni de petites aspérités, comme chez l'escargot ou limaçon ; tantôt elle se rejoint en tube et présente une sorte de pied, comme chez la moule ; tantôt elle se creuse en sac ; tantôt enfin elle s'étend et se divise en espèce de nageoires, comme chez les poulpes et les sèches.

» La partie supérieure du manteau a reçu le nom de *collier ;* c'est sur le collier que se moule le test, la coquille du mollusque testacé, ainsi que nous le verrons bientôt.

AMÉDÉE. — J'ai beau faire, je ne me rends pas compte du tout de ce que c'est, à proprement parler, que ce manteau.

M. DERVILLE. — As-tu vu des limaces, des escargots, marcher ou ramper dans le jardin ?

AMÉDÉE. — Oui, mon père.

M. DERVILLE. — As-tu remarqué qu'alors leur peau s'étend de chaque côté, et que l'animal paraît plus large qu'il ne l'était auparavant ?

CÉCILE. — C'est justement ce que j'ai observé ce matin.

M. DERVILLE. — Eh bien ! ce développement de la peau est ce que les naturalistes appellent *le manteau ;* sans leur manteau, les mollusques nus ou testacés ne pourraient changer de place.

CÉCILE. — Oh ! je comprends bien comment font les escargots, car je les ai observés aujourd'hui toute la matinée ; mais ce que je ne comprends pas du tout, c'est comment ils s'attachent aux feuilles, aux arbres, quand leur tête, leur manteau, tout enfin est entré dans sa coquille.

Amédée. — C'est à mon tour, ma sœur, de te dire que j'ai remarqué une chose : c'est que l'escargot s'attache alors par le moyen de sa bave.

M. Derville. — Et avez-vous remarqué encore, mes enfants, que cette prétendue bave forme, sur l'ouverture de la coquille, une *porte vitrée* pour ainsi dire, quand l'escargot, détaché du tronc d'un arbre par quelque accident imprévu, git sur la terre sans mouvement et complètement caché dans sa coquille?

Cécile et **Amédée**, *en même temps.* — Oui, mon père.

M. Derville. — Cette fermeture, appelée *opercule*, est renouvelée chez l'escargot aussi souvent qu'il lui plaît ; chez d'autres mollusques testacés elle est plus solide, elle n'a point de transparence, sans être aussi épaisse cependant que la coquille, et elle dure autant que l'animal, qui peut l'ouvrir et la fermer à volonté. Quant à ce que vous appelez de la *bave*, le mot serait juste si la liqueur visqueuse, qui rend l'escargot et la limace si dégoûtants à nos yeux, sortait uniquement de la bouche ; mais elle suinte de tout le corps : chez les uns, les mollusques *nus*, elle semble ne servir qu'à entretenir la souplesse de la peau, qu'à fournir à ces animaux, comme aux poissons également enduits d'une liqueur visqueuse, la facilité de se mouvoir dans l'eau et de glisser sur le sable, sur les rochers ; chez les mollusques *testacés*, elle fournit les matériaux nécessaires à la formation de la coquille.

» C'est au sortir de l'œuf que le mollusque testacé commence à *travailler* à sa coquille ; travail qui consiste à laisser agir les organes qui lui ont été donnés pour cet usage, de même que tous les animaux *lais-*

sent agir les organes de la circulation, de la respiration, de la digestion et de la nutrition. Le corps des mollusques est comme criblé d'un grand nombre de tuyaux qui viennent aboutir à la peau par des milliers de pores, et dans lesquels s'élève la liqueur visqueuse produite par la digestion des herbes ou des animaux dont ils se nourrissent. A cette liqueur visqueuse, sont mêlées des parties *calcaires*, c'est-à-dire de même nature que la chaux ; ces parties se rassemblent sur le corps de l'animal, s'y épaississent, s'y figent et forment une petite croûte peu solide d'abord, mais aussi brillante que l'émail chez quelques espèces, assez terne chez quelques autres. En dessous de ce premier dépôt de matière calcaire, un autre dépôt semblable vient s'appliquer et lui donner plus de solidité ; et ainsi la coquille tout entière se fortifie en se composant de nouveaux feuillets plus ou moins épais. Ceci est si vrai, que vous pourrez le voir par vous-mêmes en exposant au feu une coquille d'escargot. Les couches successives dont je vous parle, se sépareront à vos yeux, comme se sépare la pâte sèche d'un gâteau feuilleté.

Cécile. — Oh! j'essaierai dès demain, au feu de la cuisine ; et si je savais qu'il y en eût encore....

Madame Derville. — Il sera temps demain, ma fille.

Amédée. — Mais, mon père, tous les coquillages ne sont point faits de la même manière?

M. Derville. Les lois de la production des coquilles sont générales. L'animal dont l'enveloppe calcaire est hérissée d'aspérités, de pointes aigües ou obtuses, nous montre, pour ainsi dire, la forme de tout le corps par celle qu'il donne à sa demeure. L'huître, dont le corps est plat, ne construira pas une coquille

longue et arrondie comme celle qu'on appelle fuseau;
la moule ne nous en donnera pas une contournée à
la manière de l'escargot; le beau coquillage connu
sous le nom de harpe, présentera d'autres aspérités
que le triton; enfin l'argonaute n'enfermera pas ses
longs bras dans l'enveloppe pierreuse et singulière
que nous présente l'araignée de mer. Examinons attentivement les coquillages que je vous ai apportés
pour la leçon de ce soir; il est facile de suivre l'animal dans ses différents âges. A sa sortie de l'œuf, la
coquille qu'il construit n'est guère plus grosse que la
tête d'une grosse épingle, et même d'une petite épingle; souvent il arrive que plusieurs tours de spirales
sont faits avant que cette coquille se hérisse d'aspérités, de pointes, de cannelures, de stries, parce
que les formes du collier, ou partie supérieure du
manteau de l'individu très-jeune, ne sont pas encore
développées; mais à mesure qu'elles se prononcent,
l'espèce d'étui qui doit lui servir d'abri s'allonge ou
s'étrécit, présente des stries ou des cannelures, et
l'on peut suivre, pour ainsi dire, les progrès du mollusque passant de l'enfance à l'âge adulte. La coquille,
en même temps, s'épaissit partout, se colore plus vivement, et devient une demeure élégante, solide, dans
laquelle le propriétaire, architecte et maître maçon,
peut se retirer quand il lui plaît, en se laissant ba-
lancer par les flots et porter sur les rochers d'où il
saura bien descendre. Si, dans la *traversée*, car les
coquillages font parfois de longs voyages, une des
parties de la demeure est brisée, aussitôt le mollusque
la répare, mais d'une manière visible, et cette fois
avec sa bave. Il est probable que, chez le mollusque
arrivé à la taille qu'il doit avoir, les sources de

la liqueur visqueuse et calcaire qui, jusqu'alors, lui
a été nécessaire pour la construction de sa demeure,
se tarissent ; mais le Souverain Dispensateur de toute
chose lui a donné, vous le voyez, de quoi fermer les
brèches faites à ses murailles et l'instinct de s'en servir.

MADAME DERVILLE. — J'ai déjà fait la remarque,
dans le peu que j'ai pu apprendre de l'histoire naturelle, qu'en effet rien n'a été oublié dans la distribution des dons accordés à chaque espèce en particulier. Il en est même chez lesquelles les membres perdus repoussent, comme la branche coupée repousse
sur l'arbre.

CÉCILE.—Oui, maman, les lézards par exemple...

M. DERVILLE. — Les mollusques aussi, ma fille.
Ils ont été l'objet de plus d'une expérience curieuse
et qu'il est possible de répéter.

AMÉDÉE.— Mon père, je comprends bien à présent
de quelle manière le coquillage prend nécessairement
toutes les formes du mollusque auquel il sert d'enveloppe, de maison ou de bouclier ; mais les couleurs
si brillantes, si régulières, comment sont-elles pein-
tes sur la coquille ?

M. DERVILLE. — Les observations faites sur le
limaçon ont conduit à deviner de quelle manière se
produit la coquille, et c'est encore d'après lui qu'on
a pu arriver à deviner l'origine de ces couleurs qui
rendent les coquillages si attrayants aux yeux, indépendamment de leurs formes élégantes ou curieuses.
Mais il faut, mes enfants, faire d'abord attention à
une chose ; c'est que, sur l'intérieur des coquilles,
parfois légèrement coloré, les dessins ne se reproduisent pas ; on dirait un vernis transparent étendu,
uniformément partout, sur une surface unie ; d'au-

tres fois, la coquille très - haute en couleur à l'extérieur, est parfaitement blanche au dedans. Vous avez là des coquillages, examinez-les.

CÉCILE. — Rien n'est plus vrai! Vois donc, Amédée!

AMÉDÉE. — Oui.... en effet.... Mais, mon père, en voici qui sont tout unis en dedans, quoique hérissés de pointes en dehors!

M. DERVILLE. — Si vous m'aviez écouté avec plus d'attention, vous m'auriez adressé déjà une question que j'attendais toujours.

CÉCILE. — Laquelle donc, mon père?

M. DERVILLE. — Le peu que j'ai dit de ce qu'on appelle *le collier*, c'est-à-dire de la partie supérieure du manteau, aurait dû faire faire cette question inutilement attendue; à moins que vous n'ayez deviné que ce sont les renflements singuliers, les cannelures, les protubérances, les enfoncements dont il est tout semé, qui impriment aux coquilles les dessins bizarres qu'elles présentent aux regards.

AMÉDÉE. — Ainsi le reste du corps de l'animal est uni?

M. DERVILLE. — L'intérieur de la coquille te le prouve. Eh! bien, ce collier, espèce de moule sur lequel se forme chacune des spirales qui agrandissent peu à peu la coquille à mesure de la croissance de l'animal, est marqué des couleurs qui doivent se reproduire sur l'enveloppe calcaire. La liqueur visqueuse arrive colorée de noir, de jaune, de brun, de rose, aux taches noires, jaunes, brunes, roses, qui parent le collier; tandis que celle qui *transsude* de tout le reste du corps, n'est que d'une seule couleur et forme une couche brillante comme le ferait le vernis ou plutôt l'émail. Mais en voilà assez sur ce sujet. Passons maintenant aux mœurs des mollusques nus et testacés.

CÉCILE. — Mon petit père, si tu voulais nous raconter l'histoire de l'huître?

M. DERVILLE. — C'est une *très-simple histoire*, mon enfant, que celle d'un animal qui, ne devant point quitter les lieux où il se fixe, ni la demeure qu'il se construit lui-même, comme vous le savez maintenant, n'a d'autre soin à prendre que d'ouvrir sa coquille pour recevoir les eaux de la mer et de la refermer pour les retenir; ces eaux contiennent les animalcules dont il se nourrit. Au commencement du printemps, l'huître jette son frai; on dirait une goutte de suif, mais cette goutte contient une multitude de petites huîtres toutes formées. Elles s'attachent les unes aux autres, aux pierres, aux rochers; et, paisiblement, à la manière de tous les mollusques testacés, elles *suent*, pour ainsi dire, leur coquille et l'agrandissent. A l'époque du frai, les huîtres ne sont point bonnes au goût, et on les regarde même comme malfaisantes.

AMÉDÉE. — Mon père, j'ai souvent entendu dire qu'on les place dans des parcs; qu'est-ce qu'on appelle ainsi?

M. DERVILLE. — Ce sont des réservoirs d'eau salée qui communiquent avec la mer par un canal, afin que l'eau puisse se renouveler. Les huîtres parquées exigent beaucoup de soin; il faut que le sable qui forme le fond du réservoir, ne soit pas mouvant; car un seul grain, amené par l'eau dans la coquille, suffit pour faire périr l'huître.

CÉCILE. — Qui est-ce qui dirait qu'un animal, ainsi attaché aux rochers est si facile à détruire?

M. Derville. — Il faut encore que tous les jours les *amareilleurs,* ou gardiens des parcs, aient le soin d'enlever celles qui sont mortes et de changer souvent, d'un parc à l'autre, celles qui sont bien portantes ; opération qu'on exécute assez promptement par le moyen d'un râteau, mais en prenant bien garde de briser les barbes des huîtres.

Cécile. — Comment, elles ont de la barbe?

M. Derville. — Leur manteau, fort ample, est pourvu de deux rangs de cils, ou de tentacules très-sensibles qui leur servent à fermer hermétiquement leur coquille : c'est là ce qu'on appelle les barbes de l'huître. Je vous parlerai plus tard de celles de la pinne-marine, qui fournissent les matériaux nécessaires à la fabrication d'étoffes très-soyeuses, très-recherchées, qu'on sait tisser particulièrement à Tarente, à Smyrne, et même en France; elles sont connues sous le nom de *soie de mer,* de *poil de nacre.*

Madame Derville. — Je lis dans les yeux de Cécile qu'elle brûle d'envie d'en être déjà aux pinnes-marines; mais j'ai une ou deux questions à te faire, mon ami, au sujet des huîtres et des moules. Je voudrais savoir, d'abord, ce qui donne aux huîtres cette couleur verte si recherchée, et ensuite s'il est vrai que les crabes soient au nombre de leurs ennemis les plus dangereux. J'ai entendu, dans mon enfance, faire, à ce sujet, des récits vraiment merveilleux.

Cécile. — Oh! dis-nous-les, maman, je t'en prie!

M. Derville. — Bien des systèmes ont été soutenus au sujet des causes qui changent la couleur de l'huître; ce qu'on croit savoir de plus certain aujourd'hui, c'est que l'influence de la lumière, la douceur de la température, le calme de l'air et des eaux, la sécheresse du temps sont les causes qui concourent le plus efficacement à la coloration des huîtres; coloration qu'on n'obtient point partout au même degré et qui a donné long-temps une bien grande supériorité aux huîtres d'Ostende. Quant aux *histoires* des combats livrés aux huîtres par les crabes, elles ne me paraissent pas dignes d'être répétées, et l'on peut se contenter de ce que nous rapportent, à ce sujet, des personnes dignes de foi. Ces personnes assurent que de petits crabes ont l'adresse de se glisser entre les valves de la coquille, au moment où l'huître les ouvre pour prendre de l'eau; ils s'y laissent enfermer, pour dévorer à l'aise la pauvre huître.

Cécile. — Mais comment sortent-ils après?

Amédée. — Oublies-tu donc, ma sœur, que l'huître bâille quand elle est morte?

Cécile. — Ah! c'est vrai.

M. Derville. — L'huître morte ou vivante ne *bâille* pas; mais ses valves s'ouvrent, parce que l'animal, privé de vie, ne peut plus les fermer, comme il le faisait de son vivant après les avoir ouvertes, à l'aide du gros muscle si fortement attaché à la coquille supérieure et à la coquille inférieure.

Cécile. — Mon père, c'est dans les huîtres, n'est-ce pas, qu'on trouve les perles?

M. Derville. — Quelques huîtres ordinaires donnent, en effet, des perles, mais en petit nombre, et d'une eau moins belle que celles fournies par une espèce de moule surnommée, à cause de cette production singulière, *margaritifère*. Les recherches répétées des naturalistes ont conduit à penser que la perle n'est réellement que le produit d'une maladie qui augmente la sécrétion de la matière nacrée destinée à tapisser l'intérieur des valves de la coquille, et qui la fait couler, dans leur cavité, en globules de différentes grosseurs. Mais votre mère voulait faire une question au sujet des moules.

MADAME DERVILLE. — Je songeais à te demander, mon ami, ce que tu as d'avance expliqué pour moi, en nous disant comment les petits crabes se glissent dans la coquille des huîtres; il n'est pas étonnant qu'on en trouve aussi dans celle des moules.

M. DERVILLE. — Ce ne sont pas toujours des crabes, ce sont souvent des étoiles de mer nouvellement écloses qui pénètrent entre les valves des moules; et ce coquillage, pas plus que tout autre, ne rend celles-ci malfaisantes; l'époque du frai, qui a lieu au printemps, altère seule la qualité des moules, des huîtres, et, en général, de tous les coquillages.

MADAME DERVILLE. — Tu parlais aussi tout à l'heure de la barbe des huîtres; ce sont les moules qui se montrent barbues d'une manière remarquable!

M. DERVILLE. — Et d'autant plus remarquable, qu'elles filent elles-mêmes leurs barbes. Ces barbes se composent de fils qui leur servent de câbles pour s'attacher solidement aux lieux qu'elles ont choisis.

MADAME DERVILLE. — Comment, choisis? Les moules peuvent-elles donc changer de place? Je croyais que, comme les huîtres, elles restent où elles sont écloses.

M. DERVILLE. — Oui, ma chère amie, elles peuvent changer de place; les pêcheurs voisins des marais salants te le diront. Quand la saison n'est plus assez chaude pour que le sel puisse se cristalliser dans les marais salants, les habitants du bord de la côte ont l'habitude d'y apporter des moules, prétendant que quelque temps de séjour dans des eaux que la pluie rend chaque jour moins salées, bonifie singulièrement ce mollusque. Ils les sèment pour ainsi dire çà et là, et lorsque ensuite ils vont les pêcher de nouveau, c'est réunies en paquets qu'ils les retrouvent; ceci est la preuve, j'espère, que les moules peuvent changer de place.

Cécile. — Il n'est pas difficile de deviner qu'elles nagent.

M. Derville. — Non, ma fille, elles marchent.

Cécile. — Sans pieds ni pattes?

Amédée. — Leur manteau forme un pied; mon père nous l'a dit tout à l'heure.

Cécile. — Oui, je m'en souviens. Mais comment marcher avec un seul pied, à moins que de sauter?

M. Derville. — Les moules peuvent allonger ce pied, cette jambe charnue jusqu'à un pouce de distance. Étant très-flexible, il se replie à son extrémité, de manière à saisir le premier objet qui se présente, et à s'y cramponner; puis il se contracte, et la coquille suit le mouvement.

Amédée. — Il faut certainement aux moules beaucoup de temps pour faire peu de chemin!

M. Derville. — Aussi ne se déplacent-elles que fort rarement. Une fois fixées, elles jettent sur les rochers, et sur leurs voisines, les filaments qui les tiennent solidement attachées. Réunies ainsi en nombre incalculable, elles forment des bancs aussi étendus, aussi épais que ceux des huîtres. L'industrie de l'homme est parvenue à les parquer comme on parque les huîtres. A quatre lieues au nord de La Rochelle, les habitants du petit village d'Ernandes *cultivent* presque tous des moules; voici comment.

« Dans l'anse de l'Aiguillon, les pêcheurs de moules ont construit des espèces de parcs, au moyen de pieux placés à cinq ou six pieds de distance les uns des autres et unis entre eux par des branches entrelacées. C'est sur ces baies factices, que les pêcheurs apportent de *la graine*, ce qui signifie de petites moules. Le *terrain* est favorable à ce mollusque, parce qu'il abonde en animalcules qui servent à sa nourriture ; aussi les moules prennent-elles un accroissement rapide. A mesure qu'elles grandissent, les pêcheurs les transportent d'un *bouchot* sur un autre; on appelle ainsi les baies formées de pieux et de branches entrelacées sur lesquelles a été déposée *la graine* de moule ; opération qui s'exécute d'une manière fort originale.

» Ordinairement, lorsqu'à la marée basse la mer laisse à découvert la découpure des anses, des baies, on voit un terrain tout composé de gravier, de galets, de sable ; dans l'anse d'Aiguillon, une immense plage de boue plus ou moins compacte, et offrant les ondulations que lui ont imprimées les flots, se présente seule aux regards ; au loin, se montrent les bouchots chargés de moules par milliards et formant des haies toutes noires. Marcher sur cette vase serait impossible, on enfoncerait à chaque pas, et l'on enfoncerait tout entier comme dans un sable mouvant. Le pêcheur attend. Bientôt il voit des millions de petits crustacés longs de cinq à six lignes, se répandre sur la vase et chercher leur nourriture, qui consiste en petits mollusques et en petites annélides. Les phalanges innombrables de ces petits crustacés piétinent en tous sens les vagues de cette vase, et, en moins d'une heure, la plage entière est devenue parfaitement horizontale. Pendant *leurs travaux*, la vaporisation s'est opérée, la vase est moins liquide : alors chaque pêcheur prend son petit bateau long de huit à dix pieds, et large de quelques pouces seulement. Il se place à cheval, à l'arrière du bateau, sur le bord de droite ; la jambe gauche, qui est dans le bateau, est ployée, et le genou se trouve appuyé sur une genouillère de paille ; la jambe droite pend en dehors du bateau, que le pêcheur tient à deux mains en se courbant en avant comme le cosaque sur son coursier, et il part en enfonçant sa jambe droite dans la boue : c'est pour lui l'aviron qui pousse le bateau vers les bouchots sur cette mer de vase[1].

MADAME DERVILLE. — Voilà une manière bien originale, en effet, de naviguer !

M. DERVILLE. — L'habitude donne aux pêcheurs du village d'Ernandes une grande dextérité pour manœuvrer leur bateau, chargé ou non de moules qu'on transporte ainsi d'un bouchot à l'autre, ou qu'on transporte au village lorsqu'elles sont jugées *mûres*.

[1] C'est à la complaisance de M. L. Vaillant, l'un des peintres des vélins au muséum d'histoire naturelle et dessinateur de l'expédition scientifique actuellement en Algérie, que nous devons ces détails sur les bouchots de l'anse de l'Aiguillon et sur un genre de *navigation* qui ne ressemble à nul autre. Nos jeunes lecteurs verront encore ici une nouvelle preuve de la vérité de cet axiome : *L'homme peut ce qu'il veut*

Cécile. — Mais sans le piétinement des petits crustacés, le pêcheur ne pourrait naviguer, à cause des *vagues* de vase. Que c'est donc singulier !

M. Derville. — Ainssi, grâce à l'industrie de l'homme, dans un pauvre petit village ou regnerait la misère, regne au contraire une certaine aisance, et les moules deviennent une manne abondante qu'il est toujours possible, en travaillant, de se procurer. Tu ne dis rien, mon fils?

Amédée. — Mon père, je pense que si les habitants d'Ermandes cultivaient le coquillage qui donne la pourpre, si recherchée des Anciens, ils s'enrichiraient, au lieu de gagner seulement de quoi vivre avec leurs moules; car il me semble avoir vu quelque part que le pourpre est une espèce de moule.

Cécile. — Mais il faudrait savoir si le pourpre s'accommoderait de vivre dans la baie de l'Aiguillon.

M. Derville. — Les deux coquillages appelés moule et pourpre, n'ont aucune ressemblance entre eux comme coquillages, et les mollusques n'en ont pas davantage, soit qu'on les considère d'abord sous le rapport des instincts, soit qu'on s'attache à leurs caractères scientifiques. La coquille ovale de la moule se compose de deux battants ou valves; celle du pourpre, plus ou moins ovale, rappelle par ses spires ou spirales quelques-unes de celles que vous voyez ici; elle est souvent hérissée d'angles, d'épines, de tubercules; enfin, le pourpre marche à la manière des escargots, au moyen d'un disque charnu, placé à la partie antérieure de son manteau : aussi appartient-il, comme l'escargot, à l'ordre des gastéropodes. J'ajouterai que ce mollusque est éminemment carnassier; avec la trompe ou tarière dont il est muni, le pourpre réussit à percer assez promptement la coquille des autres mollusques testacés. S'il trouve les valves de quelques-uns entr'ouvertes, il glisse sa trompe dans l'ouverture ; mais la douleur les faisant aussitôt fermer à l'animal attaqué, le pourpre est pris. Les Anciens connaissaient les mœurs de ce mollusque, fort abondant sur les rivages des iles de l'Archipel grec. Pline rapporte qu'on le pêchait en jetant à la mer de petites nasses à larges mailles, qui contenaient, pour appât, des coquillages tirés de l'eau depuis la veille. A peine rendus à leur élément, les coquillages s'ouvraient pour prendre de l'eau ; les pourpres venaient attaquer en foule une proie facile ; les valves se refermaient, et l'on retirait la nasse pleine de pourpres.

Amédée. — Voilà encore une jolie manière de pêcher.

Cécile. — Pas trop jolie ! Ces pauvres animaux qu'on prend ainsi les uns par les autres !

M. Derville. — La chasse, la pêche ne sont pas autre chose que cela, mon enfant.

Madame Derville. — J'ai entendu dire dans mon jeune temps que sur les côtes de France baignées par la mer de Gascogne, nous possédons aussi un coquillage qui donne la pourpre, le buccin.

M. Derville. — Ce coquillage est en effet très-abondant, non-seulement sur les côtes d'Europe, mais partout. Cependant les modernes ont renoncé à recueillir la pourpre de Tyr et celle du Poitou, depuis la découverte de la cochenille. Le pourpre et le buccin ne fournissent d'ailleurs qu'une goutte d'une liqueur blanche ou verte, qui ne donne la couleur de pourpre qu'après avoir été étendue d'eau et exposée aux rayons du soleil; la récolte de cette goutte se fait difficilement, parce que l'animal la rejette ou la fait disparaître si on ne la lui enlève pas à l'instant, et ainsi se trouvent trompées les espérances du pêcheur.

Cécile. — Qu'est-ce c'est, mon père, je te prie, que la cochenille?

M. Derville. — Je te l'expliquerai, ma fille, quand nous nous occuperons des insectes.

Amédée. — Ainsi, le bouclier dont les mollusques testacés sont couverts, ne les met pas à l'abri des attaques de leurs semblables?

M. Derville. — Dans toutes les classes ou espèces d'animaux, il y a des carnassiers; de même aussi elles offrent des animaux qui vivent de plantes et non de chair. Ne voyant pas le carnage fait parmi les insectes, parmi les animalcules, qui ne nous importent qu'autant qu'ils peuvent nous être bons à quelque chose, nous plaçons au rang des animaux *inoffensifs* et *innocents* l'huître, qui vit d'animalcules; l'hirondelle qui vit de moucherons et d'insectes; et, au rang des *méchants*, l'aigle, le loup, qui déciment nos troupeaux, le brochet qui dépeuple nos étangs. Telle est la justice humaine, mes enfants, je vous l'ai déjà dit! Trop souvent elle se laisse influencer par l'intérêt propre, et déclare bon ou mauvais ce qui n'est bon ou mauvais que par rapport à cet intérêt qu'elle met en première ligne. Heureusement pour tous, il est, au-dessus de l'homme, une justice plus juste que la sienne, des vues plus étendues, plus larges et une sagesse devant laquelle **tout s'humilie et s'efface!** »

CHAPITRE II.

La pinne-marine. — Le pinnothère. — Le bénitier. — Le peigne. — Le pétoncle. — Le manche-de-couteau. — Le pholade. — Le taret. — Le biphore. — Le pyrosome. — L'anatifère.

— Mon petit père, dit Cécile d'un ton caressant, tu vas raconter, n'est-ce pas, quelque chose au sujet des étoffes de nacre de perle?

M. DERVILLE. — Je n'ai point parlé, il me semble, d'étoffes de nacre de perle, mais seulement d'étoffes fabriquées avec le byssus de la pinne-marine, surnommé en Corse *poil de nacre*.

CÉCILE. — Ah! c'est vrai. Mon père, il est donc bien fin ce poil de nacre? De quelle couleur est-il, je te prie?

M. DERVILLE. — Il y en a d'aussi fin que celui de nos vers à soie. Avant d'employer le byssus, on le laisse quelques jours à la cave, puis on le peigne pour en séparer la bourre, et ensuite on le file. En Corse, en Italie, on trouve facilement des gants, des bas, des bonnets, des camisoles de tricot de byssus de pinne-marine, mais dans quelques villes seulement on sait fabriquer des étoffes dont la souplesse et l'éclat l'emportent sur ceux de la soie. Quant à la couleur des byssus, elle présente ces différentes nuances qui chatoient dans la nacre. Le byssus ne prend point la teinture, mais aussi ses couleurs naturelles ne s'altèrent jamais.

CÉCILE. — Oh! que ce doit être joli, une robe de nacre! j'en voudrais bien avoir une!

M. DERVILLE. — Nous écrirons à Palerme, ou bien à Tarente, ou encore à Smyrne, pour qu'on nous en envoie plusieurs, afin de pouvoir choisir.

AMÉDÉE. — Mon père, est-ce que la pinne-marine, qui file comme la moule, ressemble aussi à la moule?

M. DERVILLE. — Si tu entends qu'elle a une coquille *bivalve*, c'est-à-dire composée de deux valves, elle lui ressemble, de même qu'à l'huître et à tous les coquillages bivalves. Quant à la forme, elle varie. Tantôt la pinne-marine est triangulaire, tantôt elle présente la charge d'un jambon, ce qui l'a fait surnommer *jambonneau*. Mais sa coquille, feuilletée en dehors, rappelle plutôt celle de l'huître, avec cette différence qu'elle est si légère que le vent peut l'enlever. Et c'est justement à cause de cette légèreté et du peu de solidité de cette mince coquille, que les pinnes-marines filent pour multiplier les attaches qui servent à les retenir aux rochers, à leurs compagnes; car elles forment aussi des bancs sur les fonds sablonneux et vaseux, et on les pêche de la même manière que les huîtres et les moules, avec la drague, espèce de râteau.

MADAME DERVILLE. — Leur chair est-elle bonne à manger?

M. DERVILLE. — Très-bonne. Ce qu'il y a de remarquable, c'est la surabondance de liqueur propre à former la nacre, dont elles ont été pourvues. Il en résulte que les pinnes-marines donnent souvent des perles, mais non pas d'une belle eau comme celles des margaritifères ; les mêmes couleurs qui tapissent l'intérieur de la coquille, se trouvent reproduites sur les perles, qui sont grisâtres, roussâtres, jaunes, noirâtres ou rouges, et toujours en forme de poires.

Madame Derville. — La soie que filent ces mollusques doit offrir les mêmes nuances, et sans doute aussi ces mêmes reflets irisés qui rendent la nacre si agréable à l'œil.

Cécile. — Oh ! je comprends mieux maintenant combien une étoffe de poil de nacre doit être jolie !

M. Derville. — On raconte, mais je n'affirmerai pas la vérité de ce fait, que les pinnes-marines, qui se nourrissent d'animalcules apportés par l'eau de la mer entre leurs valves entr'ouvertes, sont l'objet de la convoitise de plus d'un ennemi. Mais elles ont un fidèle gardien dans le *pinnothère*, espère de très-petit crabe, auquel elles accordent l'hospitalité. Le savant Hasselquiss prétend avoir observé les manœuvres du pinnothère. Celui-ci semble avertir son hôtesse de l'approche de l'ennemi ; cet ennemi, c'est une espèce de poulpe à huit bras, qui fait impitoyablement la guerre aux crustacés et aux mollusques nus ou testacés, si abondants sur les côtes. La pinne-marine, appartenant à l'ordre nombreux des mollusques *acéphales* ou privés de tête, n'a point d'yeux par conséquent, tandis que le pinnothère en possède d'excellents.

Amédée. — Vois-tu, Cécile, qu'il y a des animaux sans tête, et qui vivent pourtant.

Cécile. — Mais alors ils n'ont pas de bouche non plus ?

M. Derville *en riant.* — Ceci t'inquiète beau-

coup plus que le manque de cervelle pour penser,
d'yeux pour voir, d'oreilles pour entendre. Les huîtres, les moules, le bénitier, le taret, et enfin presque tous les coquillages bivalves, sont des mollusques acéphales, c'est-à-dire *sans tête* apparente au
moins; mais tous possèdent une bouche qui, pour
être sans dents, n'en fait pas moins fort bien ses
fonctions. Ce que n'a point la pinne-marine, a été donné
au pinnothère; une tête pour penser, des yeux pour
voir. Du plus loin qu'il aperçoit le poulpe, il revient
précipitamment au logis, avertit son hôtesse qui s'a-
musait à tenir ouvertes ses valves pour recevoir l'eau
de la mer, et les valves se referment sur tous les
deux. Sont-elles fermées quand il veut rentrer, il
fait entendre une espèce de petit cri; aussitôt les
valves s'ouvrent pour lui livrer passage. Ainsi, disait-on jadis, vivent ensemble et de bon accord ces
deux animaux, dont l'un prête sa tête et l'autre sa
coquille; de ce mutuel échange de services, résultent pour tous deux repos et sécurité.

CÉCILE. — Ainsi, la pinne-marine entend, quoiqu'elle n'ait point de tête?

M. DERVILLE. — Il ne faut jamais oublier, mon enfant, que si les mollusques dits *acéphales* n'ont point
de tête *apparente*, nul doute que cependant ils n'en
aient une; nul doute aussi qu'ils ne voient et entendent; les polypes nous en offriront bientôt la preuve.
Quant au récit que je viens de faire de l'association
du pinnothère et de la pinne-marine, je me suis
borné à vous rapporter mot pour mot un conte fait
de bonne foi par un homme qui prétendait avoir observé avec une scrupuleuse attention. La vérité est
que les pinnothères vivent une partie de l'année, et

surtout en novembre, dans diverses coquilles bivalves, et particulièrement dans les pinnes appelées
jambonneaux, et dans les moules qui fournissent en
outre le logement aux petites étoiles-de-mer; à ce
propos, je vous rappellerai qu'il faut prendre garde,
en fait de croyances, de s'abandonner sans examen
à celles que suggèrent très-innocemment des gens
qui ont la prétention d'avoir vu et bien vu.

Madame Derville. — Alors, mon ami, je te
demanderai si ce qu'on raconte au sujet de bernard-
l'ermite est bien avéré? si l'on y peut croire?

M. Derville. — Je te répondrai, ma chère amie,
quand nous nous occuperons des crustacés. Comme
les crustacés forment une classe à part et tout-à-
fait différente de celle des mollusques, parler *maintenant* de bernard-l'ermite, ce serait passer de
l'une à l'autre, et mettre dans ces jeunes têtes une
incertitude toujours nuisible. Nous avons dit un mot
du crabe qui se glisse dans la coquille de l'huître
pour en dévorer le propriétaire; nous venons de dire
un mot du crabe dans lequel, au contraire, on voyait
anciennement le gardien de la pinne-marine; nous
nous en tiendrons là, en remarquant que les crustacés, auxquels appartient le genre crabe, ne font
point partie des animaux nus ou à coquille appelés
mollusques.

Amédée. — Mon père, on m'a fait voir à Paris,
dans l'église de Saint-Sulpice, un bénitier qui n'est
pas en marbre; c'est une véritable coquille, à ce
qu'on m'a dit. Je l'ai cru jusqu'aujourd'hui; mais
aujourd'hui je ne le crois plus.

M. Derville. — Pourquoi as-tu cessé aujour-
d'hui de croire ce que tu avais cru fermement jus-

qu'à ce jour? Il me semble que ton incrédulité est moins que jamais fondée, maintenant que tu commences à faire connaissance avec l'histoire naturelle?

AMÉDÉE. — Mais, mon père, c'est que l'animal qui a fait cette coquille-là, a dû être bien certainement un géant dans son espèce.

M. DERVILLE. — N'avons-nous pas appris qu'il y a des brochets, des esturgeons qui deviennent géants? Pourquoi donc le mollusque qui construit la coquille connue sous le nom de bénitier, ne parviendrait-il pas, comme eux, à une taille gigantesque? On en a vu dont la taille était de trois pieds, et dont le poids s'élevait à plus de trois cents livres.

MADAME DERVILLE. — C'est sans doute dans les profondeurs des mers qu'on trouve ces énormes mollusques?

M. DERVILLE. — On les trouve souvent à fleur d'eau, attachés aux rochers par leur byssus.

CÉCILE. — Comment, les bénitiers filent aussi?

M. DERVILLE. — Oui, sans doute, ils filent; non pas de la soie, tu le devines bien, ma fille, mais des *câbles* propres à les retenir à l'endroit qu'ils ont choisi. C'est à coups de hache qu'on parvient, avec peine, à les détacher. Leur chair est très-recherchée. Nous qui vivons loin des côtes, nous sommes loin de nous douter de toutes les ressources que la mer présente aux habitants de ses rivages, et des innombrables genres de coquillages qui se mêlent au sable, soit entiers, soit en débris. Les plus jolis d'entre ces coquillages si brillants, arrivent entre les mains des amateurs; mais parmi ceux-ci, un petit nombre seulement sait comment ils ont été produits, tandis que presque tous ignorent jusqu'aux particularités les plus ordinaires de l'existence des mollusques nus ou testacés, et les moyens qui leur ont été donnés pour se mouvoir sur le sable, le long des rochers et au milieu des flots.

CÉCILE. — Oh! mon petit père, je voudrais bien savoir comment ils font pour nager?

M. DERVILLE. — Chacun a sa manière à lui, et elle n'est jamais parfaitement la même que celle d'un autre. Les uns, tels que les *peignes*, par exemple, ou coquilles de Saint-Jacques, si recherchées des pèlerins, possèdent, de même que les moules, un pied ou bras charnu à l'aide duquel ils peuvent ramper; mais doués d'une grande activité, les peignes, que la tempête jette souvent assez loin sur le rivage, ne se contentent pas de se traîner comme le font les moules; afin de regagner plus promptement la mer, le peigne ouvre ses deux valves le plus qu'il peut, puis les referme avec une vitesse qui communique à la valve inférieure une impulsion assez forte pour que l'animal et sa maison sautent en l'air à la hauteur de cinq à six pouces, et aillent retomber à quelque distance. Ce jeu est répété jusqu'à ce que le peigne se retrouve dans les flots; alors, pour s'éloigner du rivage, il emploie un autre expédient; se tenant à demi plongé à la surface de l'eau, il entr'ouvre un peu ses deux valves et les agite si rapidement, que bientôt il tourne sur lui-même avec une célérité étonnante, et il finit par voler sur les flots.

MADAME DERVILLE. — Il est probable que, lorsque le peigne veut se reposer, il se laisse couler à fond en remplissant d'eau sa coquille.

M. DERVILLE. — Oui, ma chère amie, c'est là

tout le secret des mollusques testacés pour plonger.

CÉCILE. — Mais, mon père, pour remonter?

M. DERVILLE. — Puisque, sur la terre, le mollusque testacé parvient à donner à sa coquille, comme par l'effet d'un ressort, une impulsion qui la fait sauter en l'air, il est probable qu'au fond de l'eau et après avoir détaché les fils qui le retiennent, le même moyen lui sert pour venir à la surface. D'ailleurs, les coquillages *errants* ne descendent jamais à une grande profondeur.

« Un autre mollusque, le pétoncle, se contente d'aller paisiblement en bateau. De même que le peigne, le pétoncle laissé à sec sur la grève, parvient, en plusieurs bonds, à regagner la mer; de même aussi il plonge ou revient à la surface dès qu'il lui plaît. Quand la mer est unie et ridée seulement par une douce brise, il se donne le plaisir de la promenade. Il ouvre la valve supérieure de sa coquille, c'est la voile; la valve inférieure, c'est le bateau dont *le propriétaire* se prélasse au soleil en se laissant bercer par les flots. Les pétoncles, ainsi réunis en flottilles nombreuses, voguent paisiblement de conserve, jusqu'au moment où quelque ennemi jette l'alarme; à l'instant les valves se referment, et tout disparaît.

CÉCILE. — Que je voudrais donc demeurer sur les bords de la mer, pour jouir de ce joli spectacle!

AMÉDÉE. — C'est singulier, comme il me revient toute sorte de souvenirs d'une foule de choses auxquelles d'abord je n'avais pas pris garde! Voilà maintenant que je me souviens d'avoir vu, chez un ami de mon oncle qui avait une quantité de jolis coquillages, ce que mon oncle a appelé tout de suite un *manche-de-couteau*; et je me souviens aussi que ces messieurs ont parlé entre eux de ce coquillage qu'on trouve dans le sable et qui est fort singulier... Mais, le reste, je l'ai oublié.... Et ce n'est pas étonnant, car mon oncle et son ami se servaient de grands mots, de mots de science!

M. DERVILLE. — Nous nous familiariserons peu à peu avec les *grands mots* et *la science*, et vous reconnaîtrez tous les deux que cette langue est bien supérieure à la langue *vulgaire*, parce qu'elle exprime plus nettement et avec plus de concision la pensée. Quant à tes souvenirs, mon fils, je te ferai observer, ainsi qu'à ta sœur, que vous en retrouveriez chaque jour une foule *à propos* de ce que l'étude vient vous enseigner, si vous prêtiez un peu plus d'attention à ce qui se dit autour de vous; car il ne faut pas croire, mes enfants, qu'on apprenne seulement par les livres; pour quiconque sait écouter et voir, tout est enseignement et enseignement clair et utile, je ne cesserai de vous le répéter.

» Le mollusque dont tu viens de dire le nom vulgaire, le *manche-de-couteau*, est désigné par les savants sous celui de *solen*. Lorsqu'il est vivant, ses deux valves fermées lui donnent en effet l'apparence d'un manche arrondi, tranchant par un bout, garni d'un bourrelet à l'autre bout. Le solen s'enfonce dans le sable du rivage jusqu'à une profondeur de deux pieds; c'est là sa demeure. Il n'en sort que pour recueillir le tribut d'animalcules qui lui est apporté par la mer à la marée montante. Quand les eaux sont basses, rien de plus facile que de pêcher ce singulier animal. Quelques grains de sel, jetés dans les trous dont le sable est tout criblé, suffisent pour l'attirer : avec un fer long et pointu, appelé *dardillon*, on s'en saisit aussitôt; ceux qu'on a manqué ne reparaissent plus, car aucun ne se laisse prendre deux fois à la même ruse.

MADAME DERVILLE. — Ceci est une preuve que, sans tête *visible*, les acéphales en ont une cependant, et qu'elle est capable de combiner au moins un certain nombre d'idées.

M. DERVILLE. — C'est ce dont personne ne saurait douter, ma chère amie, par l'observation des animaux, même les plus *imparfaits* selon nous; nous en trouverons plus d'un exemple. Après les solens viennent les *pholades* ou *dails*, non moins curieux et plus intéressants peut-être à cause de leur industrie : celle-ci est de beaucoup supérieure à celle du solen ; il s'agit de percer, au-dessous de l'eau, les rochers les plus durs et de s'y creuser des demeures d'où les habitants, une fois installés, ne sortiront plus.

CÉCILE. — Mon père, les pholades n'ont donc pas de coquille?

M. DERVILLE. — Ils en ont une, au contraire, composée de deux valves de forme allongée. Ce mollusque commence, à ce qu'il paraît, dès le jeune âge, à creuser la galerie qu'il termine par un coude plus évasé que le reste, ce qui donne à l'ensemble l'aspect d'une pipe. On a trouvé dans les rochers, ainsi percés en tous sens, des pholades qui étaient tellement gros, que certainement ils n'avaient pu entrer par cette galerie qu'à l'époque où ils n'avaient pas acquis toute leur croissance.

AMÉDÉE. — Mais avec quoi percent-ils donc les rochers, mon père?

Cécile. — Moi, je voulais demander comment ils ne meurent pas de faim dans le gros bout de leur pipe?

M. Derville. — Les savants ne sont point parfaitement d'accord sur le moyen employé par les pholades pour tarauder les rochers. Ce mollusque, qui n'a guère qu'un pouce de long, possède, pour se mouvoir, un pied charnu, et, pour instrument de taraudage, une coquille composée de deux valves fort minces ; mais ces valves semblent avoir les *qualités* d'une lime. On a prétendu que l'animal ne perçait point la pierre, qu'il s'enfonçait simplement dans la glaise, et que celle-ci se durcissait peu à peu autour de lui ; supposition tout-à-fait vraisemblable, et qui satisferait le savant et l'ignorant si l'on n'avait point trouvé dans des fûts de colonnes taillés de main d'homme et engloutis sous les eaux, des galeries de pholades ; telles qu'en présente, entre autres, le temple de Jupiter Sérapis à Pouzzole. Gœthe, dans ses œuvres d'histoire naturelle, en parle comme quelqu'un qui a vu et bien vu un phénomène encore inexplicable aux yeux des naturalistes, puisque les pholades n'habitent que la mer ; et puisqu'il n'est pas possible de supposer que la mer ait jamais couvert le lieu où s'élevait le temple de Jupiter Sérapis au moment où des torrents de lave sont venus l'engloutir. Que de choses sont et seront long-temps inexplicables pour l'homme dans les phénomènes de la nature ! Il en est réduit trop souvent à des suppositions qui ont du moins quelquefois le mérite de la vraisemblance. Ce n'est pas tout : on a trouvé aussi des pholades percés de part en part par d'autres *camarades.*

CÉCILE. — C'étaient peut-être des pourpres qui les avaient dévorés ?

M. DERVILLE. — Quant à la manière dont ils se nourrissent, on ne la connaît pas positivement ; mais on doit présumer, par le choix de l'emplacement où ils creusent leurs demeures, que, pour eux, comme pour une foule d'autres mollusques, les eaux de la mer contiennent et apportent ce qui leur est nécessaire en fait d'animalcules.

MADAME DERVILLE. — Il me semble avoir entendu parler, dans ma jeunesse, d'animaux qui ont beaucoup de rapport aux pholades ; mais ceux-ci s'attaquent au bois. On m'a raconté même, pour m'*amuser*, quand j'étais petite, les dégâts effrayants faits par ces animaux, et qui mirent la Hollande en danger d'être submergée ; c'était, autant qu'il m'en souvient, dans l'année 1731.

CÉCILE. — Et comment cela, maman ?

MADAME DERVILLE. — Ces animaux avaient rongé et creusé les pilotis qui soutiennent les digues opposées aux irruptions de la mer.

M. DERVILLE. — L'espèce de mollusque dont tu me rappelles le souvenir, ma chère amie, est le formidable taret, si redoutable pour tous les bois qui séjournent long-temps dans les eaux de la mer. Couvert, à sa partie postérieure, d'une petite coquille, armé, à la partie antérieure, d'une espèce de tube cylindrique qui lui sert à perforer le bois, il dépose, à mesure qu'il avance, une sorte de croûte calcaire sur les parois de la galerie qu'il creuse en suivant le fil du bois. Nos vaisseaux l'ont apporté en Europe des rives de l'Afrique. Mais tandis qu'un ver non moins dangereux dévore le bois des carènes des navires, et occasionne des dégâts d'autant plus grands qu'il travaille à la fois pour se loger et pour se vêtir, le taret *se contente* de se creuser un logement où l'eau de la mer puisse pénétrer et se renouveler sans cesse ; et c'est ainsi qu'il met en danger nos maisons flottantes, qui l'apportent et le remportent d'un hémisphère à l'autre, sans qu'il prenne nul souci du voyage.

Amédée. — Je commence à concevoir une meilleure idée des mollusques. D'abord je les avais crus tout-à-fait privés d'industrie et même d'intelligence ; maintenant je vois qu'ils en ont pourtant un peu chacun selon ses besoins.

Cécile. — Il me semble qu'il n'y a point là de quoi se tant extasier. Les tarets font en effet beaucoup plus pour arrêter les vaisseaux que les sucets ; mais ceux-ci du moins ne causent aucun préjudice, tandis que les tarets peuvent endommager un vaisseau tout comme les digues de la Hollande, n'est-il pas vrai, mon père ?

M. Derville. — Je viens de le dire. Les tarets, quelquefois, ouvrent une voie à l'eau, et le dégât est déjà bien grand lorsqu'on commence à s'apercevoir de leurs progrès.

Amédée. — Mon père, ce que tu nous as dit, l'autre jour, à propos du phosphore que donne le maquereau, m'a fait penser à te demander ce qui rend la mer lumineuse, ainsi que le racontent tous les voyageurs ?

M. Derville. — Les débris innombrables des poissons, des mollusques morts, concourent beaucoup à la phosphorescence des eaux salées ; mais, parmi les mollusques, il en est qui exhalent, pour ainsi dire, le phosphore de leur vivant. Les pholades par exemple, dont je viens de vous parler, ont la propriété de luire dans les ténèbres. Lorsqu'on les manie, ils laissent sur les mains, sur les vêtements, des traces brillantes; plus ils sont frais, plus la lumière qu'ils jettent est éclatante, ce qui est le contraire des poissons en général, qui ne dégagent de sels phosphoriques que par la putréfaction. Le pholade, retiré de sa coquille et coupé en morceaux, brille dans les ténèbres; quand la coquille est sèche, on n'a qu'à la mouiller pour lui rendre de l'éclat; mais cet effet est passager. Au nombre des animaux lumineux pendant la nuit et qui peuplent les mers, sont encore deux mollusques fort curieux, les biphores et les pyrosomes. Les premiers voguent en troupes au gré des flots et des vents, et forment tantôt comme de longues traînées de feu, tantôt des zigzags, tantôt des masses lumineuses; s'ils sont séparés, on dirait des étincelles semées çà et là sur les vagues. On peut, à travers leur peau, qui est extrêmement transparente, *voir* toute leur organisation intérieure, et s'assurer de l'usage d'une espèce de tube qui traverse le corps dans sa longueur. Ce tube sert à aspirer l'eau et à la repousser ensuite avec assez de vigueur pour que le jet qui en résulte donne aux biphores une impulsion qui les pousse en avant.

Madame Derville. — En vérité, l'histoire naturelle offre des choses bien extraordinaires et bien curieuses!

M. Derville. — Nous retrouverons ce même mécanisme, mais plus compliqué, chez les nymphes des mouches appelées *libellules* ou demoiselles aquatiques. C'est aux pyrosomes tout autant qu'aux bi-

phores qu'est due la plus grande partie de cette magnifique phosphorescence de la mer qui la fait
paraître tout en feu. Ils voguent par myriades à la
surface des flots. On a été bien long-temps à découvrir la cause d'un phénomène fait pour exciter
vivement la curiosité de l'homme, et ce n'est qu'à-
près avoir répété plus d'une fois des expériences qui
étaient demeurées sans résultat, qu'on est parvenu
à s'assurer que le petit animal tout hérissé de pointes, qu'on trouve de temps en temps dans l'eau de
mer, lumineuse pendant la nuit, est réellement le
foyer d'où partent, à l'heure où les ténèbres enve-
loppent tous les objets, des jets de lumière si brillants.

CÉCILE. — **Mon père**, c'est du phosphore aussi,
n'est-ce pas, qui sort des vers luisants?

M. DERVILLE. — Nous tâcherons de nous en assurer quand nous nous occuperons d'insectes. Pour le
moment, nous sommes en mer; il fait nuit; les sels
phosphoriques, dégagés par la putréfaction du corps
des poissons morts, se mêlent au feu des biphores et
des pyrosomes; de toute part la mer étincelle; des
jets de lumière semblent jaillir de ses flots; on dirait
un vaste incendie qui menace le vaisseau, qui s'élève
en nappes, en gerbes autour de la proue fendant
l'onde, autour de **ses flancs et** dans le long sillage
qu'il laisse après lui... Le voyageur qui assiste pour
la première fois à ce merveilleux spectacle, demeure
stupéfait d'effroi... ou d'admiration. Le lendemain,
avec le secours d'une bonne loupe ou d'un microscope, il reconnaît les causes de toute cette magie,
il rougit de son épouvante; il rougit aussi de son
admiration.... et il éprouve ainsi combien l'orgueil,

humain l'emporte sur le sentiment de la justice ; car
s'il n'était seulement que juste, il admirerait , plus
encore aujourd'hui que la veille, les effets grandioses
produits par une cause si petite.

AMÉDÉE. — Ah ! c'est bien vrai!... Mais, mon
père, est-ce que partout la mer est également lumineuse ?

M. DERVILLE. — Non, mon enfant. Les mers des
Indes, des tropiques, plus riches en poissons, en
mollusques que les nôtres, présentent seules ces phénomènes extraordinaires que l'homme, excité par
une curiosité louable, a voulu approfondir.

MADAME DERVILLE. — Puisque nous nous occupons de coquillages, je te prierai, mon ami, de me
dire ce que c'est que la bernache dont j'ai beaucoup
entendu parler autrefois comme étant l'une des merveilles les plus *merveilleuses* de l'Océan.

M. DERVILLE *en riant*. — Très-merveilleuse en
effet, puisqu'on prétendait que, de ce coquillage qui
n'a rien en lui-même de remarquable, sortait le *cravant*, espèce d'oiseau marin plus gros que la ma-
creuse ; et, pour compléter le prodige, on donnait
pour origine à la bernache le bois pourri des vaisseaux. *Malheureusement* ou *heureusement*, si tu le
préfères, ma chère amie, l'observation est venue
apprendre à l'homme qu'il ne naît rien de la pourri-
ture de quoi que ce soit, ni de la corruption des corps
jadis animés ; elle est venue lui apprendre aussi que
les palmipèdes ou oiseaux nageurs nichent dans les
plantes marines, y couvent leurs œufs, nourrissent
leurs petits de mollusques nus ou testacés, dont ils
savent briser la coquille, et que les jeunes palmipèdes, qui s'élancent soudain des roseaux ou des

algues marines, n'ont pas pris naissance autrement
que tous les autres oiseaux de terre ou de rivage.
Le merveilleux cravant ne dépose pas un œuf *unique* dans la coquille de la bernache, après en avoir
dévoré le propriétaire constructeur; c'est un de ces
contes de bonne-femme, qui n'ont pas le sens commun. La fameuse bernache, connue aujourd'hui sous
le nom d'*anatife*, mot dégénéré de celui d'*anatifère*
ou *porte-canard*, que lui donnait autrefois la crédulité des ignorants, est donc rentrée dans son obscurité première. Tout-à-fait en paix dans leur coquille
brillantes, les anatifes végètent paisiblement sur les
côtes de France où ils abondent, et, par le mouvement qu'ils impriment aux douzes paires d'espèces
de bras dont ils sont armés, ils entretiennent et forment autour d'eux un courant perpétuel qui amène,
en plus grand nombre, à leur bouche, les animalcules dont ils se nourrissent de même que beaucoup
d'autres mollusques.

Cécile. — Douze paires de bras !

M. Derville. — Tout autant. Demain je vous raconterai des choses fort curieuses au sujet des *poulpes*, genre de mollusques surnommés *céphalopodes*
et dont nous aurions dû nous occuper d'abord. Mais
vous étiez si empressés de *parler* de coquillages,
que j'ai bien voulu céder à votre désir. Plus tard,
c'est-à-dire l'année prochaine, nous reviendrons sur
les mollusques nus, au nombre desquels il s'en
trouve de bien curieux, et nous approfondirons un
sujet qui ne méritait pas d'être traité aussi légèrement que nous l'avons fait.

Amédée. — Les céphalopodes !

M. Derville. — Ce nom est composé **de deux**

mots dérivés du grec, dont l'un signifie *tête* et l'autre *pieds*. Vous en comprendrez aisément la signification lorsque vous saurez que les grandes divisions établies par les naturalistes chez les mollusques nus ou testacés, ont été fondées sur la manière dont les pieds, c'est-à-dire les *decoupures* du bord du manteau, sont placés. Ainsi le limaçon, la limace, l'un testacé et l'autre nu, appartiennent également aux *gastéropodes*. Décomposez ce mot, et vous le comprendrez.

Cécile. — Ah ! oui ! maître *gaster*. Cela veut dire... je ne sais pas trop ce que cela veut dire.

M. Derville. — *La nuit porte conseil.* Ton frère et toi, vous l'aurez découvert d'ici à demain. »

CHAPITRE IV.

Le poulpe. — La seiche. — Le calmar. — Raisin de seiche. — Le
nautile. — L'argonaute. — La porcelaine. — Les animaux articulés.

Cécile, le lendemain, était de bonne heure dans
le jardin, cherchant à voir en marche quelque limace ou limaçon. Elle surprit un de ces derniers
au moment où il sortait de dessous une touffe d'o-
seille, son manteau et ses *cornes* déployés. Le saisissant vivement par la coquille, elle le retourna
avant qu'il eût eu le temps de se reconnaître, et elle
découvrit alors l'espèce de disque charnu, garni tout
autour de petites élévations, à l'aide duquel ce
mollusque rampe. A peine Cécile avait-elle observé
quelques instants le limaçon, qu'il rentra tout entier
dans sa coquille.

Très-contente d'elle-même, Cécile courut à la
chambre de son frère, qui se préparait à partir pour
le collége, et elle lui dit : « Le limaçon est appelé
gastéropodes parce qu'il va ventre à terre.

—Il n'y paraît guère, repartit Amédée en riant.

—C'est-à-dire qu'il marche sur le ventre, reprit
Cécile avec un peu d'impatience.

— C'est-à-dire, répéta Amédée, qu'il a les pieds

attachés sous le ventre, selon ce que j'ai trouvé dans mon dictionnaire.

— Je n'ai pas vu de pieds, dit Cécile. Veux-tu que nous allions ensemble au jardin, mon frère : nous chercherons d'autres gastéropodes, et nous verrons bien? »

Amédée consentit, après quelques difficultés, à suivre sa sœur. Comme il avait plu la veille, les limaces et les limaçons abondaient dans toutes les allées du jardin. Le frère et la sœur, en s'aidant mutuellement de leurs découvertes et de leurs réflexions, parvinrent à comprendre que le disque formé sous le ventre par le manteau, devait être *le pied*, le pied unique de l'animal; le mot de *gastéropodes* était donc expliqué, et tous deux, enchantés, accoururent à la maison pour faire part à leur mère de leurs observations.

Madame Derville eut la complaisance, dans la journée, à l'heure de la récréation, d'accompagner Cécile au jardin, et d'examiner à son tour avec elle la structure singulière du limaçon, des limaces et des vers de terre que le jardinier faisait sortir du sol en bêchant; Amédée, au retour du collége, fut engagé à venir aussi les observer, et, le soir, M. Derville applaudit à ce qu'avaient fait les deux enfants pour s'éclairer.

— « Quant au lombric, ou ver de terre, ajouta-t-il, nous saurons plus tard comment il s'y prend pour marcher ou pour ramper. Occupons-nous de la première classe des mollusques ou céphalopodes.

» Autrefois, ces animaux d'un aspect si extraordinaire étaient tous, sans distinction, désignés par le nom général de *poulpe*, corruption du mot polype, qui signifie plusieurs bras ; celui de *céphalopodes*, qu'il faut traduire par une périphrase en disant que ce sont des animaux dont les pieds tiennent à la tête ou l'entourent, exprime beaucoup mieux que celui de poulpe l'un de leurs principaux caracteres.

Les céphalopodes sont des animaux voraces et cruels, fort agiles et qui détruisent beaucoup de poissons. Leur manteau se réunit sous le corps et forme un sac musculeux d'où sort la tète ; les côtés du manteau s'étendent en plusieurs nageoires. La tète est ronde, pourvue de deux grands yeux et couronnée par des bras ou pieds charnus, flexibles en tout sens, très-vigoureux et dont la surface est armée de suçoirs ou ventouses au moyen desquels ils se fixent fortement aux corps qu'ils embrassent.

Amédée. —Assurément, voilà le nom de céphalopodes bien justifié.

M. Derville. —J'ajouterai que la classe des céphalopodes ne comprend qu'un ordre, que l'on divise en genres d'après la nature de la coquille ; et ici, cette coquille n'est pas extérieure comme chez les mollusques testacés ; elle est intérieure et par conséquent invisible, si ce n'est pour l'anatomiste.

» Le premier genre de l'ordre des céphalopodes est celui des seiches ou sépia. Ces animaux ont une sécrétion particulière d'un noir très-foncé dont ils se servent pour teindre l'eau de la mer afin d'échapper à l'ennemi qui les poursuit ; le noir de la seiche donne aux Chinois la matière première de leur encre, et, aux peintres, celle de la couleur appelée *sépia*.

Amédée. —Entends-tu, Cécile, comme tout cela est curieux !

M. Derville. —Les poulpes proprement dits,

tiennent le premier rang dans ce genre. Chez le poulpe, la tête est non-seulement le centre autour duquel naissent les pieds ou bras au nombre de huit; mais c'est aussi le centre de tout l'animal qui est de forme presque ronde. Le poulpe est hideux, et redoutable même aux plus gros crabes, qu'il enlace dans les replis de ses longs bras pour les dévorer à son aise, sans se mettre en peine des énormes pinces qui le menacent. Souvent il fait périr les nageurs.

« Au siècle dernier, l'abbé Dicquemarre avait créé sur les côtes ce qu'il appelait une ménagerie marine. Parmi les animaux curieux dont il l'avait peuplée, se trouvait un poulpe commun; il se plaisait à l'observer, à le voir s'exercer pour saisir la proie offerte à son avidité, se gonfler de fureur, se pelotonner ou faire la roue comme ces enfants qui se servent, pour points d'appui, de leurs bras et de leurs jambes tour-à-tour. La nuit surtout le poulpe entreprenait de longues promenades, gravissait les murailles, auxquelles il s'attachait par le moyen de ses bras armés chacun de deux rangs de ventouses ou suçoirs au nombre de cent vingt paires.

Madame Derville.—Je conçois qu'un crabe, même le plus gros, soit bientôt *sucé* par ce monstre.

M. Derville.—Les ventouses dont je parle, ma chère amie, et que quelques personnes appellent *suçoirs*, ne servent aux céphalopodes, en général, que pour s'attacher fortement aux corps qu'ils ont saisis, car ils ont une bouche qui fonctionne très-bien. Chez la seiche, cette *bouche* est un véritable bec qui a la forme, la dureté et la couleur du bec du perroquet; et, comme si ce n'était pas assez, dans la ca—

vité de ce bec se trouvent plusieurs rangées de dents destinées à hacher, à broyer les aliments dont cet animal se nourrit. Moins hideuse que le poulpe, la seiche porte ses huit bras ou pieds, ou tentacules, placés autour de la tète; ces tentacules, munis de ventouses en nombre prodigieux, ressemblent à de longues lanières; avec leur secours, la seiche peut également bien saisir sa proie, l'amener à la portée du bec, s'attacher aux rochers, ou nager : le calmar surtout s'en sert beaucoup pour ce dernier usage, parce qu'il est plus actif, plus bougeant que la seiche; celle-ci qui se tient volontiers au fond de l'eau, sans jamais s'éloigner du rivage, tandis que le calmar voyage en pleine mer.

Amédée. — Mon père, une chose que je ne comprends pas, c'est comment ces animaux s'y prennent pour s'attacher, par le moyen de ce que tu appelles leurs ventouses?

M. Derville. — Applique une rondelle de cuir mouillé sur une pierre, saisis entre deux doigts le milieu de cette rondelle, et soulève-la; tu produiras une espèce de succion dont l'effet sera assez fort pour que tu puisses enlever la pierre, si celle-ci n'est pas trop grosse; multiplie par la pensée ce moyen bien simple, tu le vois, et tu auras une idée de l'action et de la force des seize cents ventouses ou suçoirs dont les bras des céphalopodes sont munis.

Madame Derville. — Il est certain que seize cents ventouses agissant ainsi à la fois, doivent rendre la fuite impossible à l'animal que le céphalopode a saisi.

Cécile. — Et pense donc aussi, maman, avec quelle force le céphalopode doit tenir aux rochers!

M. Derville. — On vient très-difficilement à
bout de l'en détacher.

Amédée. —La seiche!... Mon père, on vend, pour
les serins, des os de seiche ; est-ce que c'est une des
arêtes de cet animal?

M. Derville. —Tu sais, mon fils, que les mollusques n'ont point de squelettes osseux ou cartilagineux, et par conséquent point d'arêtes, point de
vertèbres. Tu sais encore que les uns sont nus, les
autres testacés. Chez quelques mollusques nus, la
seiche et le calmar entre autres, la même matière
calcaire qui donne aux mollusques testacés de quoi
former leur coquille, se durcit dans le corps de l'a-
nimal, et devient une espèce d'os opaque, léger,
plus ou moins friable. C'est là ce qu'on appelle *os de
seiche;* il est unique, sans ramification, et ne sert
qu'à soutenir le corps allongé et mou de la seiche ou
du calmar; c'est là cette coquille *intérieure*, dont
tout-à-l'heure je vous ai dit un mot; au-dessus et
autour s'étend, s'allonge ou s'élargit le manteau.

Cécile. — Il faudra que je regarde bien attentivement l'os de seiche qui est dans la cage de mes
serins.

M. Derville. — Je t'y engage, ma fille. Prie ta
mère de te prêter sa loupe, et tu découvriras, dans
ce qu'on appelle vulgairement, sur les côtes, *biscuit
de mer*, une contexture merveilleuse. C'est à cet os
que la seiche doit l'honneur de former comme l'anneau qui rattache les mollusques aux poissons, et de
tenir le premier rang parmi les mollusques nus, dans
les classifications de l'histoire naturelle.

Amédée. — D'après ce que tu viens de nous dire,
mon père, tous les animaux du genre sépia, les

poulpes, les seiches, les calmars donnent de l'encre de Chine?

M. Derville. — Oui, mon fils, mais en plus grande abondance les uns que les autres. On les confond du reste tous ensemble quand on n'est pas naturaliste, quoiqu'ils présentent des caractères différents à l'extérieur comme à l'intérieur. Le calmar, par exemple, ne ressemble pas complètement à la seiche, et sa *coquille* n'est qu'une lame cornée, en forme d'épée ou de lancette. Ce nom de calmar lui vient des deux mots anglais *Theca calamaria*, l'EN-CRIER, dont, par abréviation, nous avons fait *calmar*. La seiche, très-lente dans ses mouvements, n'aime pas à changer de place; le calmar, au contraire, agile et ardent à la chasse, s'élance souvent, quand il poursuit sa proie, à une assez grande hauteur hors de l'eau. Tous les céphalopodes sont du reste grands mangeurs, toujours affamés et toujours terribles, surtout pour les crustacés, c'est-à-dire les crabes, les écrevisses. Ceux-ci fuient avec épouvante dès qu'ils en aperçoivent un. Sur nos côtes, les crustacés disparaissent parfois pour long-temps, dès qu'un poulpe commun a établi dans les rochers ses quartiers. Aussi nos pêcheurs lui font-ils une guerre à mort.

Cécile. — Mon père, les céphalopodes sont-ils ovipares, ou vivipares, ou ovovivipares?

Amédée. — Cécile, est-elle fière de se servir de ces grands mots-là!

Cécile. — Pourquoi ne m'en servirais-je pas, si je les comprends?

M. Derville. — Tu as raison, ma fille, et c'est le seul moyen d'éviter les périphrases. La langue

technique des sciences ou des arts, mes enfants, est
une chose bonne à apprendre; mais n'oubliez jamais
qu'on doit éviter de s'en servir devant les personnes
qui l'ignorent, d'abord pour ne point se donner un
air pédant, ensuite pour être compris de tout le monde; je vous engagerai même à ne point vous en servir non plus devant les savants; car vous pourriez
en faire quelque application fausse, et qui prouverait
sur-le-champ que *votre savoir* n'est qu'un léger vernis sous lequel se cache une ignorance bien réelle.

— « Mais avec toi, mon père? dit Cécile en rougissant; car enfin, puisque tu nous dis ces mots-là, c'est
pour que nous les apprenions et pour que nous nous
en servions.

M. DERVILLE. — Avec moi, mes enfants, vos
méprises n'auraient d'autre inconvénient que de vous
valoir une explication bien claire de ce que vous
n'auriez pas compris ou su comprendre. Quand nous
étudierons sérieusement l'histoire naturelle, il faudra, sans aucun doute, apprendre la langue des savants; mais, je vous le répète, lors même que vous
seriez assurés de la posséder *à fond*, gardez-la pour
votre seul usage. Je répondrai à ta question, ma
fille, que les mollusques, et non pas seulement les
céphalopodes, sont ovipares. Les œufs de la seiche
se font particulièrement remarquer par leur forme
et par leur grosseur; on dirait de petits grains de
raisin allongés; pour compléter la ressemblance, ils
sont réunis en grosses grappes de couleur brune;
aussi les habitants des côtes les désignent-ils sous le
nom de *raisin* de seiche. Si l'on ouvre, avant qu'il
ne soit sec, un de ces œufs revêtus d'une membrane
épaisse et élastique, on y peut apercevoir la **petite**

seiche en son entier, avec ses gros yeux et son sac déjà rempli de liqueur noire.

MADAME DERVILLE. — Ainsi l'on peut dire que la seiche sort tout armée de sa coquille comme Minerve, sauf comparaison, du cerveau de Jupiter. Si tu le permets, mon ami, je reviendrai sur les mollusques testacés, pour te demander si nous avons, parmi nos coquillages, un argonaute. J'ai tant entendu parler à mon frère de la beauté de ce coquillage, que je serais bien aise de pouvoir le distinguer entre tous.

— Non, répondit M. Derville, après avoir regardé les coquillages que ses enfants avaient, comme la veille, étalés sur la table. Mais ce coquillage flambé, auquel personne d'entre vous n'a pris garde, et qui est cependant assez brillant, appartient à la classe dans laquelle on rangeait autrefois l'argonaute sous le nom de *nautile papyracé*, deux mots que j'expliquerai tout-à-l'heure. Le nautile proprement dit, et que voici, est un animal singulier; sa coquille offre aussi une singularité. La plupart des mollusques testacés tiennent, par l'extrémité de leur corps, à la première spire, ou premier tour de la coquille, et le corps est lui-même en spirale ; chez les nautiles, la coquille est intérieurement divisée en espèces de cellules à travers lesquelles passe seulement un tuyau ou siphon élastique; il sert d'étui au muscle qui forme la queue de l'animal. C'est par ce lien unique que le nautile tient à la première spire de sa coquille entièrement vide d'un bout à l'autre, et dont la dernière et la plus large contient son gros corps. Sa tête supporte un grand disque charnu qui lui sert à ramper ; autour de sa bouche, se dressent une multitude de tentacules qui donnent à ce mollusque l'aspect le plus étrange. Ses mœurs sont encore peu connues, parce qu'il est difficile de s'en procurer de vivants.

Amédée. — Mais, mon père, pourquoi sa coquille est-elle ainsi divisée par cloisons?

M. Derville. — Très-vraisemblablement pour lui rendre facile la descente au fond de la mer quand il lui plait d'en quitter la surface. Ce tuyau ou siphon, dont je viens de parler, communique avec un réservoir extérieur rempli d'eau; l'animal peut à son gré vider le siphon ou le remplir; s'il le vide, la coquille devient plus légère et monte sur les flots; s'il le remplit, le siphon se gonfle, comprime l'air que contiennent les cellules, et le résultat de cette action double est de rendre la coquille plus pesante; alors elle plonge.

Madame Derville. — Ainsi, pour chaque animal, les moyens d'accomplir sa volonté sont différents, mais tous également ingénieux!

M. Derville. — Et tous également certains, également appropriés au *milieu* dans lequel chacun d'eux est destiné à vivre. D'après ce que je viens de vous dire, mes enfants, de la tête des nautiles entourée de tentacules, vous pouvez voir *pourquoi* ce mollusque testacé a été rangé par les naturalistes au nombre des céphalopodes. Passons maintenant à l'argonaute ou *nautile papyracé*, que les savants ont placé avec non moins de raison dans la famille des polypes. L'argonaute possède huit grands bras, ou pieds, ou tentacules, garnis ou munis de suçoirs ou ventouses. Ces huit grands bras sortent d'une coquille brillante et fort mince; de là l'épithète de *papyracé*, qui vient du mot *papyrus* que nous traduisons par celui de papier ; le nom de *nautile* a pour étymologie *naus*, **qui** signifie *navire* ou *vaisseau*, et le tout peut se traduire par *navire de papier*.

CÉCILE. — Pour parler par figuré?

AMÉDÉE. — Cela va sans dire.

M. DERVILLE. — Mais on a substitué à cette dénomination ancienne, celle d'*argonaute*, et comme personne n'ignore complètement l'histoire des argonautes, la *qualité* de navigateur, à laquelle ce mollusque a quelque droit de prétendre, lui est conservée, et il ne peut plus être confondu avec le nautile proprement dit.

« L'argonaute a été le sujet de bien des récits mensongers. Les Anciens ont prétendu et les modernes ont cru long-temps qu'il se sert de six de ses bras en guise de rames, et des deux autres comme de voiles pour prendre le vent. Voici ce qu'un savant, Rumphius, rapporte au sujet de l'argonaute? « Le poisson », je vous ferai remarquer, mes enfants, que cette expression est impropre ; les mollusques ne sont pas des poissons ; mais, du temps de Rumphius, on regardait comme tels tous les animaux habitant les eaux douces et salées : « Le poisson qui habite cette coquille a toutes les formes du poulpe, qu'Aristote nomme *Bolitœne;* il est entièrement mou et charnu, muni de huit pieds, dont six plus courts que les deux autres sont garnis de ventouses comme ceux des autres seiches. Quand l'animal nage, ses pieds s'épanouissent en rose ; les deux postérieurs sont doubles des autres ; en les faisant sortir de la coquille, il les laisse traîner dans l'eau et dirige, par leur moyen, sa légère barque. Ces deux pieds lisses,

arrondis et garnis de ventouses comme les autres,
sont élargis vers le bout en forme de rames... En
voguant à l'aide du vent, il tire les plus grands secours des bords relevés de son vaisseau qu'il présente au souffle du zéphir; alors il retire fortement
en arrière son corps dans sa coquille, et il gouverne
sa barque avec deux bras qui lui servent à la diriger. Si le vent vient à tomber, il rame avec les
bras; enfin s'il aperçoit quelque danger, il rentre
tout entier, tourne la quille de son navire vers le
ciel, le remplit d'eau et coule à fond. On le voit fréquemment flotter à la surface de la mer, s'attachant,
au moyen de ses bras, aux différents morceaux de
bois qui flottent aussi et se laissant dériver. Au fond
de la mer, cet animal marche à l'aide de ses bras,
la carène en haut. »

« Ce récit de Rumphius contient moins d'erreurs
que n'en avait avancé Aristote; mais on sait parfaitement aujourd'hui que l'argonaute ne fait point
usage de ses bras postérieurs comme de rames; il
s'en sert pour saisir sa coquille, et la retenir en la
recouvrant des deux côtés, seul moyen pour que
cette coquille légère ne lui échappe point, car il n'y
est attaché ni par l'extrémité du corps, ni par aucun
muscle. Cette coquille n'est à lui que par droit de
conquête. De même que Bernard-l'ermite, il s'en
est emparé pour y mettre *sa personne* entière à l'a-
bri des *contusions*.

AMÉDÉE. — Encore un parasite!

M. DERVILLE. — Quant à sa manière de nager,
elle consiste, comme chez tous les mollusques nageurs, dans la dilatation et la contraction alterna-

tives du sac ou manteau attirant et rejetant tour-à-tour l'eau dans laquelle l'animal est plongé[1].

Madame Derville. — Je voulais te demander, mon ami, et jusqu'à présent je l'avais oublié, si l'on sait quelque chose de certain sur les mœurs du mollusque qui donne le coquillage que voici, et dont j'ai vu bien des espèces de toutes les tailles, de toutes les couleurs ?

Cécile. — Ah ! c'est une porcelaine, n'est-ce pas, mon père ?

M. Derville. — Oui, ma fille ; et, de plus, un gastéropode.

Amédée *en riant*. — C'est-à-dire un mollusque qui *va ventre à terre*, comme le limaçon.

Cécile. — Ah ! bah ! une plaisanterie répétée plusieurs fois ne vaut rien du tout.

M. Derville. — Cherchez bien sur ce coquillage avec vos yeux meilleurs que les miens, et vous parviendrez peut-être à découvrir quelques traces de la spire, qui forme comme les fondations des maisons de tous les mollusques testacés.

» Chez la porcelaine a lieu un travail d'abord semblable à celui dont je vous ai déjà parlé ; c'est-à-dire que, dès en naissant, l'animal *sue* sa coquille, et qu'avec les années il l'agrandit en même temps qu'il l'épaissit par dedans ; mais un second travail s'exécute bientôt par dehors, et produit des changements notables dans la coquille de la porcelaine, qui était d'abord aussi mince que celle de l'argonaute, et qui

[1] C'est à la complaisance de M. Guérin Menneville, que l'auteur a dû les notes, alors inédites, qui lui ont fourni ces détails curieux autant que vrais, sur l'argonaute.

devient peu à peu aussi épaisse, aussi lourde que vous la voyez; voici comment. Le manteau fait ici tout-à-fait l'office de manteau; ainsi que déjà je vous l'ai dit, le mollusque le relève de chaque côté et enveloppe presque entièrement sa coquille. La rainure blanche ou brune que vous remarquez sur quelques-unes des porcelaines que nous avons ici, vous montre la limite où les deux pans du manteau, plus ample du côté gauche que du côté droit, se touchent sans se croiser l'un sur l'autre. En arrière et en avant de la coquille, la réunion des bords du manteau forme deux sortes de gouttières ou échancrures.

» Dans la jeunesse des porcelaines, le manteau est court; peu à peu il s'allonge, et c'est alors que la coquille très-mince, et sur laquelle on aperçoit aisément les tours de spire et le point de départ, commence à se couvrir de cet émail si varié, si brillant. Jusqu'à ce moment, cette coquille transparente n'était ni lisse, ni brillante, et elle ne présentait aucune des couleurs qui plus tard vont la parer. En s'étalant sur la coquille, le manteau y laisse un dépôt crétacé, qui change à la fois son aspect et sa forme. Quand la coquille est arrivée au point d'épaisseur et de pesanteur, souvent considérable, qu'elle doit avoir, une couche vitreuse, aussi brillante que l'émail, recouvre ces différentes couches calcaires qui présentent des couleurs variées et tout-à-fait différentes des couleurs primitives de la coquille du mollusque enfant et adulte.

Amédée. — Ainsi ces pauvres bêtes sont obligées de suer leur maison par-dedans et par-dehors ! Mon père, les porcelaines sont-elles aussi polies, et d'un aussi bel émail, en sortant de l'eau, que nous les voyons ici?

M. Derville. — Les mouvements continuels du manteau de la porcelaine sur sa coquille entretiennent ce bel émail aussi long-temps que le mollusque est en vie ; quand il est mort, la coquille se couvre des dépôts successifs laissés par les flots qui viennent baigner le rivage où elle est désormais immobile, mêlée au sable et à mille et mille coquillages ; ainsi se forme, en partie, l'enveloppe qui ternit ses belles couleurs, et que les naturalistes appellent *drap marin*. On peut, tu le vois, rendre à cet émail son brillant.

« J'ajouterai que les porcelaines appartiennent au genre des gastéropodes ; mais comme elles sont munies, de chaque côté du corps, d'un second développement du manteau qui les aide à marcher, elles vont fort vite par le moyen de ces espèces d'ailes. »

Cécile. — Que je voudrais voir en marche quelques-uns de ces coquillages, la porcelaine surtout, avec sa lourde maison !

M. Derville. — Tu le pourrais, ma fille, à la condition d'habiter les côtes de l'Inde ou de l'Afrique.

Amédée. — Mon père, et les olives, les fuseaux, dont nous avons une si jolie collection?

M. Derville. — Quelque jour, mes enfants, nous passerons en revue avec plus de détail les mollusques nus et testacés. Nous formerons alors aussi une collection de coquillages ; mais il faut, auparavant, nous mettre en état de les classer. Jetons un coup d'œil sur les mollusques en général, afin de nous préparer à les étudier consciencieusement et agréablement : car, observer les formes extérieures, les caractères qui distinguent entre eux ces animaux, c'est arriver à la connaissance de leurs habitudes, de leurs mœurs ; ces habitudes et ces mœurs n'étant que le résultat de leur organisation.

MADAME DERVILLE. — J'aime beaucoup cette manière d'étudier l'histoire naturelle.

CÉCILE. — Et moi aussi, maman.

M. DERVILLE. — Il n'y en a point d'autres : car, une loi générale, une loi immuable fait dépendre l'instinct, l'industrie, chez chaque animal, de son organisation intérieure et extérieure ; et l'instinct natif, l'industrie native de tous, se développent, se perfectionnent, soit par l'expérience, soit par les circonstances qui les entourent ; nous en avons eu déjà plus d'une preuve.

« Nous venons de faire connaissance avec les céphalopodes, qui nous présentent des mollusques nus et des mollusques testacés : la seiche d'une part, et de l'autre, l'argonaute, le nautile. Vient ensuite la seconde classe, celle des *ptéropodes*, ainsi nommés du mot grec *ptéron*, qui signifie *aile*. Ce nom leur a été donné parce que leurs nageoires ou pieds sont placés comme deux ailes de chaque côté de la bouche.

» La troisième classe, beaucoup plus importante que la seconde, car elle renferme un nombre considérable d'individus, comprend les gastéropodes. Nous savons déjà que ce mot désigne le disque charnu ou pied placé sous le ventre de ces animaux, si communs sur la terre, dans les rivières et dans la mer. En outre de ce caractère principal, les gastéropodes en présentent d'autres non moins remarquables ; tels, par exemple, qu'une tête saillante, souvent armée de tentacules depuis deux jusqu'à six, et des yeux. Ces tentacules s'allongent ou disparaissent à la volonté de l'animal. Ils sont doués d'une sensibilité extrême, d'un tact très-délicat ; aussi les voit-on se retirer à la seule approche d'un corps qui peut les blesser.

Cécile. — Cette epèce de tentacules, c'est ce que nous appelons les cornes du limaçon, n'est-ce pas ?

M. Derville. — Oui, ma fille.

Cécile. — Ah ! il les rentre bien vite quand il a peur, et sa tête aussi.

M. Derville. — C'est encore un des caractères de la classe des gastéropodes que de pouvoir ramener leur tête saillante dans leur manteau.

Amédée. — Mon père, le limaçon, l'escargot, veux-je dire, a quatre tentacules ; mais où sont ses yeux ?

M. Derville. — Les deux tentacules placés près du sommet de la tête servent seulement à l'avertir de quelque danger ; les deux autres plus courts, placés près de la bouche, supportent ou plutòt renferment les yeux, voici comment : ce sont des espèces de tuyaux creux dans lesquels est logé le nerf optique. Par le moyen d'un muscle qui se contracte, l'œil rentre dans l'intérieur de ce tuyau, et même jusque dans la tête.

» Ce mécanisme fort *simple* met l'œil à l'abri des lésions qu'il aurait souffertes peut-être si le conduit qui le contient avait été rétractile à la manière des tentacules.

» La classe des gastéropodes étant très-nombreuse, comme je viens de vous le dire, et renfermant des

mollusques nus et testacés, c'est dans les caractères
de l'organisation intérieure qu'on a dû chercher les
moyens de la subdiviser en ordres ; or, dans les caractères généraux des animaux, quels sont les plus
importants à l'entretien de l'existence ?

CÉCILE. — Ce sont les poumons et le cœur.

AMÉDÉE. — C'est l'appareil respiratoire et c'est la
circulation.

M. DERVILLE. — La classe des gastéropodes a
donc été divisée en pulmonés terrestres et en pulmonés aquatiques. Ces derniers étant obligés de venir à
la surface de l'eau pour respirer, ne peuvent habiter
des eaux bien profondes.

» Après les pulmonés, viennent les *nudibranches*,
mollusques nus aquatiques, et portant à nu, sur quelque partie du dos, des branchies de diverses formes.

AMÉDÉE. — Entends-tu, Cécile ? *Nudibranches*,
branchies à nu !

M. DERVILLE. — Je ne vous nommerai point les
ordres suivants, parce que chaque dénomination
m'entrainerait dans des explications étymologiques
beaucoup trop longues ; je vous ai cité seulement ces
deux premiers ordres, pour vous faire bien comprendre les deux caractères tranchés de mollusques
respirant l'air en nature, et de mollusques respirant
l'air contenu dans l'eau.

» Nous connaissons aussi un peu la quatrième
classe des mollusques, celle des acéphales, tels que
les huîtres, les moules. Comme l'a dit Cécile, ils doivent avoir une tête puisqu'ils ont une bouche ; mais
on n'a pu encore découvrir que la bouche qui est cachée entre les replis du manteau. Celui-ci, presque
toujours ployé en deux, renferme le corps, comme

un livre est renfermé dans sa couverture. J'ajouterai seulement qu'il y a des acéphales *testacés* et des acéphales sans coquille; au premier ordre, celui des testacés, appartiennent, par exemple, la pinne-marine, le bénitier, le petoncle, le taret; et aux acéphales sans coquille, appartient, entre autres, le biphore, que nous avons vu illuminer la mer, pendant la nuit, de ses lueurs phosphoriques.

Cécile. — Aucun animal, si petit qu'il soit, n'a été négligé, et il trouve sa place.

Amédée. — A quoi servirait la classification si tous n'y trouvaient pas leur place? Ah! je suis bien content d'apprendre à me reconnaître dans tous ces animaux dont mon père nous a dit quelque chose!

M. Derville. — La cinquième classe des mollusques est celle des brachiopodes, c'est-à-dire qui ont, au lieu de pieds, des bras charnus, garnis de longs filaments; ces bras, dans certaines espèces, se roulent en spirale pour rentrer dans la coquille. Enfin, la sixième et dernière classe est celle des mollusques cirrhopodes. Le long du ventre, les cirrhopodes ont des filets nommés *cirrhes*, disposés par paires, composés d'une multitude de petites articulations garnies de cils et représentant des espèces de pieds ou de nageoires. A cette sixième classe appartiennent les ana-tifes dont je vous ai parlé, les glands de mer, etc.

Madame Derville. — Que d'animaux singuliers! et quelle admirable variété dans les êtres de la Création! Ainsi, mon ami, il y a des mollusques *voyageurs* et des mollusques sédentaires?

M. Derville. — Oui, ma chère amie. On les distingue en espèces *pélagiennes* ou voyageuses, et en espèces *riveraines* ou sédentaires. Les premières sont pourvues d'ailes ou de nageoires pour nager ; les secondes n'ont qu'un pied pour ramper.

CÉCILE. — Voilà encore un genre de classification, Amédée, et bien plus facile et plus amusant que l'autre ; car tous ces grands mots qui font peur...

AMÉDÉE. — Tous ces grands mots sont faciles à retenir et à appliquer du moment qu'on sait ce qu'ils veulent dire. Je les ai écrits à mesure que mon père nous les disait et nous les expliquait. Mes notes sont à ton service, ma sœur. »

Cécile détourna la tête en disant du bout des lèvres : « Je te remercie, mon frère ; » et aussitôt elle ajouta : « Maintenant que les mollusques sont finis, tu vas nous raconter autre chose, n'est-ce pas, mon bon père ?

M. DERVILLE. — Je raconterai *autre chose* non pas ce soir, mais demain, si l'un de vous peut me dire quels sont les animaux qui viennent après les mollusques, dans les grandes divisions du règne animal.

— Ce sont les articulés, s'écria vivement Amédée.

— Bien ! mon fils, reprit M. Derville. Voyons les notes que tu as prises, afin que je les rectifie, s'il y a lieu. »

Pendant que M. Derville s'occupait de ce travail, Cécile, un peu confuse de n'avoir pour ainsi dire rien retenu de ce que son père avait dit au sujet de la classification des mollusques, fouillait dans sa mémoire.

— « Mon père, s'écria-t-elle tout-à-coup, je sais ce que c'est que les animaux articulés : ce sont ceux

dont le corps se compose... de plusieurs parties...
appelées articles.

— Voyons ! cite-m'en un ou deux pour exemple,
repartit M. Derville. Mais, d'abord, rends-toi compte
de ce mot *article :* il veut dire des anneaux articulés
entourant le corps, et souvent les membres.... Eh
bien ! tu ne trouves rien ? Est-ce que le ver de terre,
la sangsue, ne te paraissent pas être des animaux articulés ?

Cécile. — Ah ! c'est cela ! Mais, mon père, peut-il
y avoir quelque chose de curieux à observer dans les
mœurs de ces pauvres bêtes ?

— Nous le saurons demain, répondit M. Derville.

Anatif pélagien. — Cône drap d'or. — Bernard l'ermite. — Bénitier.

Mygale pionnière et son nid. — L'oectée à cinq taches.

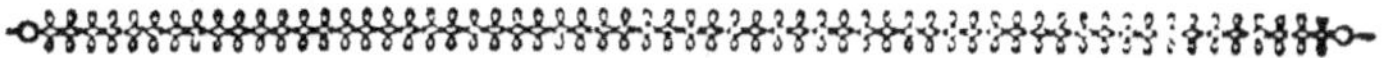

CHAPITRE II.

Les annélides. — La sangsue. — Le ver de terre. — L'écrevisse. —
Mue des crustacés. — Les crabes. — Bernard l'Ermite.

— « Mon père, dit Cécile le lendemain soir, il y a
sans doute d'autres animaux articulés que les vers
de terre et les sangsues?

— Oui, ma fille, répondit M. Derville. On en
compte quatre classes. La première renferme les
annélides ou vers à sang rouge; cette coloration du
sang annonce, ce qui est vrai en effet, un système
double de circulation, des artères, des veines, soit
chez les annélides terrestres, sois chez les annélides
aquatiques. Les *crustacés*, c'est-à-dire les crabes,
les écrevisses forment la seconde classe; la troisième
est celle des arachnides ou araignées, et la quatrième
est la classe si nombreuse, si riche, si remarquable
des insectes.

CÉCILE. —Oh! les insectes! J'ai entendu dire que
rien n'est intéressant comme cela!

M. DERVILLE. — Ce n'est point une raison pour
passer sous silence la première classe, celle des vers
à sang rouge ou annélides, qui nous offre des animaux curieux, tels que les tubicoles ou pinceaux de
mer; les serpules qui se fixent sur les coquilles d'huîtres, sur les madrépores, et dont les branchies pré-

sentent des panaches rouges, jaunes, violets du ton le plus éclatant.... Mais qu'est-ce que signifie le mot de branchies, Cécile ?

CÉCILE. — Ce sont... les poumons... des animaux aquatiques.

AMÉDÉE. — Ainsi, mon père, ces annélides ont les poumons, c'est-à-dire les branchies, tout-à-fait en dehors ?

M. DERVILLE. — Oui, mon fils. Chez les serpules, elles sont placées de chaque côté de la bouche et présentent la forme d'un panache en éventail orné des plus belles couleurs. Je dirai à Cécile, qui fait grand cas de l'*industrie*, que les serpules, de l'ordre des tubicoles, le premier des annélides, construisent très-promptement des tubes pour envelopper le grand nombre de segments ou de parties dont leur corps se compose. La serpule est si habile ouvrière, qu'en fort peu de temps elle recouvre de ses tubes les vases et autres objets qu'on jette à la mer, tandis que les arénicoles, qui appartiennent au second ordre des annélides, réunissent du sable et des débris de coquillages, pour s'en former une *robe* solide ; d'autres annélides, les aphrodites, se distinguent par les deux rangées d'écailles que présente leur dos et entre lesquelles s'élèvent des houpes aussi brillantes que l'or. Les aphrodites le disputent, pour la variété et l'éclat des couleurs, au plumage du colibri même.

AMÉDÉE. — Entends-tu, Cécile ? Voilà pourtant les animaux que tu croyais indignes de fixer un seul instant tes regards !

CÉCILE. — Comment aurais-je pu m'en douter ! Le ver de terre et la sangsue sont si laids ! ce sont pourtant aussi des annélides !

M. Derville.—La sangsue, qui appartient, comme le lombric ou ver de terre, au troisième ordre des annélides, celui des abranches, possède une *parure* fort remarquable, pour la régularité du moins. Sa robe, d'un vert sombre, est comme rayée en long de six bandes jaunes composées chacune de contours réguliers, et qui forment une sorte de chaîne d'anneaux un peu allongés.

Madame Derville. — Je me souviens maintenant, en effet, d'avoir remarqué cette *parure*, et de m'être émerveillée de cette régularité de dessin dont tu parles, mon ami.

Amédée. — Moi, j'en ai eu deux fois, et je sais qu'elles mordent bien et qu'elles font des trous en triangle.

M. Derville. — La manière dont la sangsue est armée pour percer la peau des animaux ou celle des hommes, est assez curieuse pour que nous nous y arrêtions un moment. Avec son suçoir composé de plusieurs segments, elle soulève la peau en suçant; alors s'avancent, pour percer la peau ainsi soulevée, les trois mâchoires armées chacune sur leur tranchant, de deux rangées de dents très-fines, ce qui donne à la sangsue la faculté d'entamer la peau sans y faire de blessures dangereuses.

Amédée. — Peut-être bien, mais pour douloureuses, elles le sont! Trois mâchoires, rien que cela, et chacune munie d'une quantité de bonnes dents! Je ne m'étonne plus si elles piquent, ou plutôt, si elles mordent si ferme!

Madame Derville. — Il faut cependant, mon ami, que, chez certaines sangsues, les dents servent de conduit à du venin, comme chez le serpent, puisqu'il y en a dont la morsure est venimeuse.

M. Derville. — Les savants en ceci, comme en une foule d'autres choses, ne sont pas *tous* d'accord sur la cause qui rend venimeuse la piqûre de quelques sangsues ; nous nous garderons bien, nous ignorants, d'émettre à ce sujet une opinion ; mais il paraît que la sangsue *noire*, ou plutôt d'un noir verdâtre très-foncé, est quelquefois dangereuse par les plaies qu'elle cause, sans qu'on puisse l'accuser d'y avoir distillé aucun venin.

» On a remarqué que chez cet animal, destiné à supporter parfois un long jeûne, la digestion est lente et que le sang des animaux, dont il se nourrit, parvenu dans les poches ou réservoirs formés par le canal intestinal, peut s'y conserver plusieurs mois, sans presque se cailler et sans se corrompre.

Madame Derville. — Voilà qui explique à merveille pourquoi l'on peut conserver si long-temps des sangsues dans l'eau, sans leur rien donner et sans qu'elles paraissent souffrir de ce jeûne prolongé.

Cécile. — Mon père, ont-elles des yeux ?

M. Derville. Jusqu'à présent on en peut douter ; mais il faut croire que oui, et qu'elles possèdent aussi le sens de l'ouïe, car beaucoup d'expériences ont fait présumer qu'elles voient et qu'elles entendent. Les polypes, dont nous nous occuperons quand leur tour viendra, entendent et voient aussi ; c'est un fait prouvé ; mais on est encore à s'expliquer *le comment*, et l'on se trouve réduit à des conjectures.

Amédée. — Mon père, on assure qu'il y a toujours beaucoup de sangsues dans les étangs. Est-ce qu'elles piquent les gens qui viennent s'y baigner ?

M. Derville. — Sans aucun doute ; bêtes et gens,

tout leur est bon quand elles sont affamées. Mais il est des espèces qui s'attaquent de préférence à l'homme, d'autres, aux animaux, aux chevaux surtout : celles-ci sont plus grosses. La piqûre des sangsues est moins douloureuse dans l'eau, mais elle est aussi plus dangereuse, parce que le sang coule avec plus de facilité, surtout lorsque l'eau, échauffée par les rayons du soleil, est tiède. On assure que l'usage des sangsues a été découvert, il y a bien des siècles, par les peuples anciens ; ils ont remarqué le bien que les saignées pratiquées par les sangsues produisaient sur les chevaux ; de là, l'idée d'employer le même moyen pour procurer le même soulagement aux hommes ; ensuite est venu l'abus. Ainsi, aujourd'hui, on ne consomme pas moins de trois millions de sangsues par année à Paris seulement.

MADAME DERVILLE. — Trois millions par année ! Est-il possible !

M. DERVILLE. — Après avoir épuisé les marais du Berri et du Nivernais, où elles abondaient jadis ; après avoir établi dans de larges fossés des espèces d'étangs artificiels pour leur reproduction, il a fallu en demander à l'Italie, puis à l'Espagne, à la Bohême, et enfin à la frontière de la Turquie. Les sangsues sont ainsi devenues peu à peu une source de fortune pour les spéculateurs, et un véritable fléau pour l'humanité souffrante. La mode en a passé en Angleterre, où les sangsues ne réussissent pas, à ce qu'il paraît, puisque ce pays est, à cet égard, tributaire du nôtre.

AMÉDÉE. —Mon père, comment font ceux qui se trouvent piqués par des... quantités de sangsues, quand ils se baignent ?

M. Derville. — De même que les habitants de l'île de Ceylan, ils ne s'en mettent point en peine. A Ceylan, une espèce de sangsues habite dans l'herbe. Quoique beaucoup plus petites que les nôtres, leur nombre est si grand qu'elles deviennent fort incommodes pour les voyageurs qui vont en général pieds nus. Il est impossible de s'en défendre, tant elles sont promptes à s'attacher aux jambes. On ne s'en met point en peine ; mais pour s'en débarrasser, on se frotte, en arrivant, avec de la cendre ; elles tombent alors, et le sang coule ou s'arrête sans qu'on y prenne garde.

Cécile. — C'est amusant d'avoir ainsi les sangsues bon gré mal gré!... Mon père, et le ver de terre? Est-ce qu'il a aussi une *parure?*

M. Derville. — Le ver de terre ou lombric n'offre sous ce rapport rien de remarquable assurément. Ses mœurs sont aussi simples que *sa personne;* et lui, qui fournit une manne abondante à une foule d'animaux, se contente pour nourriture de terre végétale, de racines et de substances animales plus ou moins décomposées. Il ne possède pas, comme quelques annélides, des soies raides pour aider à sa marche ; il ne peut que ramper par le secours de ses anneaux ; on ne lui connaît point d'yeux, point de branchies, point de dents ; mais, en revanche, il est doué de l'étrange faculté de redevenir animal *complet* lorsque quelqu'accident l'a séparé en deux parties. A l'extrémité coupée du tronçon, se montre peu de temps après un petit bouton blanchâtre qui grossit et s'allonge insensiblement ; bientôt les anneaux se dessinent. Cette nouvelle partie est d'abord tellement mince, qu'on la prendrait pour un petit ver enté sur un plus gros ; mais elle arrive enfin à égaler la première en grosseur, à la surpasser en longueur, et la couleur seule, plus pâle que celle de l'ancienne partie du ver, l'en fait distinguer.

MADAME DERVILLE. — J'avais entendu attribuer aussi au serpent cette faculté réellement bien singulière.

M. DERVILLE. — L'expérience n'est pas venue confirmer, pour les serpents, une reproduction partielle dont les escargots et les mollusques en général nous offrent une foule d'exemples, ainsi que les lézards et les crustacés. Mais elle est bien prouvée aujourd'hui pour les mollusques, pour les crabes, pour les écrevisses. Ces derniers animaux peuvent même, pour échapper au danger, abandonner l'un de leurs membres. Une serre, une patte de plus ou de moins laissées au piége que l'homme et les animaux leur tendent, ou dans les combats acharnés qu'ils se livrent entre eux, ne sont pas pour eux *une affaire;* cette serre, cette patte *repousseront,* de même que la branche coupée repousse sur l'arbre.

AMÉDÉE. — Il est bien dommage que nous ne possédions pas le même avantage !

M. DERVILLE. — Les ressources de l'intelligence ne suppléent-elles pas richement chez l'homme à cet *avantage* qui paraît soumettre quelques animaux au système de *végétation* qui distingue particulièrement les plantes ?

CÉCILE. — C'est vrai, au moins, Amédée !

M. DERVILLE. — Dans son âme, l'homme trouve des forces pour supporter la douleur physique et morale; dans son intelligence, des moyens de suppléer à ce que les maladies ou la guerre lui enlèvent ; je ne vois donc pas qu'il ait rien à envier aux reptiles, aux mollusques et aux crustacés. Si tu ne le comprends pas à présent, mon fils, tu le comprendras plus tard, et alors tu reconnaîtras qu'il y a plus de vie réelle en lui que dans la vie végétative des animaux dont les membres, dont l'enveloppe peuvent se renouveler, comme se renouvellent les branches et l'écorce des arbres et des plantes. Quelques-uns de ces mystères de l'organisation s'opèrent chez lui, mais d'une manière partielle, et, pour ainsi dire, insensible ; nous aussi, par exemple, nous changeons de peau, mais lentement, progressivement. Pour les reptiles et pour les crustacés, cette espèce de *mue* est une véritable maladie et un travail fort pénible, fort difficile, qui se renouvelle annuellement, et qui, chaque fois, les condamne à une complète inaction, après que ce travail est opéré, jusqu'au moment où leur enveloppe aura repris sa solidité.

Cécile. — Mon petit père, raconte-nous, je te prie, comment les écrevisses s'y prennent pour changer de peau ! Est-ce qu'elles en changent absolument, d'un bout à l'autre, les pattes, les serres, enfin tout ?

M. Derville. — Oui, mon enfant ; et pour elles, comme pour les insectes destinés non-seulement à changer de peau, mais de formes, rien de ce qui peut contribuer à faciliter l'opération n'a été négligé.

« La *mue*, car c'est une mue réelle et totale, n'a lieu qu'à deux époques de l'année, au mois de mai ou bien au mois d'août. L'écrevisse s'y prépare par le jeûne. Il faut qu'elle maigrisse pour amoindrir son corps et pour parvenir plus facilement à sortir de son enveloppe ; ceci est une des lois générales dont

je vous ai parlé, et auxquelles sont soumis les animaux destinés, à quelque espèce qu'ils appartiennent, à exécuter, dans certains temps de l'année,
les mêmes opérations. Faites donc attention à celles
que je vais décrire ; elles sont, à peu de différences
près, *les mêmes*, je vous le répète, pour le serpent,
le crabe, la chenille, en un mot pour tous les
animaux qui ne muent pas seulement leurs poils
ou leurs plumes.

» A l'approche du moment décisif, l'écrevisse se
donne beaucoup de mouvements. Elle frotte ses
pattes l'une contre l'autre, se renverse sur le dos,
étend et replie sa queue à plusieurs reprises, et ne
cesse de s'agiter pour bien se détacher de son enveloppe. Prête enfin à sortir, elle se gonfle ; une
ouverture se fait alors entre la grande écaille qui
couvre la partie antérieure du corps et la première
table de la queue ; on appelle *table* chacune des
divisions qui forment comme autant d'articulations
charnues de cette queue si estimée des gourmands ;
après ce premier effort, l'écrevisse demeure quelque temps en repos ; elle recommence ensuite à se
gonfler et à travailler pour se retirer tout-à-fait de
la partie antérieure, d'où il faut qu'elle dégage ses
yeux, ses antennes, ses pinces ou serres. Celles-ci,
beaucoup plus grosses à leur extrémité, ne pourraient sortir saines et entières de l'étui qui les enferme s'il n'était fendu dans toute sa longueur. Le
tuyau écailleux, ou plutôt encroûté, crustacé, en
un mot, qui enveloppe ce que j'appellerais volontiers
l'avant-bras, le bras et la main, s'ouvre donc sous
les efforts de l'animal, et ainsi la pince ou la main
peut passer.

Madame Derville. — Quelle admirable prévoyance !

M. Derville. — Et cette prévoyance n'a rien dédaigné pour tout ce qui respire ; tout ce qui respire, soumis à la loi du travail, a reçu les *instruments* nécessaires pour exécuter, et l'intelligence suffisante à l'emploi de ces instruments. Voilà l'écrevisse hors enfin de sa grande écaille ; *le plus difficile à écorcher, c'est la queue,* disent les bonnes gens en faisant l'application de ce proverbe à une foule de choses ; l'écrevisse meurt quelquefois à la peine.

Cécile. — Pauvre bête !

M. Derville. — C'est pour elle une opération violente, qui exige l'emploi de toutes ses forces déjà bien épuisées par les travaux qui ont précédé. Il faut qu'elle se donne un brusque mouvement en avant.... Enfin, la voilà délivrée, mais sans défense contre ses ennemis ; mais couverte seulement d'une peau mince très-sensible au moindre choc. L'écrevisse se cache dans quelque enfoncement de rochers et y demeure immobile pendant vingt-quatre heures. Ce temps écoulé, la peau se durcit et se transforme en une nouvelle écaille presque aussi dure et aussi solide que l'ancienne.

Amédée. — C'est qu'apparemment elle sue aussi sa coquille, comme les mollusques testacés.

Cécile. — Et non pas peu à peu, mais de partout à la fois, n'est-ce pas, mon père ?

M. Derville. — Ceci est vraisemblable ; ce qui ne l'est pas autant, c'est qu'elle soit obligée de dissoudre, pour faire cette opération, deux petites pierres blanches qu'on trouve assez souvent dans

.a région de l'estomac, et qui ont eu jadis un grand renom en médecine sous la dénomination d'*yeux d'écrevisses*.

Madame Derville. — J'en ai souvent trouvé en mangeant des écrevisses de mer, des homards, des langoustes; on dirait un moule de bouton plat en dessous, arrondi en dessus.

M. Derville. — D'après ce qu'on sait aujourd'hui, ou ce qu'on *croit* savoir de la formation des perles, on peut penser que les pierres d'écrevisses sont aussi le produit d'une maladie; chez les mollusques margaritifères, c'est la matière nacrée qui, surabondante, coule dans la coquille en gouttelettes plus ou moins rondes que de nouvelles couches viennent grossir; chez l'écrevisse, c'est probablement la matière cornée et calcaire qui surabonde; on est d'autant plus fondé à le présumer, qu'on trouve ces pierres dans l'estomac de l'animal à l'époque de la mue, c'est-à-dire au moment où cette matière cornée et calcaire est nécessairement produite en plus grande quantité pour le renouvellement de l'enveloppe extérieure.

Madame Derville. — J'ai vu des *gourmets* faire une grande différence entre les langoustes, les écrevisses de mer et les homards.

M. Derville. — Les naturalistes en établissent aussi quelques-unes, mais qui tiennent aux caractères particuliers à chaque espèce, tels que des antennes plus ou moins longues, des pattes armées de pinces ou sans pinces, plutôt qu'à la *nature* de l'animal lui-même; cette nature porte l'écrevisse et le homard à rechercher pour leur nourriture les animaux morts et en état de putréfaction, tandis que la langouste ne se nourrit que de petits crabes ou de poissons vivants.

CÉCILE. — Ah ! je ne mangerai jamais d'écrevisse ni de homard ! Mon père, et les écrevisses de rivière, qui sont d'un si beau rouge et si jolies ?

M. DERVILLE. — Elles ne sont si *rouges* et si *jolies*, qu'après avoir été cuites ; vivantes, elles te paraîtraient laides, car elles sont d'un brun foncé ou tirant sur le vert.

AMÉDÉE. — Je peux te dire, ma sœur, qu'elles aiment aussi les charognes...

CÉCILE. — Oh ! tais-toi, Amédée, ne dis pas de ces vilains mots-là !

AMÉDÉE. — Comment veux-tu que j'appelle autrement les *provisions* faites par Simon, le joueur de violon, qui, toute la semaine, va à la pêche des écrevisses, à une demi-lieue d'ici, et qui recueille tout ce qu'il trouve de rats, de chiens morts...

M. DERVILLE. — Les crabes, dont tout le monde est si friand, ne se nourrissent pas autrement.

CÉCILE. — En ce cas je n'en mangerai plus. L'histoire naturelle n'est pas amusante du tout quand elle vous apprend ces choses-là.

AMÉDÉE. — Moi, j'aime à les savoir toutes, quelles qu'elles soient. Mon père, ce que je ne conçois pas, c'est qu'on puisse avoir des crabes *vivants* à Paris, et j'en ai vu. Ils sont tout gris ou presque noirs comme les écrevisses de rivière. Je croyais qu'ils ne pouvaient vivre que dans l'eau de la mer ?

M. DERVILLE. — Il y a des crabes d'eau douce ou *fluviatiles* dans le midi de la France, en Égypte, dans l'Amérique du sud : c'est cette espèce qu'on transporte *vivante* à Paris. On connaît aussi, en plusieurs contrées, des crabes de terre ou terres-tres, entre autres les *tourlouroux*. Mais, soit qu'ils habitent les rochers des bords de la mer, les fleuves ou les terres, les crabes, de même que les écre-visses, sont des animaux belliqueux, entre eux du moins. Cependant le plus léger bruit suffit pour mettre en fuite les écrevisses qui se disputent une proie, tandis que les crabes ne s'effraient pas fa-cilement. Ces derniers, d'ailleurs, marchent en bandes, surtout les tourlouroux. On les voit s'avan-cer fièrement, tenant dressé perpendiculairement le plus long de leurs bras armé de pinces. On dirait des soldats marchant l'arme au bras.

AMÉDÉE. — Oui, mais marchant à reculons?

M. DERVILLE. — Ou de côté, ou en avant, car ces animaux peuvent varier leurs allures. Les com-bats que les crabes se livrent entre eux sont cruels. Ils se frappent, ils se saisissent avec leurs pinces meurtrières, en même temps qu'ils se heurtent de front à la manière des béliers. Peu leur importe de perdre un ou plusieurs de leurs membres dans le combat : ces membres repousseront ainsi qu'ils repoussent à l'écrevisse. Un crabe mutilé se retire dans quelque trou, dont il ferme l'entrée avec des feuilles ; et là, il attend patiemment que ses pertes soient réparées.

MADAME DERVILLE. — C'est une bien singulière faculté que celle-là! Mais la nouvelle patte, la nou-velle pince, sont faciles sans doute à distinguer des autres par leur faiblesse, leur petitesse, leur cou-leur ?

M. DERVILLE. —Pas du tout, ma chère amie. L'un des plus ardents observateurs des animaux,

Réaumur, a vu, pour ainsi dire, *repousser* une partie de patte d'écrevisse. De la jointure de l'articulation enlevée, sort, un ou deux jours après l'*amputation*, une espèce de membrane légèrement rouge; au bout de cinq jours, cette membrane paraît enflée; elle s'allonge peu à peu, se déchire et laisse voir une articulation en tout semblable à celle qu'on a ôtée et qui se recouvre d'une enveloppe solide; il est impossible alors de trouver la moindre différence entre cette patte *restaurée* et les autres. Et, chose bien remarquable, c'est qu'il ne naît, à chaque membre, que ce qui est nécessaire pour le compléter.

MADAME DERVILLE. — En vérité, on trouve à peine des mots pour exprimer l'admiration excitée par tant de merveilles!

M. DERVILLE.—La reproduction de la patte d'un lézard est bien plus merveilleuse encore, puisque le lézard a un squelette, c'est-à-dire des os unis entre eux par des muscles, par des tendons formant des articulations qui s'emboîtent les unes dans les autres, et recouverts d'une chair fibreuse, d'une peau au-dessous de laquelle s'étendent à l'infini les vaisseaux nécessaires à la circulation du sang et du fluide nerveux. Eh bien! tout cela se reproduit dans de justes proportions, et rarement avec l'exagération qui donne ce qu'on appelle des *monstruosités*.

MADAME DERVILLE.—On ne peut qu'admireren silence, car, pour comprendre, c'est impossible!

CÉCILE. — Mon père, pendant que j'y pense, il faut que je te demande si les crevettes sont de petites écrevisses?

M. DERVILLE. — C'est une espèce à part, mais

qui appartient à cette famille. Les crevettes, ou salicoques, nagent fort vite et abondent au printemps sur les côtes de France.

AMÉDÉE. —Il me semble , mon père , que tu nous as promis, à l'occasion des mollusques testacés, de nous parler d'un crustacé appelé *Soldat* ou Bernard l'Ermite.

CÉCILE. — Ah ! oui, c'est vrai, je m'en souviens aussi.

M. DERVILLE. — Et moi, je ne l'ai point oublié, mes enfants.

» Les ermites, soldats ou pagures, sont de singuliers animaux qui , comme le pinnothère, petit crustacé commensal de la pinne-marine, vous vous en souvenez, ont mérité le surnom de *parasites*, lequel n'a pas besoin de commentaires , je pense, pour être compris.

MADAME DERVILLE. — Non, assurément. On sait de reste que les parasites sont des gens qui vivent aux dépens d'autrui. Mais je n'aurais jamais cru qu'il s'en trouvât parmi les animaux.

M. DERVILLE, *en riant*. — Je pourrais cependant t'en citer une foule que nous nourrissons journellement bon gré mal gré.

CÉCILE. —' Ah! je devine !

M. DERVILLE. — Il se trouve même des plantes parasites , telles, par exemple, que le lierre, la cuscute de la vigne.

CÉCILE. — Ah ! oui! il en est question dans les Contes aux jeunes agronomes.

M. DERVILLE. — Ces parasites-là vivent réellement aux dépens de l'être animé ou de la plante auxquels ils s'attachent, tandis que le pinnothère se contente de demander le logement aux pinnes-marines, et le soldat ou l'ermite de s'emparer des coquilles de mollusques qu'il trouve vides.

» Les ermites ne sont revêtus, qu'à la partie antérieure du corps, de cette croûte dure qui distingue particulièrement les crustacés ; la partie inférieure est nue et recouverte seulement d'une peau délicate et assez fine. J'ignore pourquoi l'on a donné le surnom de *soldat* à ce crustacé doué d'un naturel paisible et qui ne livre bataille que pour défendre la coquille vide dont il s'est emparé, ou pour enlever à un camarade celle que tous deux convoitent en même temps. Jamais il n'attaque le mollusque pour l'obliger de lui céder la place. Un ermite en quête d'une maison, est fort curieux à observer. C'est à reculons qu'il entre tour-à-tour dans les coquilles apportées sur le sable par les flots de la mer, et il recommence ce manége, jusqu'à ce qu'il ait trouvé celle qui lui convient. A mesure qu'il grandit, il est obligé de chercher un nouveau logement ; il le choisit assez *spacieux* pour qu'il lui soit possible de s'y enfoncer tout entier en cas d'alarme. A-t-il trouvé ce qu'il lui faut, il fait gaiement trois ou quatre cabrioles sur le rivage.

Cécile. — Les drôles de petites bêtes !

Amédée. — Non, certainement, Bernard l'Ermite ne mérite pas le surnom de soldat, car il n'est point brave du tout.

M. Derville. — Il est au contraire fort timide, et quand on le prend, il fait entendre un petit cri en se cramponnant si bien à *son logement*, qu'il n'est pas possible de l'en arracher.

Amédée. — Mon père, il ne va pas à l'eau n'est-ce pas?

M. Derville. — Il y a plusieurs espèces d'ermites. Ceux qui se logent dans les coquilles vides des mollusques testacés, vivent assez ordinairement sur le sable du rivage, où ils marchent en bande, et en cabriolant; les autres se retirent dans les trous des rochers cachés sous l'eau. Ceux-là sont pêchés en grand nombre par les sauvages de l'Amérique du sud, qui les enfilent et les exposent au soleil pour en faire fondre la graisse. Ainsi convertie en une espèce d'huile, cette graisse est regardée comme miraculeuse pour la guérison des rhumatismes.

Cécile. — Mon père, est-il joli l'ermite qui se loge dans les coquilles?

M. Derville. — Il ressemble beaucoup, par sa partie antérieure, à la langouste, il a, comme elle, cinq paires de pattes de couleur violette ou rose, dont la première est munie de pinces ou tenailles; il sait s'en servir pour la défense ou pour l'attaque, et aussi pour saisir les insectes et les petits poissons qui font sa nourriture.

Amédée. — Mon père, je vais faire une remarque bien hardie peut-être, car enfin je ne sais rien encore; mais il me semble qu'on aurait dû placer les crustacés ailleurs que parmi les annélides; avec les insectes, par exemple. Il y a une foule d'insectes qui ont, comme les crustacés, une enveloppe très-dure, et les insectes sont tout aussi bien des animaux articulés que les crustacés.

M. Derville. — Ta remarque tombera d'elle-même, mon fils, lorsque tu sauras que la respiration des insectes ne ressemble pas du tout à celle des crustacés. Ceux-ci sont munis de branchies; ils ont, pour la circulation, un cœur, des veines, des artères; choses qui manquent aux insectes. Vous savez tous les deux que la forme extérieure n'est point ce que les naturalistes considèrent d'abord; ils tiennent compte avant tout de l'organisation, et particulièrement de ceux des organes qui entretiennent la vie. J'ajouterai que chez les insectes, le nombre des pattes est toujours inférieur à celui observé chez les crustacés; enfin la peau des crustacés tient le milieu entre la dureté de la coquille des mollusques testacés, et l'enveloppe membraneuse des vers et des chenilles etc. : aussi les Grecs avaient-ils donné aux crustacés le nom de *coquille molle*, MALACOSTRACÉS. Voilà, je crois, assez de *différences*, pour *justifier* les naturalistes d'avoir placé les crustacés non point *parmi* les annélides, ou animaux articulés, mais à leur suite et comme l'anneau intermédiaire entre ceux-ci et les insectes. Après avoir établi les différences, je peux vous dire un mot des ressemblances; ce qui viendra fort à propos, puisqu'incessamment nous nous occuperons des insectes. Ainsi, par exemple, le corps des insectes et des crustacés, des crustacés et des insectes, se divise en quatre parties distinctes : la tête, le thorax ou la poitrine, l'abdomen, ou le ventre, ou la queue et enfin les membres. Quoiqu'il arrive souvent que la tête et le thorax soudés ensemble paraissent ne faire qu'un, on distingue toujours la première par la présence des antennes et des yeux; d'autres fois, ce sont le thorax et l'abdomen qui sont comme soudés; la partie supérieure fait alors une seule pièce appelée *carapace* chez les crustacés; ainsi les crabes, les écrevisses, etc.

» Quant à la division en trois ordres des crustacés, elle repose sur des caractères bien tranchés dont les plus remarquables sont le plus ou moins de dureté du test; des yeux supportés sur un pédoncule, comme chez les écrevisses et les crabes, ou des yeux *sessiles* placés à fleur de tête, comme chez les salicoques ou crevettes, ou bien un seul œil comme chez les monocles.

CÉCILE. — Comment, il y a des animaux qui n'ont qu'un seul œil?

MADAME DERVILLE. — Ce qui prouve que la fable du géant Polyphème a pour fondement une vérité.

M. DERVILLE. — Avec cette différence, ma chère amie, qu'il ne s'agit point de *géant*, car les monocles sont des animaux microscopiques.

» Nous nous arrêterons ici pour ce soir, mes enfants, en remarquant avec votre mère que les fables ont *toujours* pour fondement l'observation de quelques-uns des phénomènes de la nature. L'homme les modifie, les altère ou les amplifie au gré de son imagination et de son ignorance; mais, tôt ou tard, le savoir rétablit les faits, les proportions, et le *géant* qui faisait peur, n'est plus que le plus invisible de tous les pygmées! »

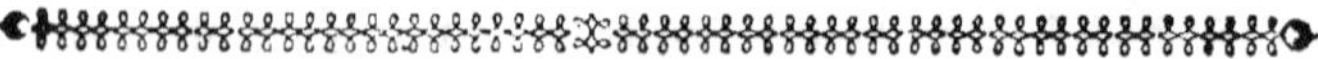

CHAPITRE V.

Les arachnides. — Les aranéides. — Les pulmonaires. — Les trachéennes. — Les fileuses. — Les filières.

Le lendemain soir, Cécile se hâta de dire, avant même que M. Derville eût eu le temps de faire une seule des questions auxquelles elle s'attendait, que la troisième classe des animaux articulés est celle des araignées.

— « Quoique ce soient de vilaines bêtes que je n'aime pas du tout, ajouta-t-elle aussitôt, j'écouterai cependant bien volontiers leur histoire, si tu veux nous la raconter, mon petit père.

— Mais, dit Amédée, il ne faut pas que mon père te demande de les observer par toi-même !

M. Derville. — Pourquoi donc pas ? Cécile a prouvé qu'elle sait vaincre ses répugnances. Elle a *touché* des escargots, et elle les a *examinés de près*. J'ai même entendu dire qu'elle a recueilli ce matin un ver de terre coupé en deux par la bêche du jardinier, afin de le voir *repousser*. Il n'y a pas bien long-temps encore, Cécile aurait assuré que *jamais* elle n'en pourrait *faire autant*.

Cécile. — C'est bien vrai ! Mais les araignées !... Oh ! les araignées ! c'est qu'elles sont dangereuses et venimeuses !

M. Derville. — *Toutes* ne le sont pas.

Amédée. — Mais la tarentule, mon père?

M. Derville. — La tarentule ou lycose n'est pas aussi redoutable que le prétendent les *bonnes femmes*. Si l'imagination des *blessés* ne faisait pas des frais auxquels ajoute l'imagination des assistants ou de l'entourage, le mal se réduirait à peu de chose. Quant à l'araignée domestique et à celles des jardins, elles ne sont ni dangereuses ni venimeuses, et j'engage Cécile à observer les araignées grandes et petites qui travaillent journellement autour de nous, sans que nous prenions garde à leurs travaux : ils méritent cependant de fixer nos regards.

Cécile. — Comment, ces vilaines toiles noires qui pendent devant la fenêtre du bûcher, sont curieuses à regarder ?

M. Derville. — Oui, ma fille ; et il est tout aussi curieux de *voir* la tégénaire ou araignée domestique les filer. Pour ceci, je ne le décrirai point, parce que Cécile pourra, dès qu'elle le voudra, mais à la condition de s'armer de patience, assister à des travaux de tous les instants, pour ainsi dire. Quant à la fabrication du nid, je veux bien vous raconter de quelle manière s'y prend la tégénaire.

Cécile. — Ah! les araignées font des nids ! Alors elles sont ovipares. A propos, mon père, j'ai oublié de te demander hier si les crustacés sont ovipares ou vivipares.

M. Derville. — Tu as mangé des écrevisses, des crevettes...

Cécile. — Ah! c'est vrai; ce sont des ovipares et qui pondent des milliers d'œufs; mais les femelles les emportent donc avec elles ?

M. Derville. — Les écrevisses et les crevettes

le prouvent ; elles sont munies d'une poche sous la queue dans laquelle les œufs restent ; et c'est là qu'ils éclosent.

AMÉDÉE. — Alors, mon père, si quelqu'un voyait sortir les petits à ce moment-là, on pourrait croire que ces crustacés sont, comme les serpents, ovovivipares ?

M. DERVILLE. — Un examen un peu sévère conduirait l'observateur à reconnaître que l'apparence le trompe ; car les œufs enfermés dans cette poche ont subi une sorte d'incubation, tandis que le serpent ne couve les siens d'aucune manière. Quant aux autres espèces de crustacés, la plupart pondent dans l'eau ; et c'est là que les œufs éclosent.

« Mais revenons aux araignées.

« La tégénaire domestique, après avoir établi *ses quartiers*, c'est-à-dire après avoir filé en draperie une toile et même deux à chaque angle d'un carreau de vitre ou d'une fenêtre, car elle est assez active pour veiller sur deux piéges à la fois, commence, lorsqu'elle se sent prête à pondre, à se retirer chaque soir à quelque distance de la toile et à filer une espèce de bourse de fil brun de la grosseur d'un noyau de cerise, ou à peu près : elle suspend cette bourse par quelques fils au plafond, puis elle file autour une seconde bourse en forme de besace. Ceci fait, elle détruit la première bourse, c'est-à-dire qu'elle la déchire, la réduit en une espèce de bourre dont elle se sert pour couvrir le fond de la besace ; dans celle-ci, elle entasse de petits platras, de la terre, des débris de coquilles d'escargots, enfin tout ce qu'elle peut imaginer pour donner de la pesanteur à ce sac, à cette poche ainsi suspendue en l'air et exposée à être ballottée par tous les vents; d'autres fils habilement attachés tout autour et au plafond achèvent de consolider ce nid, destiné à recevoir le cocon qui sert d'enveloppe aux œufs. La tégénaire, aussi habile architecte qu'infatigable fileuse, s'arrange de manière à ce que le cocon suspendu dans l'intérieur du nid, n'en touche point le fond; mais il s'y trouve attaché par quelques fils; enfin, une toile légère ferme l'ouverture du nid, et c'est là que se tient l'araignée jusqu'au moment où les petits seront éclos. Ceux-ci, dix jours après leur naissance, sont en état de se filer des toiles presqu'invisibles dans lesquelles viennent se prendre des moucherons de même presqu'invisibles, et alors la tégénaire retourne à sa demeure habituelle.

CÉCILE. — Oh! tu as raison, mon petit père, il faudra que je *voie* tout cela!

M. DERVILLE. — Arme-toi de patience, mon enfant! car ces opérations diverses exigent beaucoup de temps; la tégénaire travaille plusieurs jours, c'est-à-dire plusieurs soirs et plusieurs nuits de suite; ce n'est qu'avec de la persévérance et en suivant les travaux de quelques-unes d'entre elles à la fois, qu'on peut réussir à *tout voir*.

AMÉDÉE. — J'ai plus de patience que Cécile, et si je n'allais pas au collége tous les jours... Au reste, puisque c'est surtout le soir que les tégénaires travaillent, je pourrai du moins les observer dans une partie de leurs travaux.

MADAME DERVILLE. — Je prévois que, pendant tout le temps que dureront les observations, une protection *puissante* préservera les araignées du plumeau et du houssoir de Marguerite.

M. Derville. — Je compte même, ma chère amie, que cette protection *puissante* dont tu parles, sera la tienne. Mais, en attendant, Amédée et sa sœur, s'ils veulent se procurer des nids d'araignées plus curieux encore peut-être, n'ont qu'à chercher dans les lieux humides où se trouvent des pierres entassées; là, ils découvriront aisément plus d'un cocon d'une éclatante blancheur; ce sont des nids de tégénaires *agrestes*. Sous cette première enveloppe très-mince, mais fortement tissue, il y a une couche assez épaisse formée de terre, de sable, des débris des insectes que l'araignée a dévorés ; elle est parvenue à unir entre eux ces débris par des fils à peine visibles: sous cette couche, est un second cocon d'un beau jaune orangé et d'un tissu serré; dans ce second cocon, une bourre lâche et moelleuse contient les œufs.

Madame Derville. — Est-il possible ! quatre enveloppes pour préserver les œufs de tous les dangers !

Cécile. — Comment, maman? mais je ne compte que deux enveloppes ?

Amédée. — D'abord la toile blanche du dessus; ensuite la couche de sable et de terre; après, le cocon jaune, et enfin la bourre...

Cécile. — Ah ! oui, c'est juste. Mais, mon père, pour la tégénaire agreste, il n'est pas possible de la voir travailler ?

M. Derville. — Rien n'est *impossible* à *qui sait vouloir*. Faites comme M. Léon Dufour, si infatigable dans ses recherches relatives à l'histoire naturelle. Mettez-vous en *quête* dans les lieux où vous savez maintenant qu'on peut trouver la tégénaire agreste; il vous arrivera quelque jour, comme à lui, d'en découvrir une au moment où elle sera occupée à couvrir de terre son cocon d'un si beau jaune ; enlevez le tout avec précaution, apportez votre *trésor* à la maison, la pierre comprise, surtout si elle n'est pas trop grosse, et placez l'araignée et la pierre sous une cloche à fromage ou à melon, suivant l'espace que la pierre peut occuper, en ayant soin de donner à la travailleuse de la terre humide. Alors vous la verrez continuer ses opérations.

Amédée. — Cela ne lui fait donc rien d'être ainsi transportée d'un lieu à un autre ?

M. Derville. — Apparemment, puisque M. Léon Dufour a pu voir celle qu'il avait apportée du bois de Boulogne travailler avec une ardeur infatigable à lier la terre par des fils et à l'attacher sur son cocon, autour duquel elle l'étalait, elle l'arrondissait, en l'y retenant fortement appliquée au moyen d'autres fils croisés par-dessus. Le soir, l'araignée commença à filer la dernière enveloppe; le lendemain matin, le cocon jaune, couvert de terre, avait disparu sous cette toile d'un beau blanc. Mais, probablement, quoique l'araignée eût travaillé sans se laisser un moment distraire de sa besogne, elle comprenait qu'elle se trouvait dans une position tout-à-fait nouvelle et qui pouvait mettre en danger sa postérité; car elle imagina de fabriquer encore une petite toile blanche pareille à celle qui attachait déjà le cocon à la pierre, afin de l'attacher également à la terre que M. Dufour lui avait donnée.

Amédée. — Ah! par exemple, cela s'appelle *penser*, j'espère !

Madame Derville. — On dit pourtant que les animaux ne *pensent* pas.

I.   22

M. Derville. — Une foule d'observations conduisent à présumer qu'il se passe, dans leur intelligence, beaucoup plus de choses que nous ne croyons ; ces *choses* ont pour résultat d'amener , dans la direction qu'ils donnent à leurs travaux, ou dans les changements qu'ils apportent à leurs habitudes bien établies et bien connues, des combinaisons fort remarquables et auxquelles l'orgueil de l'homme accorderait le nom de *pensées*, s'il pouvait se corriger de la fantaisie de n'avouer pour vrai ou seulement pour *possible*, que ce qu'il croit être en état d'expliquer.

Amédée. — Mais, mon père, ceci s'explique de soi-même, il me semble ?

M. Derville. —Mon enfant, l'enthousiasme est presqu'aussi redoutable que l'orgueil qui porte à tout mettre en doute ; l'un et l'autre nous aveuglent également , et l'on ne peut établir avec certitude, d'après un seul fait , ce qui est en discussion depuis que le monde existe. C'est la multiplicité des faits semblables, ou à peu près, et ayant lieu dans des circonstances différentes, qui seule doit servir de fondement à une opinion aussi *extraordinaire* pour une foule de gens , que l'exercice de la *pensée* chez les animaux.

Cécile. — Mon père, que devint l'araignée de M. Dufour, je te prie ?

M. Derville. — Elle continua d'ajouter de nouvelles *fortifications* à la première ; puis elle se fabriqua une *tente* où elle se retirait au moindre bruit ; le trente-troisième jour de sa captivité , elle mourut.

Madame Derville. — J'avoue qu'avant d'entendre quelques détails sur les diverses manières de fabriquer soit les nids , soit les toiles par les différen-

tes espèces d'araignées, je ne serais pas fâchée d'en
avoir sur l'organisation physique des araignées mêmes ; qu'en dis-tu, mon ami ? et vous, mes enfants,
n'éprouvez-vous aucune curiosité à ce sujet ?

CÉCILE. — Ah ! c'est vrai ! je n'y pensais pas, et
pourtant je serais bien aise de savoir comment elles
s'y prennent pour filer.

AMÉDÉE. — Moi je voudrais avoir quelques détails
sur leur organisation intérieure ; car l'autre jour j'ai
entendu dire à l'un des *grands* qui étudie l'histoire
naturelle, que les araignées ne respirent pas toutes
par des poumons ; alors il faut qu'elles aient des
branchies, ce que je ne comprends pas, puisqu'elles
ne vivent point dans l'eau. Laveau a bien dit un autre mot ; mais je ne m'en souviens pas.

M. DERVILLE. — Ce *mot* était probablement celui de trachée.

AMÉDÉE. — Oui, oui, mon père, c'est cela ! et il
a donné des explications auxquelles je n'ai rien compris du tout.

M. DERVILLE. — Nous allons tâcher de comprendre, et de faire connaissance avec un système
de circulation tout nouveau, et bien curieux, car il
ne s'agit plus de celle du sang, mais de la circulation
de l'air dans tous les organes de l'animal. Mais d'a-
bord, entendons-nous bien sur les deux mots arachnides et sur celui d'aranéide. Le premier signifie *sem-*
blable aux araignées ; le second appartient aux araignées proprement dites, aux fileuses. Ce n'est pas
leur qualité de fileuses qui a valu aux aranéides ou
araignées l'honneur de former le premier ordre des
arachnides, car la tarentule et le scorpion, qui font
partie de cet ordre, ne *filent pas ;* c'est leur appareil

respiratoire. Cet appareil consiste dans une espèce de poumon où le sang vient subir l'utile influence de l'air atmosphérique ; de là , il retourne au cœur pour être lancé dans tout le corps de l'animal ; système de circulation double que nous connaissons déjà, et qui fait désigner le premier ordre des arachnides par le surnom de *pulmonaires*.

» Le second ordre se compose des trachéennes ; celle-ci respirent par des ouvertures appelées *stigmates*, placées sur les côtés de l'abdomen. Ces stigmates correspondent à des trachées , ou conduits, vaisseaux à air qui se ramifient à l'infini , comme se ramifient les veines , les artères , et qui font circuler l'air dans toutes les parties de l'animal ; figurez-vous une grosse branche, d'où partent des branches plus petites, puis, d'autres plus petites encore, dans toutes les directions, et se subdivisant , se ramifiant au-delà de ce que votre imagination peut se représenter.

Amédée. — Mais , le sang, mon père ?

M. Derville. — Le sang n'a pas besoin de circuler puisque l'air destiné à le vivifier va partout le trouver , le baigner , pour ainsi dire.

» Les trachéennes n'ont donc pas de veines qui apportent au cœur le sang épuisé par l'effet de la nutrition, ni d'artères qui portent partout le sang revivifié , ni enfin de cœur ; aussi n'ont-elles rien de tout cela. Jamais rien d'*inutile,* mes enfants, dans les œuvres du Créateur !

Cécile.— Ainsi il y a des animaux qui n'ont pas de cœur !

Amédée. — A quoi leur servirait-il , puisqu'il n'y a rien à lancer dans les poumons... il n'y en a pas, ni dans les artères... il n'y en a pas davantage... **Oui,** c'est bien curieux, bien extrarodinaire tout cela !

Cécile.—Mon père, je voudrais bien savoir quelles sont les araignées pulmonaires et les araignées trachéennes, afin de les reconnaître à la première vue, et sans être obligée... de.... de les ouvrir.

M. Derville, *en riant.* — Tu *les ouvrirais*, mon enfant, que tu ne parviendrais pas aisément à *débrouiller* le chaos de l'organisation des pulmonaires et des trachéennes; il faut, pour cela, des yeux exercés *à voir.*

« L'ordre des pulmonaires est le plus nombreux : il renferme les aranéïdes, ou fileuses, telles que les tégénaires agrestes et domestiques, les mygales, qui forment un genre si curieux et si remarquable ; les araignées sédentaires, ainsi nommées parce qu'elles construisent des toiles où elles demeurent à poste fixe ; les argyronètes, qui vivent au fond de l'eau bien qu'elles ne puissent respirer que de l'air; le genre lycose si nombreux ou araignées loup, ainsi nommées à cause de leur agilité à la chasse, de leur férocité et de leur vie vagabonde ; enfin les *arachnides* désignées par les noms de tarentules et de scorpions.

» Le second ordre, celui des trachéennes, ne renferme que le faucheur, reconnaissable à ses longues pattes, à son corps souvent très-petit ; et enfin les acarides ou mites, presqu'invisibles à l'œil nu.

Madame Derville. —Et l'on a pu s'assurer que ces animaux presque invisibles respirent par des stigmates, qu'ils ont des trachées?

M. Derville.—Oui, ma chère amie. On ne peut pas dire qu'avec le secours du microscope il n'est aucune des merveilles du monde *invisible* à l'œil où l'homme ne puisse pénétrer; mais il en est du

moins un nombre incalculable que les verres gros-
sissants livrent à son avide curiosité.

CÉCILE.—Ainsi, toutes les araignées, le faucheur
excepté, sont des pulmonaires? Ce n'est pas difficile
à reconnaître et à retenir.

M. DERVILLE. — Venons maintenant aux filières
des aranéïdes. Mais d'abord, mes enfants, avez-vous
remarqué que le corps de l'araignée présente deux
parties bien distinctes?

— Oui, mon père, s'écrièrent ensemble les deux
enfants. Mais non pas le faucheur, ajouta Amédée.
Il est tout rond comme un pois; je le sais bien, j'en
ai tant vus!

M. DERVILLE. — Le faucheur en effet n'offre
qu'une masse globuleuse; mais il n'en a pas moins
une tête et un thorax réunis à l'abdomen, de sorte
qu'il se compose, comme les pulmonaires, de deux
parties *distinctes*, et, réellement, de trois parties toujours, ainsi que je vous l'ai fait observer tout d'a-
bord. Nous verrons bientôt que, chez les insectes, le
thorax, appelé *corselet*, renferme, comme la capacité
de la poitrine chez les autres animaux, les organes
respiratoires; il n'en est pas de même chez l'araignée; ces organes, qu'ils soient des poches pulmonaires ou poches à air, ou des trachées, sont contenus
dans le sac appelé abdomen, et c'est sur les côtés
de l'abdomen que s'ouvrent les stigmates; l'abdomen
contient en outre les organes de la digestion et les
vaisseaux sécréteurs de la soie. Ces vaisseaux sont
ordinairement au nombre de six; ils aboutissent à
des mamelons, surnommés *filières*, qui se trouvent
placés à l'extrémité de l'abdomen. Quelques naturalistes assurent que chaque mamelon est percé de

mille ouvertures, ce qui donne mille brins de soie pour la formation d'un fil, et six mille brins pour six fils, filés à la fois.

CÉCILE. — Ah ! mon Dieu !

MADAME DERVILLE. — Et nous nous récrions sur la finesse de notre fil à dentelle *en trois !* chaque brin est un véritable cable comparé au fil *en mille* de l'araignée.

M. DERVILLE. — La liqueur contenue dans les vaisseaux des filières a la propriété de sécher et de durcir dès qu'elle arrive à l'air; chez quelques araignées, cependant, le fil demeure gluant, et il suffit que le moucheron l'effleure en passant pour se trouver pris.

CÉCILE. — Mon père, c'est avec leurs pattes qu'elles tordent ensemble tous ces brins, n'est-ce pas?

M. DERVILLE. — Saisis la première occasion qui se présentera de regarder une araignée filer, et ce sera toi qui m'expliqueras de quelle manière elles opèrent.

AMÉDÉE. — Une araignée qui file n'est pas chose rare. J'en ai vu descendre tout à coup du plafond, ou des branches, des buissons, et je me rappelle qu'elles venaient vers la terre la tête en bas..... Oui, oui, elles se servent de leurs pattes, surtout quand elles ne descendent pas trop vite, pour rapprocher les *mille* brins qui composent chaque fil; mais, mon père, lorsque toutes les filières travaillent à la fois, comment font les araignées?

M. DERVILLE. — L'araignée connait trop bien la valeur de cette liqueur précieuse qui sort de ses filières, pour la prodiguer sans nécessité. Il est probable qu'elle se sert de chaque filière, tour-à-tour, pour former sa toile d'abord, et, plus tard, son nid et son cocon, ou bien seulement son cocon; car, il en est qui ne se filent point de toile.

AMÉDÉE. — Mon père, cette liqueur doit se renouveler comme se renouvelle, pour les mollusques testacés, celle qui leur sert à faire leur coquille, et pour les crustacés à refaire leur peau?

M. DERVILLE. — Passé un certain âge, les cheveux ne repoussent plus sur la tête de l'homme, la fourrure sur le corps des quadrupèdes, le plumage sur les oiseaux, parce que les sources qui les produisaient se sont desséchées peu à peu et ont fini par se tarir entièrement; il en est de même, mon fils, pour le mollusque testacé, pour le crustacé, et pour l'araignée. Il est probable que le mollusque qui a été dépouillé, par quelqu'accident, de sa coquille à peine commencée, meurt sans en avoir pu faire une autre bien parfaite; que le crustacé, obligé de réparer trop fréquemment, soit son enveloppe endommagée, soit ses membres perdus, arrachés, trouve aussi ses sources taries; ceci n'est qu'une *conjecture,* parce que, jusqu'à présent, il n'a guère été possible de faire des observations bien suivies au sujet de ces animaux encore peu connus; mais il est certain que la chenille, qui file aussi pour se transformer en chrysalide, ou simplement pour changer de peau, meurt sans avoir pu se transformer, si un hasard malheureux casse ou éparpille les fils qu'elle a préparés pour se lier, avant son changement en chrysalide, parce qu'elle n'a plus de matière pour en filer d'autres; et il est également prouvé que chaque araignée fileuse n'a reçu en partage que la quantité de matière à soie pour faire six à sept toiles dans sa vie; s'il lui en faut davantage, parce qu'on a détruit plusieurs fois son ouvrage, elle **est** réduite à mourir de **faim, ou** bien à voler une toile à quelque voisine.

AMÉDÉE. — Comment? elles se volent entre elles?

CÉCILE. — Je dirai à Marguerite que lorsqu'elle ôtera les toiles d'araignées, elle tâche de tuer toujours l'araignée, afin que la pauvre bête ne soit pas exposée à mourir de faim.

AMÉDÉE. — Voilà un joli moyen de l'en préserver! Mais, ma sœur, le remède est pire que le mal!

MADAME DERVILLE. — Je ne suis pas de ton avis, mon fils. Ne vaut-il pas mieux finir à l'instant toutes les misères d'un animal auquel on vient d'enlever peut-être ses derniers moyens d'existence?

AMÉDÉE. — Mais puisqu'elle peut voler une autre toile?

M. DERVILLE. Comment, Amédée, c'est toi qui trouves tout simple que le plus fort dépouille le plus faible? Car tu penses bien que l'araignée, *obligée* de recourir au *vol* pour se procurer le piége qu'elle ne peut plus fabriquer elle-même, et sans lequel il ne lui est pas possible, à elle qui est une fileuse, de prendre les insectes ailés dont elle se nourrit, tu penses bien, dis-je, qu'elle ne s'attaque qu'à un ennemi facile à vaincre. Presque toujours les jeunes araignées deviennent, dans ce cas, les victimes des vieilles qui les dévorent. »

Un peu embarrassé, Amédée baissa la tête sans répondre.

MADAME DERVILLE. — Bien des accidents doivent priver l'araignée de la toile qu'elle a filée, si l'on en juge par la quantité de flocons et de longs fils qui volent dans l'air, surtout pendant l'automne, et que l'on connaît dans les villages sous le nom de *fils de la bonne Vierge*.

M. Derville. Ma chère amie, ces longs fils et ces flocons dont tu parles, ne sont point *des débris* de toiles déjà *formées*, comme tu parais le penser. La première fois que nous en trouverons dans quelqu'une de nos promenades, nous tâcherons de nous en saisir, et nous apercevrons, à l'un des bouts, de petites araignées occupées à les filer et à les allonger encore.

Cécile. — Ah ! je me souviens d'en avoir vu une fois. Ils sont d'un beau blanc et brillants comme de l'argent.

Madame Derville. — Pourquoi donc, mon ami, ces petites araignées filent-elles ainsi en l'air et comme en voyageant ?

M. Derville. — Il est probable que le vent les enlève du lieu où elles ont commencé à s'établir ; il les portera dans quelque autre endroit ; ou bien, une branche d'arbre les arrêtant au passage, elles se trouveront fixées d'autant plus solidement, que le flocon sera plus épais et le fil plus long.

Madame Derville. — Il faut le reconnaître ; aucun des êtres animés n'a été privé de la faculté de combiner ensemble quelques idées, et, par conséquent, tous possèdent l'usage de la pensée plus ou moins limité suivant le besoin et l'espèce.

— Oui, ma chère amie, reprit M. Derville, suivant le besoin et l'espèce ; et ici, comme partout, se montre la sagesse divine qui a mis des bornes à tout, même à l'intelligence humaine. Cette intelligence veut-elle les dépasser, le mot célèbre de Montaigne : *De l'extrême sapience à l'extrême folie, il*

n'y a qu'un *tour de cheville à donner*, se vérifie.
L'homme le plus savant et le plus sage est donc celui
qui reconnaît qu'il ne sait pas tout et qu'il ne peut
pas tout savoir ! »

CHAPITRE VI.

La tarentule. — La mygale maçonne. — L'uroctée à cinq taches. —
La lycose narbonnaise. — La thomise. — L'épeire diadème. —
L'argyronète.— Le faucheur. —Le scorpion. — Les acarides.—
Les myriapodes. — La scolopendre.

— « Mon petit père, dit Cécile après un moment de silence, j'ai bien des choses à te demander. D'abord, comment les araignées font-elles pour mordre? Elles ont donc des dents? Ensuite Marguerite m'a dit qu'elles ont des yeux tout autour du corps; c'est ce qui fait qu'on ne peut jamais les prendre.

M. Derville. — Les pulmonaires ont de six à huit yeux lisses placés à l'extrémité du thorax si étroitement uni à la tête qu'on ne peut l'en distinguer ; les trachéennes n'en ont que quatre.

Amédée. — Qu'est-ce que c'est donc, mon père, je te prie, que des yeux lisses?

M. Derville. — Ce sont des yeux immobiles, très-brillants, et qui diffèrent de tout point des yeux à réseaux dont nous parlerons quand nous nous occuperons des insectes. Les araignées n'ont point de dents; elles sucent plutôt qu'elles ne *croquent* leur gibier ; mais, chez la plupart, la bouche est armée d'une paire de *mandibules*, ou espèces de tenailles, de pinces munies de crochets mobiles ; ceux-ci sont percés d'un canal par lequel s'écoule le venin dans la plaie que le crochet vient de faire.

Cécile. — Ainsi elles sont armées absolument comme le serpent, et elles ont aussi du poison?

M. Derville. — Non-seulement elles ne sont pas *armées absolument comme le serpent*, si j'ai bonne mémoire de la manière dont les crochets venimeux sont placés chez ce reptile, mais le poison qu'elles versent dant la plaie, suffisant pour engourdir les insectes ailés ou sans ailes dont les araignées font leur proie, est tellement faible, qu'il ne peut nuire à l'homme.

Amédée. — Mais, mon père, la tarentule cependant, dont le venin, au lieu d'engourdir, donne comme des rages de danser....

M. Derville. — Vieux préjugés, mon fils. Si la danse, animée par la musique, guérit *seule*, comme on l'assure, de la morsure de la tarentule, c'est qu'elle procure un exercice et une transpiration salutaires, au moral autant qu'au physique. Nous avons en Provence, au village de Paderno, des tarentules; elles fuient l'homme avec plus de soin et d'épouvante encore que l'homme ne les fuit lui-même; retirées dans le trou perpendiculaire qu'elles se creusent dans la terre à la profondeur d'un pied, elles n'offrent rien de remarquable par leurs mœurs et leur industrie, tandis que la mygale, la mygale pionnière surtout, mérite d'attirer les regards de l'observateur. M. Victor Audouin a publié des observations bien curieuses sur l'instinct et sur les travaux de la mygale pionnière. Non contente de se creuser, souvent à la profondeur de deux pieds, une galerie souterraine sur le penchant d'un chemin aride et dépouillé de toute verdure, et de tapisser sa demeure d'une sorte d'étoffe soyeuse, aussi brillante que du satin, elle fabrique, avec de la terre mêlée de soie, une porte si admirablement construite, que le meilleur géomètre ne parviendrait pas à prendre mieux ses mesures pour arriver à clore hermétiquement une ouverture parfaitement ronde. Rien ne manque à cette porte; ni les gonds, ni la feuillure, ni même le verrou.

Cécile. — Comment! il y a un verrou et des gonds?

M. Derville. — Ces gonds ne sont autre chose qu'une charnière de soie à la fois élastique, solide et fortement tendue, de manière à ce que la porte, ouverte du dedans, se referme d'elle-même sans qu'il soit besoin de la pousser. Quant au verrou, il est bien simple, mais ingénieux. A l'extérieur, la porte est recouverte de terre, de cailloux si bien réunis et si bien choisis qu'il est impossible de reconnaitre que là se trouve un nid de mygale; rien ne trahit l'ouverture faite au terrain; à l'intérieur, au contraire, une toile très-unie et très-blanche tapisse la porte; elle a beaucoup plus de consistance que l'étoffe soyeuse employée pour couvrir les parois de ces galeries où règne la plus grande propreté. Une rangée de petits trous a été ménagée en nombre déterminé; dans ces trous, la mygale enfonce les crochets et les épines cornées dont ses mâchoires sont munies, en même temps qu'elle se cramponne par les pattes aux parois de sa demeure, et voilà les verroux fermés.

Madame Derville. — Quel instinct!

Amédée. — Mais, mon père, l'araignée a beau être grosse, un homme peut bien venir à bout d'ouvrir la porte, même quand elle a mis les verroux?

M. Derville. — Sans doute, mon fils; mais cette fermeture suffit contre les ennemis *ordinaires* de la mygale.

Madame Derville. — D'après ce que tu viens de nous dire, mon ami, des travaux et des *verroux* de la mygale maçonne, je devine qu'elle a des mâchoires et des mandibules autrement construites que celles de l'araignée ordinaire. Il me semble en avoir vu une *en peinture*; elle m'a paru être fort grosse et très-velue. On l'avait représentée saisissant au cou un colibri.

M. Derville. — La mygale maçonne d'Europe est bien de la famille des mygales; mais elle est plus petite que la *mygale crabe* de nos colonies, et elle se contente, pour tout gibier, des insectes qu'elle peut prendre en tendant, autour de sa demeure et sur la terre, de petites toiles pour lesquelles elle ne prodigue pas la soie.

Cécile. — Je le crois bien; il lui en faut tant pour tapisser sa maison!

M. Derville. — Une autre aranéide, l'uroctée à cinq taches, est bien plus recherchée encore dans la *composition* de sa demeure toute de soie. C'est une espèce de tente, formée d'une étoffe aussi serrée et aussi solide que le taffetas, qui est solidement retenue au moyen de faisceaux de fil s'attachant par sept ou huit endroits à la surface inférieure d'une grosse pierre ou entre les fentes des rochers. Les bords restent libres et plus ou moins flottants. Cette première toile est couverte d'une seconde de même espèce, et l'uroctée se tient entre les deux doubles, auxquels elle en ajoute un troisième à sa première mue, un quatrième à la seconde mue. Vers l'époque de la ponte, qui a lieu en janvier, l'uroctée commence à préparer une demeure séparée pour sa progéniture. Elle couvre d'un duvet moelleux la partie inférieure de la première toile ou enveloppe qui repose immédiatement à terre ; puis elle file des poches ou sachets pour renfermer ses œufs. Ces sachets sont formés d'un taffetas blanc comme la neige ; dans l'intérieur ils contiennent un duvet encore plus fin que celui dont elle a tapissé sa première toile.

Madame Derville. — Que de tendres soins !

M. Derville. — L'amour maternel est ingénieux chez toutes les espèces d'animaux ; mais, dans l'espèce humaine seule, il survit à l'époque où les petits *devenus grands* n'ont plus besoin de sa protection immédiate. Ce qui rend surtout remarquable la tente de l'uroctée, selon ce que nous apprend M. Léon Dufour qui est allé l'observer dans sa terre natale, à Catalogne, c'est que les bords flottants entre les faisceaux de fils qui la retiennent çà et là, sont ici tout-à-fait clos, ailleurs, simplement superposés les uns sur les autres, de sorte que l'uroctée peut passer entre chaque toile à sa volonté et aller, pour ainsi dire sans sortir, d'étage en étage ; et ceci n'a pas été imaginé pour sa seule commodité, mais dans l'intention de rendre sa demeure impénétrable. Elle seule, en effet, possède le secret de la véritable entrée ; elle sait à quel endroit elle peut soulever le bord supérieur de l'une des toiles pour rentrer chez elle à son retour de la chasse, et elle est bien certaine que nulle autre ne pourrait trouver *la porte* de son labyrinthe.

Cécile. — Et les petits, mon père ?

M. Derville. — Dès que les petits, auxquels la

mère apporte de la nourriture, sont en état de suffire
à leurs besoins, ils se dispersent. S'en allant chacun
de leur côté, ils filent à leur tour une tente toute pareille, qu'ils augmentent de même annuellement et
dans laquelle, comme leur mère, ils viendront un
jour mourir : car cette tente est à la fois leur maison
et leur tombeau.

Cécile. — Oh ! que j'aimerais les uroctées !

Amédée. — Mon père, il me semble que tu nous
as nommé les lycoses, mais sans nous en rien dire :
ce doit être intéressant, pourtant, des araignées-
loups !

M. Derville. — Les lycoses sont, en général,
très-voraces, et bien plus rapides à la course que
les araignées sédentaires ; aussi ne se contentent-elles
pas d'attendre paisiblement leur gibier : elles le poursuivent avec acharnement. Celle qu'on trouve très-
fréquemment sur les murs a une marche irrégulière
et saccadée ; elle s'élance d'un bond sur le gibier
qu'elle a aperçu de loin, fuit à la moindre alarme,
se laisse glisser, non moins rapidement, d'une grande
hauteur au moyen d'un fil qu'elle dévide en un instant, ou bien court sur la surface de l'eau sans se
mouiller ; ainsi fait particulièrement l'aranéide surnommée *le corsaire*. Les lycoses emportent leurs
œufs avec elles dans un sac qu'elles suspendent à
la partie inférieure de l'abdomen ; quelques-unes
font monter leurs petits sur leur dos, entre autres la
lycose narbonnaise, désignée par quelques auteurs
sous le nom de *tarentule de Provence*. Cette lycose
est encore une travailleuse dans le genre de celle du
village de Paderno, et de la mygale maçonne ; mais
elle n'est pas timide comme la lycose de Paderno.

Si on la fait sortir par ruse de sa demeure, et qu'on mette le pied sur l'ouverture pour l'empêcher d'y retourner, elle attaque avec fureur l'obstacle qui lui ferme l'entrée de son souterrain; si on lui enlève le cocon où ses œufs sont contenus au nombre de six cents, elle combat jusqu'à la mort pour l'arracher au ravisseur.

Amédée. — Voilà une bête courageuse, à la bonne heure !

M. Derville. — La lycose narbonnaise ne montre pas moins de prévoyance que de courage. A l'époque où ses œufs doivent éclore, elle déchire le cocon qui leur sert d'enveloppe, et c'est alors que ses petits montent sur son dos. Elle les porte partout ainsi jusqu'à la fin de l'automne; alors, elle s'enferme avec eux dans la retraite que s'est ménagée son industrie. Avec de la paille, de l'herbe desséchée et par le moyen de sa soie, elle forme une masse compacte que la pluie ni la neige ne peuvent amollir; puis, elle attache cette masse à l'orifice de son souterrain que, dès ses premiers travaux, elle a entouré d'un bourrelet de soie fortifié de même par de la paille et des brins d'herbe. Au printemps, elle sort, ainsi que sa jeune famille, d'un long engourdissement, et elle rouvre sa demeure qui sert longtemps d'asile à ses petits; car ils sont très-sensibles au moindre vent, aux intempéries d'une saison souvent mauvaise, et contre lesquels ils reviennent chercher l'abri du *toit maternel*.

Madame Derville. — Voilà encore un fait qui prouve que les araignées ne sont pas aussi féroces les unes envers les autres qu'on l'assure.

M. Derville. — Ce fait, ma chère amie, très-soigneusement observé par M. Léon Dufour, prouve seulement que l'amour maternel l'emporte sur le naturel le plus cruel; mais il est trop vrai que les araignées se dévorent l'une l'autre, et cette lycose, si bonne mère, est si mauvaise *épouse*, comme toutes ses consœurs, du reste, que *son mari* se construit une demeure séparée et se gare d'elle avec le plus grand soin.

AMÉDÉE. — Mon père, quand une mouche est prise dans une toile d'araignée, l'araignée ne vient jamais se jeter dessus tout de suite, je l'ai bien remarqué; pourquoi donc attend-elle pour s'emparer de son gibier?

M. DERVILLE. — N'est-il pas de la prudence de donner le temps à la mouche de s'embarrasser si bien les pattes dans les fils, que les plus violents efforts ne puissent la délivrer? Cette précaution est d'autant plus importante, que beaucoup d'araignées sont moins grosses que leur capture.

AMÉDÉE. — J'ai aussi remarqué qu'il y a des araignées qui sucent tout de suite les pauvres mouches pendant que celles-ci se débattent tant qu'elles peuvent; mais il y en a d'autres qui viennent les prendre et les emportent dans leur coin. Il me semble que plus d'une mouche pourrait s'envoler en route.

CÉCILE.—Et le venin que les araignées font couler dans la blessure, tu l'oublies donc! Amédée! Est-ce qu'il n'engourdit pas....

AMÉDÉE. — Oh! j'ai vu des mouches qui n'étaient pas engourdies du tout.

M. DERVILLE. — L'action du venin d'une petite araignée sur une grosse mouche est faible, vous devez le comprendre, mes enfants. Pour y suppléer, très-adroitement et très-promptement, l'araignée enveloppe d'une toile solide, en forme de sac, la grosse mouche qui se débat vainement, l'attache à son derrière et la traîne ainsi à la remorque pour aller la sucer à son aise.

MADAME DERVILLE. — J'ai entendu dire que les araignées peuvent impunément perdre leurs pattes, parce que celles-ci *repoussent*.

M. DERVILLE. — C'est un avantage que cette espèce partage avec les crustacés. De même aussi les araignées changent de peau ; et, comme tout ce qui respire, elles sont sujettes à des maladies dont une surtout afflige particulièrement la tégénaire domestique et la rend hideuse. Tout le corps se couvre d'écailles qui se hérissent et entre lesquelles se loge une espèce de mite. En marchant, l'araignée se secoue et se débarrasse d'une partie de ces écailles et de ces insectes ; mais elle ne tarde pas à mourir, car il est impossible qu'elle s'en délivre entièrement.

CÉCILE. — Pauvre bête!

AMÉDÉE. — Voilà Cécile qui va pleurer sur le sort d'une araignée galeuse !

CÉCILE. — Pleurer, non, mais la pauvre bête doit bien souffrir, et j'ai pitié de tout ce qui souffre.

AMÉDÉE. — Mon père, une chose me revient à l'esprit maintenant. J'ai vu quelquefois des toiles d'araignées placées juste au milieu d'un ruisseau; les longs fils tenaient à des branches d'arbres qui ne se touchaient pas ; je n'ai jamais pu concevoir comment l'araignée était venue à bout de les placer, à moins qu'elles n'aient toutes le talent de passer l'eau soit à la nage, soit autrement.

M. DERVILLE. — L'araignée surnommée le corsaire et la lycose dont je vous ai déjà parlé, sont les seules qui puissent courir sur l'eau sans se mouiller, même les pattes ; de même l'argyronète est la seule qui puisse descendre au fond de l'eau et y filer sa toile sans se noyer.

CÉCILE. — Une araignée qui file sa toile au fond de l'eau ! mais pour quoi faire ? les mouches n'y vont pas, il me semble.

M. DERVILLE. — Examinons d'abord les travaux de l'araignée pour placer sa toile au-dessus d'une mare, d'un ruisseau, nous reviendrons ensuite à l'argyronète.

» Les savants ne sont pas d'accord sur la manière dont s'y prennent *toutes* les espèces d'araignées pour jeter le premier fil ; une fois qu'il est placé, le reste va de soi-même. Mais on sait positivement qu'il en est quelques-unes, la thomise, par exemple, qui peuvent darder leur fil en différents sens, c'est-à-dire faire jaillir de leurs filières la liqueur soyeuse ; ainsi lancé, le fil, encore gluant, trouve à s'attacher à quelque feuille, à quelque branche. L'épeire-diadème s'y prend d'une autre manière. Se plaçant à l'extrémité d'une branche, la tête tournée vers l'arbre, elle se tient ferme par ses pattes de devant, tandis que ses pattes de derrière travaillent à faire sortir le fil de ses filières. Ce fil, qui s'allonge de plus en plus et que le moindre souffle suffit pour faire voltiger, finit par rencontrer un corps solide ; il s'y enroule promptement ; de temps en temps, l'épeire le tire à elle pour s'assurer s'il tient bien ; dès qu'elle en est sûre, elle le tend, le colle à l'endroit où elle se trouve, et voilà la communication établie.

Cécile. — Ce sont alors les épeires-diadèmes qui tendent leur toile au-dessus des ruisseaux; je suis bien aise de le savoir.

M. Derville. — Les épeires-diadèmes peut-être ou quelqu'autre espèce dont les procédés ne sont pas encore connus, faute d'avoir trouvé de bons observateurs. Nous sommes loin d'être instruits de toutes les ressources employées par les animaux pour exercer leur industrie.

Cécile. — Et l'argyronète, mon petit père? elle a un bien joli nom!

M. Derville *en riant*. — Et elle possède de tres-*jolies connaissances en physique*, pour une araignée.

Amédée. — Des connaissances en physique! l'argyronète!

M. Derville. — Oui, mon fils. C'est tout au fond de l'eau qu'elle se file une coque d'un tissu serré et assez semblable à une cloche à plongeur. Au moyen de fils attachés à des plantes aquatiques environnantes, elle la défend contre les courants qui pourraient l'entraîner; mais, bien qu'aquatique, l'argyronète ne peut se passer d'air; elle en vient chercher à la surface de l'eau; puis elle redescend, entre sous la cloche dont l'ouverture est en dessous, se dégage de l'air qu'elle apporte et qui chasse une goutte d'eau; elle remonte, fait une nouvelle provision, redescend et recommence ce manége jusqu'à ce que la cloche soit pleine d'air. Quand il s'agit de le renouveler, parce qu'il n'est plus *respirable*, elle renverse sa cloche sens dessus dessous, la remet en place, et revient, comme précédemment, faire sa provision d'air. Voilà ce que j'appelle, je le répète, de jolies connaissances en physique pour une araignée, puisqu'elle sait, au moins par instinct, que l'air, quoique plus léger que l'eau, peut chasser cependant celle-ci, et qu'épuisé, après avoir passé dans les poumons, il a besoin d'être renouvelé.

MADAME DERVILLE. — Que de choses curieuses se passent journellement autour de nous et à notre insu!

CÉCILE. — Mais, mon père, l'argyronète a donc une poche à air?

AMÉDÉE. — Je me souviens que mon père nous l'a désignée comme étant une pulmonaire; ainsi elle a des poches à air, mais apparemment une de plus que les autres pulmonaires.

M. DERVILLE. — L'abdomen de l'argyronète est hérissé d'une multitude de poils auxquels l'air s'attache dès qu'elle est sortie de l'eau; y rentre-t-elle la tête la première, comme c'est sa coutume, l'abdomen paraît aussi brillant que de l'argent; cet effet est produit par l'air se réunissant en globules, sous la pression de l'eau, à l'extrémité de chaque poil. Rentrée *chez elle*, l'argyronète se sert de ses pattes qu'elle passe, à plusieurs reprises, sur son abdomen pour détacher tous ces globules qui bientôt n'en forment plus qu'un seul; celui-ci monte à la partie supérieure de la cloche en chassant une goutte d'eau, et la même opération plusieurs fois répétée amène le résultat que je vous ai déjà dit; la cloche se vide d'eau et se remplit d'air.

CÉCILE. — C'est une araignée bien singulière! Mais, mon père, pourquoi aime-t-elle mieux vivre dans l'eau que partout ailleurs?

M. DERVILLE. — Parce qu'elle ne peut trouver qu'au fond de l'eau les insectes dont elle se nourrit.

On la voit aller, venir, sortir pour chasser, rentrer avec son gibier qu'elle suce tranquillement *chez elle*. L'argyronète passe l'hiver sous sa cloche, y pond ses œufs qu'elle enveloppe d'une espèce de bourre de soie très-blanche, et, dès en sortant de leur coquille, les petits savent comment s'y prendre non-seulement pour se construire une cloche, mais pour la remplir d'air. Tout comme leur mère, ils montent à la surface de l'eau la tête en bas, élèvent hors de cette eau qui les enveloppe, leur abdomen seulement, et redescendent vite tout brillants de bulles d'air.

CÉCILE. — Il faut absolument que je tâche de découvrir des argyronètes dans le ruisseau qui coule à travers le verger.

M. DERVILLE. — Je t'engage à en chercher plutôt dans la mare d'eau de pluie que nous avons aperçue à la lisière du petit bois. Les argyronètes préfèrent l'eau dormante à l'eau courante, non-seulement parce que la première contient plus d'insectes et de plantes aquatiques, mais aussi parce que l'agitation de l'eau courante casserait les amarres qui retiennent au fond leur cloche si légère.

AMÉDÉE. — Mon père, et le faucheur, quelle est son industrie? Il me fait l'effet de n'être qu'un imbécile, qu'un maladroit bien embarrassé de ses pattes si longues, si longues qu'on ne conçoit pas qu'il puisse s'en servir.

M. DERVILLE. — Cependant il s'en sert avec une agilité merveilleuse pour courir dans les champs nouvellement moissonnés, sur l'herbe haute des prairies, le long des murailles, partout enfin. Le faucheur est une arachnide, mais non point une *aranéide* proprement dite, car il ne file pas. Très-vorace, très-féroce, même envers ses pareils, il fait une guerre à mort aux individus de son espèce qui sont plus faibles que lui. Il n'a point *d'industrie*, et les femelles de ce genre ne savent ce que c'est que de faire un nid de quelque façon que ce puisse être ; elles creusent cependant légèrement la terre pour y déposer leurs œufs qu'elles entassent les uns sur les autres, et qu'elles abandonnent ensuite pour recommencer leur vie vagabonde. Mais le faucheur, que sa rapidité à la course ne suffit pas à défendre de tous les dangers, et qui se repose partout où il se trouve quand il est fatigué, emploie une ruse assez singulière pour être averti de l'approche d'un ennemi. Il appuie son corps sur le sol, en étendant circulairement autour de lui ses longues pattes. Si quelqu'animal en touche une en passant, le faucheur élève aussitôt son corps posé à terre, et forme avec ses pattes autant d'arcades sous lesquelles l'animal importun peut passer librement, quand il n'est pas dévoré au passage ; si cet animal est gros et fait peur au faucheur, celui-ci prend à l'instant la fuite.

AMÉDÉE. — Mon père, ses longues pattes tiennent à peine, car elles se détachent sans qu'on y touche, pour ainsi dire ; et il ne paraît pas s'inquiéter quand il en perd.

CÉCILE. — C'est qu'apparemment il lui en repousse d'autres, n'est-ce pas, mon père ?

M. DERVILLE. — C'est probable. Il change de peau de même que les aranéides et que les autres arachnides.

CÉCILE. — Il y a encore une trachéenne après le faucheur ; c'est le scorpion.

Amédée. — Du tout; il n'y a d'autres trachéennes que les mites. Le scorpion appartient aux arachnides pulmonaires, n'est-ce pas, mon père?

M. Derville. — Oui, mon fils. Son organisation offre beaucoup d'analogie avec celle des araignées pulmonaires; de là le surnom d'arachnide et sa classification à la suite des fileuses.

Amédée. — Mon père, est-il vrai que sa morsure soit venimeuse et même mortelle?

M. Derville. — Le scorpion, mon fils, ne *mord pas*; c'est avec le crochet venimeux qu'il porte au dernier anneau d'une queue quelquefois double, qu'il *pique*. La blessure qu'il fait est rarement mortelle, si ce n'est pour le scorpion lui-même; mais elle cause des accidents plus ou moins graves, suivant l'âge de l'animal qui a fait la blessure.

Amédée. — Pour lui-même? le scorpion se pique lui-même?

M. Derville. — On s'est assuré, par plus d'une expérience, que le scorpion, entouré de charbons allumés et sans espoir de se sauver, tourne contre lui-même son crochet venimeux et meurt de sa blessure.

Cécile. — Ainsi, il se tue!

Amédée. — C'est comme.... non, je ne ferai pas la comparaison, parce que mon père me gronderait; mais en vérité, il faut être... scorpion pour se tuer afin d'échapper au danger.

Madame Derville. — Malheureusement bien des gens se font *scorpions* en ce sens, et croient être pourtant des modèles de courage, des héros!

Amédée. — J'ai entendu dire aussi que si l'on met plusieurs scorpions ensemble, ils s'entre-dévorent jusqu'au dernier?

M. Derville. — Ainsi font les araignées ; et voilà une des raisons pour lesquelles on a dû renoncer à tirer parti de la soie que quelques-unes donnent en si grande abondance. Dès qu'il s'en trouve un certain nombre réunies dans un même lieu, on peut être certain que quelques jours après les plus grosses auront dévoré les plus faibles.

Amédée. — Je voudrais bien savoir positivement où l'on trouve des scorpions ?

M. Derville. —Il s'en trouve dans le midi de l'Europe, dans les Indes, en Amérique, en Afrique. Partout le scorpion a les mêmes mœurs : partout il se cache sous les pierres, sous les troncs d'arbres, recherchant de préférence les endroits sombres et frais ; quelques espèces s'établissent dans les maisons. C'est surtout pour les insectes que le scorpion est nuisible. Vorace, cruel, il poursuit sans pitié les araignées, les cloportes, etc. ; il déniche leurs œufs, enfin, il n'épargne ni ses semblables, ni ses enfants. Sa queue est une arme offensive et défensive qu'il peut faire mouvoir en tout sens et dont il se sert avec adresse et promptitude. Mais revenons aux trachéennes, véritables parasites qui vivent aux dépens de l'homme, des animaux, des plantes.

Cécile. — Oh ! je devine le nom de quelques-uns !

M. Derville. —J'en doute. Les parasites auxquels tu penses appartiennent à la grande division des insectes ; ceux dont je parle appartiennent à la classe des arachnides et à la famille des accarides ; famille qui se subdivise en une vingtaine de genres, tous multipliant à l'infini. Nous en distinguerons quelques-uns si vous voulez, tels que le genre sarcopte qui produit le bouton de la gale ; le genre ciron, d'un rouge écarlate, la louvette, qui tourmente si cruellement les chiens ; d'autres genres ne respectent pas même les yeux et le cerveau de l'homme....

CÉCILE. — Ah ! mon Dieu ! est-ce que j'en ai, mon père ?

M. DERVILLE.—Si tu veux permettre de mettre ta cervelle à découvert, il sera possible de s'en assurer.

CÉCILE.—Oh ! non, grand merci ! j'aime mieux vivre sans en rien savoir.

M. DERVILLE. — On en trouve encore sur les bœufs, les chevaux, les tortues, les pierres, sous l'écorce des arbres, dans le tan, dans la farine, dans les eaux, dans la viande desséchée, dans le fromage vieux....

MADAME DERVILLE. — Il est facile alors de les observer.

M. DERVILLE. — Oui, mais avec le secours du microscope.

» Nous terminerons la veillée en disant un mot de la quatrième classe des articulés, les myriapodes, vulgairement nommés bêtes *à mille pieds*, quoique les mieux partagés sous ce rapport ne possèdent qu'une cinquantaine de paires de pattes, ce qui donne cent pattes ou pieds en tout.

» Ici commence pour vous, mes enfants, l'une des merveilles qui appartiennent spécialement à la classe des insectes, une mue complète qui amène une véritable métamorphose. Nous avons vu que tous les animaux muent en tout ou en partie, depuis les animaux velus, les animaux emplumés, les serpents, les crustacés, jusqu'aux araignées ; mais ces mues partielles ou complettes n'altèrent en rien *la forme* des individus : les myriapodes vont nous offrir le premier exemple d'une transformation que nous trouverons parfaite chez les insectes.

» La mue, ou changement de peau, s'étend jusqu'aux parties intérieures. Il faut bien qu'il en soit ainsi puisqu'à chacune de ces mues il y a augmentation des anneaux et du nombre des pattes jusqu'à l'arrivée de l'individu à l'état parfait; de sorte que le iule naissant, par exemple, ne ressemble guère au iule adulte; l'un est *apode*, c'est-à-dire sans pied, suivant quelques naturalistes, le second, à l'état parfait, possède trente segments ou anneaux et quarante paires de pattes et même plus. Je vous ai cité ce petit animal qui se cache sous terre, vit dans les lieux humides et dont les mœurs n'ont rien d'extraordinaire, seulement pour premier exemple de métamorphose.

» Après la famille des iulides chilognathes, vient celle des chilopodes, dans laquelle nous trouverons la scolopendre, dont vous avez pu entendre parler. Autant les chilopodes sont lents dans leurs mouvements, ainsi que le iule, autant la scolopendre est agile. Sa vitesse est telle, que l'homme lui-même ne peut toujours l'attraper, et jamais il ne l'a saisie sans en être mordu. Dans les Indes et dans l'Amérique, cette blessure est redoutable à cause du venin que les crochets venimeux de la scolopendre laissent distiller dans la plaie; quant à la scolopendre d'Europe, elle n'est point dangereuse; l'agilité et la pétulance de ses mouvements inspirent pourtant une sorte de terreur.

» Afin de vous donner le temps de mettre en ordre les notes que vous avez prises, nous attendrons jusqu'à la semaine prochaine à reprendre nos entretiens.

CÉCILE. —Ah! mon petit père!

M. Derville.—Nous commencerons lundi soir à jeter un coup d'œil sur *l'entomologie,* ou histoire des insectes. C'est alors surtout, mes enfants, que nous demeurerons plus d'une fois confondus de vant la toute puissance du créateur, et nous manque-rons d'expressions pour peindre notre admiration; alors aussi nous sentirons que l'observation des phé-nomènes de ce qu'on appelle *la nature,* est peut-être l'un des hommages les plus dignes d'être offerts à l'Auteur de l'univers! »

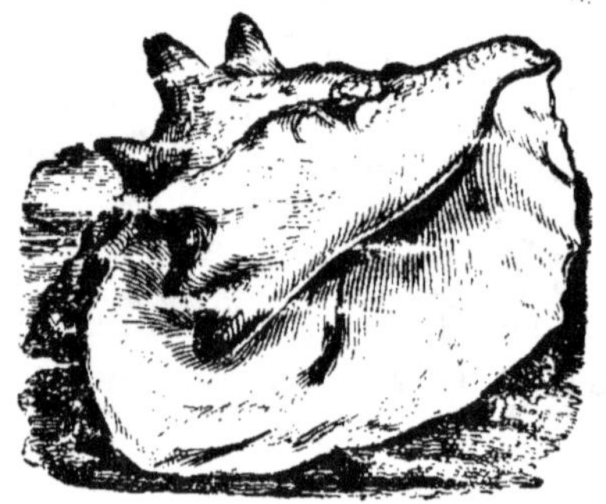

TABLE DES MATIERES

DU TOME PREMIER.

Première partie.—Les Quadrupèdes.

Deuxième partie.—Les Oiseaux.

FIN DE LA TABLE DU TOME PREMIER.